普通高等教育“十四五”规划教材

矿产资源综合利用

主　编　王玲
副主编　来有邦　朱阳戈　刘杰　张志军

北京
冶金工业出版社
2024

内 容 提 要

本书共8章，结合当前矿产资源利用现状，以矿产资源和二次资源为主要对象，系统介绍了矿产资源和二次资源综合利用的基本理论与生产工艺，对一些典型矿产资源和二次资源综合利用实例进行了详细介绍，也对矿产资源综合利用技术经济评价给予了一定的介绍。

本书可作为高等院校矿物加工工程、冶金工程等相关专业的教学用书，也可作为从事相关专业领域研究人员参考用书。

图书在版编目（CIP）数据

矿产资源综合利用 / 王玲主编. -- 北京 ：冶金工业出版社，2024. 12. --（普通高等教育“十四五”规划教材）. -- ISBN 978-7-5240-0036-5

Ⅰ. TD98

中国国家版本馆 CIP 数据核字第 20245TK545 号

矿产资源综合利用

出版发行	冶金工业出版社	**电　　话**	(010)64027926
地　　址	北京市东城区嵩祝院北巷39号	**邮　　编**	100009
网　　址	www. mip1953. com	**电子信箱**	service@ mip1953. com

责任编辑　王恬君　曾　媛　美术编辑　吕欣童　版式设计　郑小利

责任校对　葛新霞　责任印制　窦　唯

北京建宏印刷有限公司印刷

2024年12月第1版，2024年12月第1次印刷

787mm×1092mm　1/16；14印张；341千字；214页

定价 39. 00 元

投稿电话　(010)64027932　投稿信箱　tougao@cnmip. com. cn

营销中心电话　(010)64044283

冶金工业出版社天猫旗舰店　yjgycbs. tmall. com

前　言

矿产资源是人类社会发展和国民经济建设的重要物质基础。随着人口的不断增加和经济的快速发展，人类社会对矿物原料的需求不断增大。矿产资源为不可再生资源，矿产资源的人均消费量及消费总量高速增长，未来发展的资源压力不断加大。通过对矿产资源的高效综合利用，延长资源的使用年限，缓解人类对矿产资源的供求矛盾；同时减少环境污染，改善环境质量，保持生态平衡。

我国矿产资源中共生、伴生矿多，金属矿产资源总量不少，但禀赋差、品位低、颗粒细、多金属共生复杂难处理，矿产资源和二次资源综合利用率都比较低。矿产资源综合利用既是我国矿产开发的一项重要政策，也是合理开发资源、保护环境的一种有效手段，在国民经济发展中具有相当重要的作用。

本书基于资源与环境协同发展的理念进行组织与编写，全书共8章。第1章介绍了矿产资源的特点及其综合利用的含义和意义；第2章介绍了矿产资源综合利用的基本原理和方法；第3章介绍了黑色金属矿产资源的综合利用；第4章介绍了典型有色金属矿产资源的综合利用；第5章介绍了典型非金属矿产资源的综合利用；第6章介绍了煤系共（伴）生矿产资源的综合利用；第7章介绍了典型二次矿产资源的综合利用；第8章介绍了矿产资源综合利用技术经济评价。

参加本书编写工作的有华北理工大学王玲（第1章、第2章、第7章、第8章），河北钢铁集团滦县司家营铁矿有限公司来有邦（第3章），北京矿冶研究总院朱阳戈（第4章），东北大学刘杰（第5章），中国矿业大学（北京）张志军（第6章）。全书最后由王玲统稿。

书中引用了国内外许多学者的相关研究成果或者观点，在此深表感谢！并且在编写中得到华北理工大学教务处和矿业工程学院的大力支持，在此一并表示感谢。

由于时间短、内容多、涉及面广，加上作者水平的限制，书中不足之处和错误在所难免，诚请各位读者批评指正，不胜感谢。

编 者

2024 年 9 月

目　　录

1 绪　　论

❖ **本章提要**

本章介绍矿产资源及其综合利用的定义、分类，规纳了矿产资源储量和矿产的工业要求，介绍了矿产资源特点、我国矿产资源概况，详细介绍了矿产资源综合利用的目的、意义及未来发展方向。

1.1　矿产资源概况

1.1.1　矿产资源概念

矿产资源指由地质作用形成的，赋存于地壳内部或地表的具有经济价值或潜在经济价值的固态、液态或气态的自然资源。它既包括在当前技术经济条件下可以开发利用的物质，又包括在未来条件下具有潜在利用价值的物质。矿产资源的范畴包括以下三类：

(1) 可以从中提取金属元素的金属矿产；

(2) 可以从中提取非金属原料或直接加以利用的非金属矿产，后者又称为工业岩石和矿物；

(3) 可以作为燃料的有机矿产。

地球诞生于大约46亿年前，由液态冷凝形成。其总体由三部分组成，即地心（高温液体）、地幔（高温塑体）及地壳（固体）。矿物是地壳中所进行的地质作用的产物，它是地壳中各种化学元素分散、聚集、迁移、运动的结果。地壳的化学成分是矿物成分的基础，矿物成分是地壳化学成分的一种体现。有史以来，用以支撑人类文明的全部无机物质均取自于地壳。地壳的厚度很不均匀，平均约为16 km。元素周期表中的化学元素在地壳中几乎都有，但所占的比重极其不平衡，其中氧、硅、铝、铁、钙、钠、钾、镁、氢9种元素占地壳总量的98.13%，其余90多种元素只占1.87%。各种元素在地壳岩石中的分布是不均匀的，它的平均含量以“克拉克值”（Clark Value）或“丰度”表示，其单位有的采用%，有的用g/t。在地壳总质量中，氧的克拉克值最高，为47%，几乎占地壳总质量的1/2；硅的克拉克值为29.5%，约占地壳总质量的1/4。元素氧、硅与元素铝、铁、钙、镁、钾及钠等一起构成氧化物和含氧盐矿物。

由于元素在地壳上分布的不均匀性，所以它们的分布状态不同。有些元素趋于集中，形成独立的矿物，甚至聚集成矿床，被称为聚集元素；而另一些元素则趋于分散，称为分散元素。例如锑、金、银等元素克拉克值极低，但它们可以形成独立的矿物，并可以富集为矿床，而铷、铯、镓、钪等元素的克拉克值远远高于它们，但趋于分散，不易聚集成矿，甚至很少能形成独立的矿物，而常常仅作为微量的混入物赋存于主要由其他元素组成的矿物中。

在地质作用和成矿作用下，元素可相对富集，形成可以开采的矿产。部分元素的克拉克值和浓度系数见表1-1。

表1-1 部分元素的克拉克值和浓度系数

元素	克拉克值/%	最低可采品位/%	浓度系数
Ag	1×10^{-5}	0.02	2000
Al	8.8	25	约3
Au、Pt	5×10^{-7}	0.0003	6000
Ba	5×10^{-2}	约30	600
Ca	3.6	40	11
Cr	2×10^{-2}	约8	400
Co	3×10^{-3}	0.1	30
Cu	1×10^{-2}	0.5	50
Fe	5.1	30	约6
Hg	7×10^{-5}	0.1	14000

矿产资源是重要的自然资源，是社会生产发展的重要物质基础，是国家不可多得的宝贵财富，是国家进行建设的物质基础，现代社会人们的生产和生活都离不开矿产资源。矿产资源量及其合理开发利用程度已成为衡量一个国家、一个地区经济发展实力和潜力的重要标志。

1.1.2 矿产资源的分类

由于研究角度的不同，矿产资源的分类体系各异，不存在一成不变的分类体系。例如，根据矿产的成因和形成条件，可分为内生、外生和变质矿产；根据矿产的物质组成和结构特点，可分为无机矿产和有机矿产；根据矿产的产出状态，可分为固体矿产、液体矿产及气体矿产；根据矿产主要用途分为能源矿产、金属矿产、非金属矿产等。

1.1.2.1 根据主元素用途划分

（1）能源矿产：又称燃料矿产，主要包括煤、石油、天然气、油页岩、煤层气、铀矿、钍矿等。

在世界一次能源的消费中（折合成标准煤），石油、煤和天然气约占80%以上。尽管水力、太阳能、海洋能、风能等越来越广泛地被开发利用，但在我国的能源消费结构中，能源矿产仍占90%左右。我国是世界上能源生产和消耗量大国之一，我国一次能源消耗以煤为主（1995年我国一次能源的消耗构成为煤75.5%、石油17.3%、天然气1.8%、水电5.9%）。

（2）金属矿产：指通过采矿、选矿和冶炼等工序，可以从中提取一种或多种金属单质或化合物的矿产。

金属矿产按工业用途及金属本身性质，还可进一步划分为：

1）黑色金属矿产（如铁、锰等）；

2）有色金属矿产（如铜、铅、锌、钨等）；

3）贵金属矿产（如铂、钯、铱、金、银等）；

4）稀有金属矿产（如铌、钽、铍等）；

5）稀土金属矿产（如镧、铈、镨、钕、钐等）。

（3）非金属矿产：指除金属矿产、能源矿产外，能提取某种非金属元素或可以直接利用其物化性质或工艺特性的岩石和矿物集合体。

非金属矿产是人类使用历史最悠久、应用领域最广泛的矿产资源。一般非金属矿产可分为以下四类：

1）冶金辅助原料，如菱镁矿、萤石、耐火黏土等；

2）化工原料，如硫、磷、钾盐等；

3）建材及其他，如石灰岩、高岭土、长石等；

4）宝石，如玉石、玛瑙等。

1.1.2.2 根据来源不同划分

一次矿产资源和二次矿产资源。二次矿产资源又称为再生矿产资源，以矿产资源为原材料、燃料的工业企业排出的具有再利用价值的固体、液体、气体废弃物，即为二次矿产资源。包括赋存和残留于采矿、选矿、冶炼、加工后的废石、废渣、废液、废气和尾矿中的有用矿物组分以及废旧金属等。

1.1.3 矿产资源的储量

经地质勘探工作发现的矿产资源蕴藏量称为矿产资源的储量。根据地质工作程度的高低和资源的经济意义大小可将储量分成不同的级别和类别，目前我国实行的矿产资源分级分类方法见表 1-2。

表 1-2 我国矿产资源储量分级分类表

<table>
<tr><td colspan="2" rowspan="3">项 目</td><td colspan="7">探明储量</td><td rowspan="3">资源量</td><td rowspan="6">↑经济上可行程度递增</td></tr>
<tr><td colspan="3">工业储量</td><td colspan="4">远景储量（D 级）</td></tr>
<tr><td>A</td><td>B</td><td>C</td><td>C 级降级</td><td>C 级外推</td><td>稀疏工程</td><td>异常验证</td></tr>
<tr><td rowspan="2">能利用（表内）</td><td>可开发利用</td><td></td><td></td><td></td><td></td><td></td><td></td><td></td><td></td></tr>
<tr><td>暂难利用</td><td></td><td></td><td></td><td></td><td></td><td></td><td></td><td></td></tr>
<tr><td colspan="2">不能利用（表外）</td><td></td><td></td><td></td><td></td><td></td><td></td><td></td><td></td></tr>
<tr><td colspan="11">←地质上可靠程度递增</td></tr>
</table>

1.1.3.1 探明储量

探明储量指经过一定程度的地质勘探工作而了解掌握的矿产储量。探明储量按地质工作程度分为工业储量和远景储量（D 级）两种。工业储量又进一步分 A 级、B 级、C 级储量，其具体含义如下。

（1）A 级储量指由生产部门探求的，其矿体形状、产状、空间位置及矿石的自然类型和品级等均已准确控制或完全确定，可作为矿石编制采掘计划依据的矿产储量。

（2）B 级储量指在 C 级储量分布地段工作的基础上，详细控制矿体的构造、形状、产状及空间位置，对矿石类型、品级的种类及其比例和变化规律已经确定的矿产储量。一般应分布在矿山初期开采地段，并可起到验证 C 级储量的作用。一般应分布在矿山初期开采地段，并可起到验证 C 级储量的作用。

（3）C 级储量指基本控制了矿体的构造、形状、产状、空间位置，对矿石类型、品级的种类及其比例和变化规律基本确定了的矿产储量，是在地质勘探阶段探明的，作为矿山建设设计依据的主要储量。

(4) 上述A、B、C三级通常为工业储量，D级则为远景储量。指对矿体的构造、形状、产状、分布范围及矿石类型、品级只做了大致控制或了解的矿产储量。它包括用稀疏工程控制的储量；虽用较密的工程控制，但矿体变化复杂或其他原因仍达不到C级要求的储量；物化探异常经过工程验算所计算的储量；以及由C级以上储量块段外推或配合少量工程控制的储量。D级储量主要是作为矿山建设远景规划或进一步布置地质勘探工作的依据。某些情况下，一定数量的D级储量也可作为矿山建设设计的依据。

探明储量按是否符合当前工业技术经济条件可分为能利用储量和不能利用储量两大类。过去，由于忽略了经济效益核算，凡列入矿产储量平衡表中的储量均视为能利用储量，故也称为表内储量，与之对应的不能利用储量称为表外储量。实际上，在表内储量中，仍然有相当一部分储量由于各种原因在目前条件下难以利用。因此，80年代以来，有关部门经过多次调查，反复论证，把表内储量细分为可开发利用储量和暂难开发利用储量两种。从而更准确地反映了矿产资源开发利用的经济可行性。

1.1.3.2 资源量

资源量指根据区域地质调查，矿床分布规律，或根据区域构造单元，结合已知矿产地成矿地质条件所预测的资源蕴藏量。其研究程度和可靠程度均很低，未经必要的工程验证，一般作为进一步安排及规划地质勘查工作的依据。

1.1.4 矿产的工业要求

矿产的工业要求是根据工作地区的矿床地质、经济地理资料，结合当前的开采、选冶技术条件、资源供需现状，由有关工业部门根据地质矿产部门提出的初步意见，共同研究后确定的要求，可作为地质工作中圈定矿体边界、划分矿石品级、计算储量的依据。矿产工业要求的主要内容有矿石的边界品位、矿区平均品位、矿石品级、有害组分平均允许含量、可采厚度、宽度和夹石剔除厚度等，具体内容如下。

(1) 边界品位。边界品位是指划分矿与非矿界限的最低品位，即圈定矿体时单个矿样中有用组分的最低品位。

边界品位是根据矿床规模、开采加工技术条件、矿石品位及伴生元素含量等因素确定的。它是圈定矿体的主要依据和计算矿产储量的主要指标。边界品位的选择直接影响到矿石储量，进而影响矿山的生产规模、最终开采境界、设备选型和矿山生产寿命。因此，边界品位是一个对矿山整体经济效益有重要影响的因素。

(2) 矿区平均品位。矿区平均品位是指在整个矿区中有用组分的总平均含量，是从整体上衡量矿床贫富程度的一项参数。

(3) 工业品位。工业品位又称为最低工业品位、最低可采品位，指在当前科学技术及经济条件下能供开采和利用矿段或矿体的最低平均品位。

工业品位的确定与矿床特征、开采条件、矿石类型及其选冶加工技术性能有着密切的关系，并随着科学技术的进步和市场的需求而变化。国外是没有工业品位的。

(4) 矿石工业品级。矿石工业品级指在一个工业类型矿石中，根据矿石的有用组分和有害组分的含量、物理性能、质量的差异以及不同用途的要求等，对矿石（矿物）所划分的不同等级，是合理开采、合理利用矿产资源的重要依据。

（5）有害组分平均允许含量。有害组分平均允许含量指矿段内的矿石中，对产品质量和加工生产过程起不良影响的组分的最大平均允许含量。它是划分矿石品级的重要指标，也是储量计算的重要依据。

（6）可采厚度。可采厚度即最小可采厚度，指在一定的技术经济条件下，有开采价值的单层矿体的最小厚度。它是根据矿层的厚度或矿脉脉幅宽度、产状、矿层（脉）间距以及含矿品位、加工技术性能、开采方法等因素确定。

（7）夹石剔除厚度。夹石剔除厚度也称最大允许夹石厚度，指储量计算时圈出矿体中夹石的最小厚度。大于剔除厚度的夹石应予剔出、不参与计算储量；小于剔除厚度的夹石则合并于矿石厚度中连续采样计算储量。

1.1.5 矿产资源的特点

与其他自然资源相比，矿产资源具有如下特点：

（1）自然性。矿产资源是一种自然资源，是自然生成的。

（2）不可再生性。矿产资源与农、林、牧等资源不同，它是地球几十亿年的漫长历史过程中，经过各种地质作用形成的，一旦被开采利用，在人类历史进程中则难以再生出来。也就是说，在一定的经济技术条件下，有经济价值的矿产是有限的。

（3）地理分布的不均匀性。因为地壳运动、地质作用的不均匀性和千差万别，致使矿产资源在地理分布上的不平衡性、不均匀性十分突出。例如，在 29 种主要金属矿产中，有 19 种矿产储量的 3/4 集中在 5 个国家，如南非的金、铬铁矿等 5 种矿产储量占世界总储量的 1/2 以上；中国的钨、锑占世界总储量的 1/2 以上，中国的稀土资源占世界总储量的 90% 以上；煤主要集中在中国、美国和前苏联，约占世界总储量的 70% 以上；石油则主要集中在海湾国家；智利国土面积相当于我国青海省，但铜矿资源量居世界之首。

1.1.6 我国矿产资源概况

从成矿角度看，世界三大成矿域都进入我国境内，所以我国矿产资源丰富，矿产种类较为齐全。我国已发现矿产 171 种，其中已探明储量的有 156 种，其潜在价值居世界第 3 位；有些矿产的储量相当丰富，如稀土金属、钨、锡、钼、锑、铋、硫、菱镁矿、硼、煤等均居世界前列，尤其是我国钨资源量占世界总量的 43%（主要集中在华南地区），锑资源量占世界探明总量的 44%，内蒙古白云鄂博一个矿产的稀土金属储量即相当于全球其他地区总储量的 3 倍。

然而，由于我国人口众多，经济技术目前还不够发达，而大规模的经济建设对矿产的需求量则日益增加，已发现并能为之利用的矿产资源有相当部分目前还不能满足经济建设的需求。因此，我国目前矿产资源形势仍不容乐观，有些矛盾日益突出。当前，我国矿产资源的总体形势如下：

（1）矿产种类齐全，总量大但人均占有量偏低。现阶段在国民经济中扮演重要角色的 45 种矿产资源（煤、石油、天然气、铁等），按其探明储量的可比价值分析，我国约为世界总价值的 10%，居世界第三位；若以国土面积平均，则居世界第 6 位；但由于我国人口基数大，矿产储量的人均占有值很低，人均仅为世界人均的 27%，列世界第 80 位；人均能源矿产为前苏联的 1/7，美国的 1/4。表 1-3 为我国与世界的主要矿产探明储量对比。

表 1-3 我国与世界的主要矿产探明储量对比

矿 种	世 界	中 国	中国/世界/%
原煤/亿吨	12112	4095	33.8
钨/万吨	330	228	69.0
菱镁矿/亿吨	34	13	38.2
稀土/万吨	11000	2859	26.0
锡/亿吨	1000	212	21.2
磷矿石/亿吨	340.56	69.5	20.4
锌/万吨	33000	3465	10.5
铅/万吨	12000	1185	9.9
铁矿石/亿吨	2300	222	9.6
铜/亿吨	61000	2671	4.3
镍/亿吨	11000	376	3.4
铝土矿/亿吨	280	7	2.5
金/吨	61000	1275	2.1
石油/亿吨	1390	22.45	1.6
钾盐/亿吨	170	1.46	0.08

(2) 既有一些优势矿种，也有一些急需短缺矿种。对 45 种主要矿产，按探明储量及其人均拥有量在世界上的地位分析，可分为以下几类：

1) 具有绝对优势的矿产：指探明储量居世界第 1、2 位，人均拥有量大于世界平均值的矿种，包括稀土、钛、钽、钨、锡、钼、锑、钒、锂、石膏、膨润土、芒硝、重晶石、菱镁矿、石墨共 15 种。

2) 具有相对优势的矿产：指探明储量居世界第 2、3 位，人均拥有量接近或低于世界平均值的矿产，包括煤、铌、铍、汞、硫、萤石、滑石、磷、石棉共 9 种。

3) 具有潜在优势的矿产：指虽然探明储量居世界前列，而人均拥有量偏低，但据地质勘查工作表明资源量大，储量可以得到提高的矿种，包括锌、铝土矿、珍珠岩、高岭土、耐火黏土 5 种。

4) 相对短缺的矿产：指探明储量居世界第 5～10 位，而人均拥有量低于世界平均值的 1/8～1/2 的矿产，包括铁、锰、镍、铅、铜、金、银、石油、铀、硼共 10 种。

5) 紧缺矿产：指我国探明储量在世界上的位次偏后，人均拥有量低于世界平均值的 1/20 的矿产，包括金刚石、铂、铬、钾盐、天然气和天然碱共 6 种。

(3) 中、小型矿多，大型、超大型矿少。大型、超大型矿床的缺少，使矿产资源开发利用成本高、难度大。

(4) 贫矿多，富矿少。我国大宗矿产品位普遍偏低。我国铁矿铁品位为 30%～35%，国外重要铁矿品位一般在 60% 以上，因此虽然我国铁矿探明储量仅次于前苏联和巴西，但富矿只占 6%，需要大量进口；已探明铜矿储量中品位大于 1% 的不到 30%，品位大于 2% 的只占储量的 6%；磷矿品位大于 30% 的只占储量的 7%；又如我国铝土矿探明储量居世界第5位，但铝土矿中铝硅比大于7的只占储量的20%，多数质量低，难冶炼。

(5) 单一矿少，共生矿、伴生矿多。共生矿或伴生矿在我国的矿床里非常普遍。如在铁矿中含有钛、钒、稀土、锡、铜等；银矿储量的80%为伴生矿；金矿储量的40%为伴生矿；钨、锡、钼、铅、锌常共生。这些综合性矿产，虽然增加了选冶难度，但如重视综合利用，则会大大提高矿产资源开发利用的经济效益。表1-4为我国部分矿产伴生有用元素简表。

表1-4 我国部分矿产伴生有用元素简表

矿种	有用伴生元素	矿种	有用伴生元素
铁矿	钴、镍、铜、钼、铅、锌、锡、钛、钒、镉、镓、磷、稀土	铜	铁、铅、锌、镍、钴、锑、金、银、砷、锗、硒、碲、镉、镓、铼、铊
锰	铁、钴、镍、稀有金属	铬	铂族金属、钴、钛、钒、镍
铅锌	铜、金、银、镉、锗、锑、铋、锡、铟、镓	钨	锡、钼、铋、金、银、铜、铅、锌、铌、钽、砷
锡	铜、铅、锌、钨、铋、钼、银、锑、铌、钽、硫、砷、铁	钼	钨、锡、铜、铅、锌、金、银、铋、铍、锂、铼、硫
铝	镉、钒、钛、锗	镍	铜、铁、铬、钴、锰、铂族
汞	锑、铜、铀、钼、砷、铋、金、银、铊	磷	铀、锰、锂、铍、锗、镧、钇、钛、钒、铁、铂、稀有元素
锑	汞、金、钨		
铂	铜、镍、钴、金	金	银、铜、铅、锌、锑、钼、铋、钇
锂	铌、钽、铍、铷、铯	铍	铌、钽、锂、钨、锡、铅、锌
煤	铀、锗、镓、铟、硫	钾盐	硼、锂、碘、溴、锶、铷、镁

(6) 区域分布上，我国的矿产资源分布广泛又相对集中。在45种主要矿产保有储量中，34种分布在我国中部地区八省，占全国总储量的一半以上。煤、铁集中在北方和西南，南方缺少铁；磷矿集中在南方而北方奇缺，给工农业发展带来不少困难。北方煤、铁、石油多，南方有色金属多。矿产资源相对集中，有利于资源大规模开采，同时也造成不同地区矿产资源的流通交换难，加重运输负担。

1.2 矿产资源综合利用的定义、目的及意义

1.2.1 矿产资源综合利用的定义

矿产资源综合利用主要是指在矿产开发过程中对共生、伴生矿产进行综合勘探、开采和利用；对以矿产资源为原料、燃料的工业企业排放的废渣、废液、废气及生产过程中的水、气进行综合利用。

矿产资源综合利用是一个复杂的系统工程，包含在地质勘查、采矿、选矿和冶炼等各个生产环节。包括 (1) 在矿床勘探中必须对共生和伴生矿产进行综合勘查、综合评价；(2) 矿床开采做到综合设计、综合开采（提高回采率，降低贫化率）；(3) 采用先进的

选矿和冶炼技术，综合回收有价组分；（4）对暂时不能综合利用和含有有价组分的尾矿妥善保存。

1.2.2 矿产资源综合利用的目的及意义

矿产综合利用既是矿产开发的一项重要政策，也是合理开发资源、保护人类环境的一种有效手段。因此，它在国民经济发展中具有相当重要的作用，具体如下：

（1）矿产资源综合利用是扩大矿物原材料来源的唯一途径。矿产资源是地球赋予人类的巨大财富，它是地球中各种成矿物质通过不同的地质作用和成矿作用，由分散变为富集而形成的。矿产资源是发展经济和提高人民生活的物质基础，是一个国家赖以繁荣富强的决定因素之一。矿产资源与农、林、生物资源不同，是不可再生的，而且是有限的。对矿产资源的综合开发利用不仅事关当前国民经济建设的大局，而且关系到子孙后代的长远利益。通过综合利用，可使矿产资源发生具有经济意义的转化，使一矿变多矿、贫矿变富矿、死矿变活矿、小矿变大矿，这样就扩大了资源。因此，在提高主元素回收率的同时，应全面充分地利用共生、伴生元素，以扩大矿物原材料供应数量和品种。

我国煤矸石发电机组装机规模已达2100万千瓦，年可减少原煤开采4000万吨。天然石膏资源虽然丰富，但品质较低且集中在少数几个地区，燃煤电厂排放的脱硫石膏、湿法磷酸中产生的磷石膏如全部得到利用，年可节约天然石膏1亿吨。

（2）矿产资源综合利用是解决国民经济供需矛盾的有效途径。社会人口增长2%～2.5%，矿产原料的需求量每年需增加5%～8%。要解决矿产资源日趋不足的问题，只有采取开源节流的措施。“开源”即扩大矿产资源来源，包括找新的、用贫的或再生的、开发潜在的和人造借用的等。“节流”即提高矿产综合利用水平，使有限的资源得到最大限度的利用。

（3）矿产资源综合利用是企业提高经济效益和社会效益的重要手段。一般矿物资源的费用占生产加工总成本中的70%～80%。在矿山企业生产中，综合利用共生伴生矿产资源中的有用组分，可增加多种生产产品，相对于生产一种产品，能降低生产成本。如前苏联在矿产综合开发利用先进的企业中，主产品所产生利润仅占总利润的40%，副产品的利润占60%；我国德兴铜矿，铜价值仅与成本持平，利润主要靠回收共伴生金属（金、银5 t/a（金0.2 g/t、银0.8 g/t），钼、硫等）创造；又如大冶铁矿综合回收了Cu、Au、Ag、S、Co、Ni，仅回收伴生Cu、Au的年利润就达一千多万元，大大超过了铁资源的利润。

在一个矿山开发建设中，综合利用共生伴生矿产资源中的有用组分，相对于若干个单一矿产开发建设工程来讲，可减少土建、设备、供电、供水、交通及其他公共设施的重复建设，因而能节约矿山、能源、交通建设及征地等方面的多项投资。

（4）矿产资源综合利用是解决环境污染的根本方法。矿产资源加工生产过程中会产生大量废弃物，美国每年会产生47亿吨矿山废弃物，我国每年也会产生几十亿吨矿山废弃物。矿山废弃物大量堆存，不但占用耕地，而且可能污染土壤、尘土飞扬、污染水质等。开展综合利用，发展无废工艺技术，变废为宝，既充分利用了矿产资源，又可彻底解决环境污染问题。

1.3 矿产资源综合利用现状及发展方向

1.3.1 国外矿产资源综合利用现状

1.3.1.1 固体矿产资源和工业固体废物的利用

一些工业发达国家的固体矿产资源综合利用成效斐然，综合利用程度相当高。美国、日本的铜、铅、锌、镍等金属矿山综合利用率为76%~90%。美国杜拉尔等7座铜选矿厂除回收铜之外，综合回收了金、银、铅、钼等元素，综合利用率为88%~91%。日本小坂内之多金属选矿厂综合回收了铅、铜、锌、硫、硒等8种组分，综合利用率为87%以上。美国宾夕法尼亚州格雷斯铁矿综合回收了铁、金、银、铜、钴等多种金属。加拿大从曼尼托巴伟晶岩矿石中综合回收了钽、锂、铯、铍和镓。

美国、法国、德国、英国、日本的工业固体废物利用成就为世界瞩目。德国、法国、英国的粉煤灰利用率分别为80%、60%和55%，丹麦和日本为100%。日本、德国、澳大利亚、加拿大、波兰的煤矸石利用率为85%以上。瑞典、英国、美国、德国、法国、加拿大、比利时的高炉渣利用率为100%。美国、德国、英国的钢渣利用率为100%、90%和80%。

1.3.1.2 工业废水的利用

工业发达国家，循环和串联利用工业废水已比较普遍，同时，工业废水的处理再利用也取得较大成就。据统计，美国、日本、德国的工业废水利用率为75%以上。其中，日本在钢铁工业的废水利用率为90%以上；在石油、煤炭工业中为85%以上；在化学工业中为80%以上；在有色金属工业中为74%以上。一些国家的废水处理，除部分在厂内进行外，多数送往废水处理厂与城市污水一同进行处理和再生利用。美国曾投资314亿美元，新建、扩建和改建大批废水处理厂。目前美国已有城市废水处理厂23000多座，英国有近8000座，法国有8000多座，德国有7700多座，日本有600多座。这些废水处理厂为废水的再生利用和环境的有效保护起到了重要作用。

除废水处理再利用外，有些国家还从工业废水中提取有用组分，如从有色金属工业排放的废水中回收铜、镉、铅、锡等；利用高浓度有机废水生产甲烷等。

1.3.1.3 工业废气的利用

有些国家从20世纪60年代起便开始了工业废气的利用。如日本、法国、德国采用未燃法（湿法冶金）净化回收冶金转炉产生的煤气。据测算，每炼1 t钢可回收含一氧化碳70%~80%的干净气体60~70 m^3，回收后的气体主要用作燃料和化工原料。有些国家回收利用煤矿开采过程中产生的煤矿瓦斯，送至煤气网供工业和居民使用，利用率为80%~90%。部分发达国家利用有色金属冶炼排放的二氧化硫烟气制取硫酸，如每生产1 t铜和铅，可生产3~5 t和2~2.5 t硫酸，经济效益和社会效益比较可观。

1.3.2 国外矿产资源综合利用主要经验

（1）严格的法律措施。为保证矿产资源合理利用和有效保护环境，许多国家制定了相应的法律，如美国制定了《资源保护与回收法》、法国制定了《废物处理和资源回收法》、德国制定了《废弃物处置法》等。

（2）有力的经济政策。为促进资源的回收利用，许多国家实施了带有刺激性的经济政策，如美国设立补助金拨款制、经济惩罚等，从而激励了对资源充分利用的积极性。

（3）专业化的废物经营。美国、法国、日本等国建立了专门的工业废弃物处理企业和行业，既搞加工又从事销售，如美国的钢铁渣公司建有32个矿渣碎石加工厂，分别由14个矿渣公司经营，年生产能力达10^7 t。有些国家还实行废物交换，即通过工商会等有关部门或废物交易市场，使一方得到所需要的另一方的废物。

（4）专门的科学研究。为使二次资源得到开发利用，美国、日本、前苏联等国家对固体废料进行了专门科学研究，特别是美国和前苏联对黑色和有色金属矿山、选矿厂、冶炼厂的废渣与尾矿处理都安排了发展计划。

1.3.3 我国矿产资源综合利用现状

我国对矿产资源的综合利用，近年来已引起相当程度的重视，并根据我国矿产资源的特点和问题制定了相应的技术经济政策，但总体水平仍然较低。

1.3.3.1 固体矿产资源和工业固体废物的利用

我国有色金属矿山具备共伴生矿产综合利用条件，但有相当比例的矿山企业没有开展综合利用；已开展综合利用的矿山企业，综合利用指数普遍不高，总体上综合利用率为35%左右；矿山企业综合利用的总回收率普遍较低，综合回收率低于40%的矿山企业达70%以上。我国主要共生、伴生有价元素综合利用回收率见表1-5。

表1-5 我国主要共生、伴生有价元素综合利用回收率 （%）

元素	回收率	元素	回收率
铜	56.58	钨	48.61
铅	45.61	金	61.59
锌	53.94	银	57.96
钼	48.03	硫	50.19
铋	43.47	锡	53.52

我国黑色金属矿产中共伴生组分丰富，有30多种，目前可回收利用的有20多种。目前我国黑色金属矿产的综合利用率一般可达30%～40%，其中铁矿约为36.7%，综合利用水平较低，综合利用前景广阔，潜力巨大。

我国的金属尾矿综合利用率不足10%，有待进一步开发利用。

1.3.3.2 工业废水的利用

我国工业废水利用率平均为65%左右。其中，钢铁工业废水利用率为75%，有色金属工业废水利用率为66%，其他工业废水利用率较低。

利用废水中的某些有用组分加工成其他工业产品，或从废水中提取有用组分也取得一些进展。

1.3.3.3 工业废气的利用

钢铁工业的高炉煤气利用率为97%，焦炉煤气利用率为97%，转炉煤气利用率为

43%。石油化学工业可燃气利用率为91%。化学工业的电石炉气、合成氨等8种废气利用率为74%。煤炭工业煤矿瓦斯利用率为72%。

经过多年努力，我国矿产资源综合利用取得明显进展，但总体水平不高，进一步开展矿产资源综合利用潜力巨大。

1.3.4 我国矿产资源综合利用的必要性

我国矿产资源的特点使我国矿产资源综合利用具有必要性和急迫性，具体如下：

(1) 我国是世界矿业大国又是人均资源小国。我国是世界上矿产总量丰富、矿种比较齐全、配套程度比较高的少数国家之一。我国矿产资源的总量和开发量均占世界第3位。但是我国矿产人均占有量远低于世界人均水平，还不到世界水平的一半（只有40%）。石油及Fe、Mn、Cu、Al、Pb、Zn等主要矿产，只相当于世界人均的1/10~1/3，我国矿产资源总量虽居世界第3位，但人均占有量却列为世界第80位。此外，我国有几十种矿产探明的储量少，有不少矿种不能满足国内需要，列为国家急缺矿种的就有铬、铂、金刚石、钾盐、铜、高中档宝石等。铬矿储量居世界第13位，铂矿工业储量很少，金刚石储量仅相当世界储量的百分之一，钾盐比三千多万人口的法国还少得多。

(2) 我国矿产资源具共生、伴生多的显著特点。我国矿产资源中，共生、伴生矿多或综合矿多，单一矿少的特点十分明显。如铁矿储量的38%以上，铜矿的25%，钨矿有97%均为多种有用组分伴生或共生，这就为矿产资源的综合利用提供了可观物质基础。因此，必须适应我国矿产资源的特点来充分合理地开发和利用资源。

(3) 矿产资源综合利用是我国有色金属矿山资源开发形式的需要。矿产资源的开发特点是富、近、易、浅的矿产日益减少，贫、远、难、深的矿产越来越多，致使矿石的开采品位逐年下降。据统计，我国钨矿在20世纪50年代开采品位由1.74%降至0.51%，到20世纪80年代则从0.27%下降到0.22%；又如铜矿，1960年时间平均开采品位为1.5%，到1969年时为1.25%，1972年则为0.53%。我国铜矿开采品位下降更甚，因为我国富铜矿（Cu品位大于1%）少，目前开采的主要是斑岩铜矿。我国不少矿山进入中晚期开采，品位降低、资源紧张，随着开采深度增加使成本升高，矿山经济效益变差，必须寻找出路。还应知道矿山是个小社会，关系到上千人甚至上万人的生活安定以及社会的稳定。所以，加强矿产综合利用是开创矿山新局面的紧迫任务和有力措施之一。矿产资源综合利用，可以改变矿山资源危机，以副补主使副产品变为主产品，使一矿变为多矿，这不仅可延长矿山生产年限，充分利用矿产资源，同时也提高了企业的经济效益。

(4) 矿产资源综合利用是满足对稀散元素和短缺矿种的需要。自然界中绝大多数稀有和分散元素，几乎全靠综合回收来获得。综合利用是获得稀有分散元素的根本途径。因为稀散元素含量少，且主要呈细小矿物包体或呈类质同象存在于某些矿物之中，未能构成较大的独立矿床或尚无独立矿床，有的甚至基本上不能构成独立矿物。所以解决这些元素的来源主要靠综合利用。

1.3.5 矿产资源综合利用发展方向

1.3.5.1 发展无废生产工艺

在世界范围内，已对无废生产工艺给予极大重视。无废工艺是一种生产产品的方法，用这种方法，在原料资源-生产-消费-二次原料资源的循环中，原料和能源得到最合理的综合利用，从而对环境的任何作用都不致破坏环境的正常功能。

综合利用原料资源是无废生产的首要目标，也是组织生产最重要的途径之一，又是当前全世界解决资源短缺和环境污染问题的基本对策。因此，通过综合利用矿产资源中的所有组分，即实现无废生产工艺，是当今以矿产资源为原料、燃料工业的发展方向。

1.3.5.2　采用再资源化新技术

现阶段，以矿产资源为原料、燃料的工业生产中还不能避免废物的产生，过去生产集聚的废物和产品销售后变成的废弃物也大量存在，因而，使这些废物再资源化、并提高其利用率的新技术尤为重要。推广和应用现代交叉综合科技成果，使地、采、选、冶、化工和材料学科紧密结合渗透发展，是解决矿产资源综合里利用的关键。如日本利用焙烧法从废弃物中回收汞、干式法从废弃物中回收镍和镉、立式炉法回收铅、合金还原法回收铬、蒸发干固热解法回收氧化物等技术，极大地提高了废弃物的回收利用率。而选矿应进一步从尾矿中回收有用组分以及利用尾矿做生产建筑材料的原料等。

应用再资源化新技术，工业发达国家的再生金属产量所占比例进一步提高。2000 年时，在有色金属生产中，法国再生金属总量占总产量的 30% 以上，美国占 25%～30%，前苏联占 20%。

1.3.5.3　优化产品应用途径

作为综合利用对象——矿产资源中的伴生有用组分和二次矿产资源中的有用组分，不能将它们仅仅当作低档次产品回收，而应尽可能使之成为具有高价值的产品给予利用。事实上，如果能在矿产综合利用中合理选择产品应用途径，往往会使副产品不“副”，甚至有时会使所谓副产品的价值高于主产品的价值。

矿产综合利用实践证明，在综合回收和利用伴生资源和二次资源中，首先应是提取最有价值的各种金属或利用能源，之后再选择是用于建材或其他用途。也就是说，综合利用的产品须由低级应用途径转向高级应用途径。例如，美国、日本等国家从粉煤灰中提取钼、钒、钛、锌、钴、铁等金属，获得了比粉煤灰用作水泥等建筑材料要高的经济效益。所以，优化产品应用途径是从矿产综合利用中获取更大经济效益的一个重要发展方向。

习　题

1. 什么是矿产资源？
2. 简述我国矿产资源有什么特点。
3. 简述矿产资源综合利用的意义。
4. 简述我国矿产资源综合利用的必要性。

参 考 文 献

[1] 张佶．矿产资源综合利用［M］．北京：冶金工业出版社，2013.
[2] 孟繁明．复合矿与二次资源综合利用［M］．北京：冶金工业出版社，2013.

2 矿产资源综合利用的方法及原理

❖ **本章提要**

本章重点介绍了重力选矿、浮选及磁电选矿等物理选矿方法，归纳了火法冶金和湿法冶金等矿产资源综合利用的主要方法原理及其应用。

矿产资源综合开发利用是通过采、选、冶技术的改进与革新来实现的，同时对矿产综合开发利用的新要求又促进采、选、冶技术的发展。矿产资源综合开发利用程度是衡量一个国家科学技术水平的标志。

2.1 选 矿 法

选矿法是利用矿石组成矿物的物理性质或物理化学性质（如密度、磁性、导电性、润湿性等）的差异，借助于各种选矿设备，将矿石中有用矿物单体解离、分类分离、富集达到综合利用矿产资源的目的。包括重选法、浮选法、磁选法和电选法。

2.1.1 重选法

2.1.1.1 概述

重选法是根据矿石组成矿物密度的不同及其在介质（水、空气或其他密度较大的重液和悬浮液）中具有不同的沉降速度和运动轨迹来进行分选的方法。各种重选过程的共同特点是（1）矿粒间必须存在密度（或粒度）的差异；（2）分选过程在运动介质中进行；（3）在重力、流体动力及其他机械力的综合作用下矿粒群松散并按密度（或粒度）分层；（4）分好层的物料，在运动介质的搬运下达到分离，并获得不同最终产品。

我国劳动人民很早就掌握了重选技术。“砂里淘金”古代早有记载。汉代就已用重选法处理锡矿。20 世纪初期，利用溜槽分选钨、锡矿石已开始工业生产。新中国成立后，重选技术飞跃发展。

2.1.1.2 重选基本原理

多数重选过程，都包含了松散-分层和运搬-分离两阶段。在运动介质中，被松散的矿粒群，由于沉降时运动状的差异，形成不同密度（或粒度）矿粒的分层，通过运动介质搬运达到分离。其基本规律可概括为松散沉降分层、运搬分离。实际上，松散分层和运搬分离几乎都是同时发生的。但松散是分层的条件，分层是分离的基础，最基本的运动形式是沉降。

在重选过程中，按密度分选矿物的难易程度（表 2-1），可以大致地按照以下比值来判断：

$$\text{重选可选性指数} = \frac{\text{重矿物密度} - \text{分选介质密度}}{\text{轻矿物密度} - \text{分选介质密度}}$$

表 2-1 密度分选矿物的难易程度

可选性指数 e	>2.5	2.5～1.75	1.75～1.5	1.5～1.25	<1.25
分选难易程度	极易选	易选	可选	难选	极难选
举例 （在水介质中）	锡石/石英 e=3.8	闪锌矿/石英 e=1.9	蔷薇辉石/石英 e=1.5	黄石/石英 e=1.3	白云石/石英 e=1.16

根据矿石各组成矿物的可选性指数的大小，可粗略地判断该矿石采用重选的分选效果。

2.1.1.3 重选的分类及应用

重选法按其原理，可分为分级、洗矿、跳汰选矿、摇床选矿、溜槽选矿和重介质选矿。其中前两类主要是按粒度分选的过程，后四类主要是按密度分选的过程。

重选法处理量大，简单可靠，经济有效。它广泛用于稀有金属（W、Sn、Ti、Z、Nb、Ta 等）、贵金属（Au、Pt 等）、黑色金属（Fe、Mn 等）矿石和煤炭的选别。也用于有色金属（Pb、Zn 等）矿石的预选作业及非金属（石棉、金刚石等）矿石的加工。它处理小至 0.01 mm 的钨、锡矿泥，也可处理大至 200 mm 的煤炭。

2.1.2 浮选法

2.1.2.1 概述

浮选法，也称作泡沫浮选法，是根据矿物表面的润湿性差异，在矿浆中添加适当的浮选药剂，在浮选机中分选矿物的方法。一定浓度的矿浆并加入各种浮选药剂，在浮选机内经搅拌与充气产生大量的弥散气泡，呈悬浮状态的矿粒与气泡碰撞，矿粒与气泡发生碰撞接触后能否相互附着，主要取决于经浮选药剂处理后矿物表面是疏水性或是亲水性。如果矿物表面是亲水的，它与水分子间的亲和力很强，则水分子在矿物表面上的固着就很牢，形成很稳定的水膜，因而难以附着于气泡上，这种矿物是不能浮或难浮的。相反，水分子在矿物表面上的亲和力很弱，它在矿物表面上固着很不牢，不能形成稳定的水膜，这种表面属于疏水性的表面。当矿粒与气泡碰撞接触后，很容易排开水分子而产生附着，这种矿物是可浮或易浮的。也就是说亲水性矿物难浮，疏水性矿物容易浮。可浮性好的矿粒附着在气泡上借助于气泡的浮力，上浮至矿浆表面形成泡沫产品，通常称为精矿；不浮矿粒则留在矿浆内，通常称为尾矿，从而达到分选的目的。

2.1.2.2 浮选基本原理

矿物的润湿性是浮选的理论基础，是浮选上常用来判定矿物可浮性好差的标志。润湿性，是指矿物表面被液滴润湿的能力。矿物润湿性的大小，可用它的润湿接触角（θ）的大小来表示，θ 大者疏水性强，易浮；θ 小者亲水性强，难浮。常见矿物接触角见表 2-2。

表 2-2 常见矿物接触角

矿物	云母	石英	方解石	重晶石	黄铁矿	黄铜矿	方铅矿	辉钼矿	石墨	滑石	自然硫
接触角/(°)	0	0～10	20	30	41	47	47	60	60	69	78

矿物的接触角 $\theta \geq 60°$，具天然可浮性好的矿物是很少的，所以绝大多数矿物需加浮选药剂，人为地改变和扩大矿物之间润湿性的差别，使之达到分选矿物的目的。

2.1.2.3 浮选药剂

按用途不同，浮选药剂分为下面五类：

(1) 捕收剂——选择性地作用矿物表面使矿物表面疏水的有机物质，实践中常用的如黄药、油酸、煤油等，它们使目的矿物表面疏水，增加可浮性。大多数捕收剂是一种异极性的物质，其分子由两部分组成：一部分是极性基，它能选择性地和矿物作用，使捕收剂分子牢固地固着在矿物表面上；另一部分为非极性基，它具有强的疏水性，有利于矿粒被捕收于气泡上。

(2) 起泡剂——浮选时泡沫是矿粒上浮的媒介。为了产生浮选时所需的大量而稳定的气泡，必须向矿浆中添加起泡剂。它是一种异极性的表面活性物质，常用的起泡剂有松油、二号浮选油（又称2号油）、甲酚酸和重吡啶。

(3) 抑制剂——削弱捕收剂与矿物表面的作用，降低与恶化矿物可浮性的一种药剂。常用的抑制剂有石灰、氰化钾（钠）、重铬酸钾、硫化钠等。如石灰是硫铁矿等硫化矿物廉价有效的抑制剂。在抑制黄铁矿时，使其表面生成亲水的氢氧铁薄膜，增强了黄铁矿表面的润湿性而起抑制作用。石灰加水离解出 OH^-，表现出较强的碱性，有调整矿浆 pH 值的作用。石灰造成的碱性介质，还可消除矿浆中一些有害离子（如 Cu^{2+}、Fe^{3+} 的影响，使之沉淀为与 $Fe(OH)_3$)。又如硫化钠，它是大多数硫化矿物的抑制剂。因为硫化钠水解后生成 HS^- 或 S^{2-} 离子，能吸附在硫化物矿物表面上，阻碍矿物对捕收剂阴离子吸附，从而使矿物受到抑制。

(4) 活化剂——提高被抑制矿物的浮选活性。活化剂有硫酸铜、硫酸及硫化钠，用于对不同矿物的活化。例如闪锌矿在优先浮选中受到抑制剂作用，在下一步要浮选闪锌矿时，通常用硫酸铜来活化它。此时，在闪锌矿表面形成了硫化铜薄膜，易与黄药捕收剂作用，生成疏水性表面，使闪锌矿附着于气泡上，从而使闪锌矿活化上浮。

(5) 介质调整剂——主要用来调整矿浆的性质，造成有利于浮选分离的介质条件。其主要作用：一是调整矿浆的酸碱度（pH 值），常用石灰或碳酸钠来提高矿浆的碱度，用硫酸来提高矿浆的酸度；二是调整矿泥的分散与团聚。在浮选工艺中，矿泥常指 $-10\ \mu m$ 不易被浮选的细粒级别。矿泥的来源有二：一是原生矿泥，即选矿前，矿区原有的矿泥，如页岩碎屑、滑石、高岭土、褐铁矿等所产生矿泥；二是次生矿泥，即由采矿场运往选矿厂的矿石经破碎、磨矿、运输、搅拌等过程中新形成的矿泥。矿泥的存在常使回收率降低、精矿质量变差、药剂消耗量增加、浮选速度变慢以及影响沉淀过滤等脱水工艺过程。为防止上述有害效果，需要添加分散剂或团聚剂。分散剂吸附在矿泥颗粒表面，增加了表面亲水性及相互团聚的阻力，从而防止有用矿物和脉石细粒相互黏附，有利于提高回收率与精矿质量，改善浮选工艺过程。而当浓缩过滤时加入团聚剂，又可使矿泥团聚，加快沉降速度，回收细矿粒，防止尾矿水“跑浑”，提高回收率。常用的矿泥分散剂有水玻璃、氢氧化钠、六聚偏磷酸钠。团聚剂有石灰、明矾、硫酸等。

2.1.3 磁选法

2.1.3.1 概述

磁选法是利用矿石各组成矿物的磁性差别，在不均匀磁场中实现分选的方法。被分选矿物的磁性差别越大，则分选的效果越佳，反之则效果很差。

2.1.3.2 磁选基本原理

磁选是在磁选机中进行的，矿粒通过磁选机不均匀磁场时，同时受到磁力（受磁场吸引力）和机械力（重力、离心力、介质阻力、摩擦力等）的作用。磁性较强的矿粒所受的磁力大于其所受的机械力，而非磁性矿粒所受磁力很小，则以机械力占优势。由于作用在各种矿粒上的磁力和机械力的合力不同，使它们的运动轨迹也不同，从而实现分选。欲分选出磁性矿粒，其必要条件是磁性矿粒所受磁力必须大于与它方向相反的机械力的合力。这样，磁性矿粒受磁场吸引力的作用被吸附在磁选机的圆筒上，并随之被转筒排至尾矿端，排出成为磁性产品。非磁性矿粒，由于受的磁场作用力很小，仍残留在矿浆中，排出后成为非磁性产品，这就是磁选分离的过程。

2.1.3.3 矿物的磁性分类

矿物的磁性是磁选的根据，在磁选的生产实践中将矿物按比磁化系数分为强磁性矿物、中磁性矿物、弱磁性矿物和非磁性矿物四类。比磁化系数，指 1 cm^3 的矿物在磁场强度为奥斯特（Oe）的外磁场中所产生的磁力。比磁化系数越大，表示矿物越容易被磁化。1 Oe = 79.578 A/m。

（1）强磁性矿物：比磁化系数大于 3000×10^{-6} cm^3/g 的矿物，此类矿物只有磁铁矿、磁赤铁矿、磁黄铁矿等几种，在弱磁场的磁选机中（900 ~ 1200 Oe）即易与其他矿物分离；

（2）中磁性矿物：比磁化系数为 $(500 \sim 3000) \times 10^{-6}$ cm^3/g 的矿物，如钛铁矿、铬铁矿、含磁铁矿的赤铁矿等，需用中磁场磁选设备进行分选。

（3）弱磁性矿物：比磁化系数为 $(15 \sim 500) \times 10^{-6}$ cm^3/g 的矿物，如赤铁矿、褐铁矿、软锰矿、硬锰矿、菱锰矿、黑钨矿、菱铁矿、金红石、辉铜矿、黄铁矿、镜铁矿等。对这类矿物需用强磁选（磁场强度在 10000 Oe 以上）或其他方法回收。

（4）非磁性矿物：比磁化系数小于 15×10^{-6} cm^3/g 的矿物，如方解石、石英、长石、萤石、重晶石、白钨矿、方铅矿等。

2.1.4 电选法

2.1.4.1 概述

电选法是利用固体物料在电性质上的差别，利用电选机使物料颗粒带电，在电选机电场中，不同电性质的颗粒运动轨迹发生分离而使物料得到分选的一种物理分选方法。

2.1.4.2 电选基本原理

各种矿物的电导率、介电常数及整流性等电性质都是有差别的。利用这些性质的差别在高电压场的作用下，实现矿物的选择性分离是很有效的。例如，对于那些重选和磁选都难于分离的白钨矿与锡石、钽铌矿与石英等，采用电选都能获得较好的分离效果。

在电选方法中，还有一种是利用矿物的光电性质差异进行选择性分离的方法，即光电选矿，如钨矿石的选别。

2.1.5 其他选矿法

除了上面介绍的重选、浮选和磁选三种最常用的选矿方法以外，还有根据矿物的导电性、摩擦系数、颜色与光泽不同而进行选矿的方法，除上述电选法，还有摩擦选矿法、光电选矿法和手选法。以上所有这些选矿方法，因为不改变矿物本身的性质，所以习惯统称为机械选矿方法或物理选矿法。

2.2 冶 金 法

冶金法是通过一定温度和气氛压力作用，使矿物组分之间发生化学反应、熔融和溶化，从而实现矿物组分间的分离与除杂。冶金过程中，精矿与矿石中共、伴生元素的利用途径主要是主金属的提取与杂质（伴生元素及其化合物）的分离。在这个过程中，主金属与各类杂质分别形成不相溶的多相（气相、液相和固相）而实现分离。创造分相的条件是组分的浓度及其蒸气压、金属或合金对炉渣的相互溶解度、金属或合金形成氧化物、硫化物、氯化物或其他化合物的趋势差别、金属元素形成离子以及离子形成化合物的趋势等这些组分的物理化学性质。实现组分间分离的可能性、分离限度以及分离速度的物理化学依据是组分化合物化学反应的自由能（G）与动力学条件。

2.2.1 火法冶金

2.2.1.1 概述

火法冶金是在高温下，矿石或精矿进行一系列的物理化学变化，使其中的金属与脉石、杂质等分开，从而获得较纯金属的方法。其冶炼过程是将已经热处理（焙烧或烧结）的矿石或精矿放入相应的炉子内（高炉、鼓风炉、反射炉等），加高温使其熔融，并进行一系列的物理化学变化，使其中主要有用成分以金属、冰铜（Cu、Fe 等硫化物）或硬渣（As 化物、Sb 化物等）的形式富集起来，而其无用的部分则形成炉渣排除，富集的产品根据其存在状态及对产品的质量要求，可采用相应的火法处理获得合格的产品，从而达到综合利用矿产资源的目的。

2.2.1.2 冶炼前准备作业

冶炼前往往要对矿石或精矿进行焙烧或烧结，以便为冶炼过程创造更有利的条件。

（1）焙烧。焙烧是将矿石或精矿放焙烧炉中加热（其温度低于它们的熔点而不出现熔化状态），使其中某些组分发生有利于冶金处理的化学变化。主要包括以下两类：

1）通常将硫化矿焙烧（氧化焙烧、硫酸化焙烧等）变成氧化物或金属硫酸盐、以利于氧化物在火法冶炼时易被还原成金属，使金属硫酸盐在湿法冶炼时转入熔液中提取金属；

2）通过焙烧来清除矿石或精矿中某些有害杂质。

（2）烧结。烧结是将粒度过细的粉矿或精矿，在烧结机上进行加热烧结成为多孔的块状物料，以便在冶炼时减少粉矿的损失和保证冶炼的正常进行（如不被阻塞，充分熔炼等）。

2.2.1.3 火法冶炼的方法

（1）熔炼。熔炼是将物料与熔剂按比例配置，一道进行高温加热熔化冶炼的过程。物料与各组分发生一系列化学反应，最终获得两种或两种以上互不相溶的液态产物，因密度不同在熔炉内自动分层，将其各自排出，使金属或金属化合物与炉渣（脉石）分开，达到提炼金属的目的。

（2）吹炼。吹炼是在转炉中借助鼓入空气中的氧，使熔炼所得的各种锍（如冰铜）中的 Fe、S 或其他杂质氧化排除，最后获得金属。

（3）蒸馏。蒸馏是在金属氧化物或硫化物被还原时，利用在某温度下各种物质挥发不同的特性，从而使各组分分离的方法。例如蒸馏法炼锌，就是在高于锌的沸点（906 ℃）的温度和还原气氛下，将 Zn 从其氧化物中还原成蒸气状态挥发，进入冷凝器成为液态粗锌，而脉石和其他杂质氧化物秧留在蒸馏残渣中；还可从中回收 Cu、Au、Ag 和稀散金属。蒸馏法只适用于制取沸点低的金属。

（4）精炼。精炼实质是从所提炼的金属中清除杂质提高少属的纯度，或调整其组合成分，获得适合于工业要求的金属或合金产品的质量，同时还可综合回收其中的有价成分。如在 Cu、Pb 的精炼中综合回收 Au、Ag 等。精炼的原料，大多是熔炼、吹炼或蒸馏所得的粗金属，因为它们中含伴生有益元素以及燃料或熔剂中的杂质需要清除。精炼的方法有火法精炼和电解提纯。

火法冶炼是较古老的方法，黑色及重有色金属的提取多采用火法。但对某些金属的提炼，往往火法与湿法联合使用。用火法提取矿产中的主要组分，用湿法提取伴生组分的意义越来越大，特别是当原料中有用组分含量低，又是多组分时，湿法冶金与传统的火法冶金形成了竞争。

2.2.2 湿法冶金

2.2.2.1 概述

湿法冶金，通常是在常温常压下，用浸出剂（水、酸、碱和盐溶液等）从矿石或精矿中分离出可溶性物质。多数情况下是把有用金属转入溶液，然后从溶液中进一步分离和回收金属；少数情况是将杂质转入溶液，而浸渣作产品回收。目前，湿法冶金发展速度很快，广泛用于冶金资源的综合开发利用。

湿法冶炼的过程，是将矿石或精矿或半成品用溶剂处理，由浸出、净化和提取金属三个过程组成。

2.2.2.2 矿物的浸出

浸出是溶剂选择性地溶解矿物原料中某组分的工艺过程。矿物原料浸出的任务，是选择适当的溶剂使矿物原料中的有用组分选择性地溶解于溶液中，达到有用组分与杂质组分或脉石组分相分离的目的。进入浸出作业的矿物原料，一般是难于用物理选矿法处理的原矿、物理选矿的中矿、不合格精矿、化工和冶金过程的中间产品等。依据矿物原料特性的不同，矿物原料可预先焙烧而后浸出或直接进行浸出。所以，浸出作业具有较普遍的意义。

浸出试剂的选择，主要取决于矿物原料中有用矿物和脉石矿物的矿物组成和矿石结构构造。此外还应考虑浸出试剂的价格、试剂对矿物组分的分解能力及对设备材料的腐蚀性能等因素。常用浸出试剂、处理原料及其应用范围见表 2-3。

表 2-3　常用浸出试剂及其应用范围

浸出及试剂名称		矿物原料	应用范围
酸法浸出	硫酸	铀、钴、镍、锌、磷等氧化矿	含酸性脉石的矿石
	盐酸	磷、铋氧化矿，钨精矿脱铜、磷、铋等	含酸性脉石的矿石
碱法浸出	氨水	铜、钴、镍等	含碱性脉石的矿石
	硫化钠	砷、锑、汞等硫化矿	
	碳酸钠	次生铀矿等	含硫化矿少的矿石
加盐浸出	高价铁盐	铜、铅、铋等硫化物	
	氰化物	金、银等贵金属	
	次氯酸钠	硫化钼等矿	
细菌浸出	细菌	钢、铀、钴、锰、砷等矿	
水浸出	水	硫酸铜及焙砂等	

2.2.2.3　净化杂质

在浸出的含金属的溶液中，在提取金属之前除去有害杂质的过程称为净化。

2.2.2.4　置换沉淀

在水溶液中，用较负电性的金属取代较正电性的金属的过程叫作置换沉淀（简称置换）。置换是一种氧化还原反应即较负电性的金属失去电子呈金属离子存在于溶液中，而被置换的金属离子则获得电子在置换金属的表面上沉积下来置换的次序，即氧化还原应进行的方向，取决于金属在水溶液中的电位序。置换沉淀既用于净化除杂，也用于制取粗金属。

2.2.2.5　电解精炼

到目前为止，一些重有色金属（指密度在 4.5 g/cm^3 以上的金属）如铜、铅、镍、钴等主要是从硫化矿中提取的。提取的原则流程是先用浮选获得精矿，精矿经火法熔炼产出粗金属，由粗金属到纯金属，通常采用电解的方法。即将粗金属作为阳极，以同种纯金属作为阴极，以该金属的盐溶液作电解液，组成电解槽。在电解过程中，由于控制了一定的外界条件，使比目的组分电位更负的杂质金属在阳极会优先溶解，但在阴极难以析出，因而留在溶液中；比目的组分电位更正的金属在阴极虽会优先析出，但在阳极不会溶解而沉于电解槽的底部成为“阳极泥”。只有目的组分既可在阳极溶解，又可在阴极析出，从而得到提纯。上述方法通常称为电解精炼，简称电解。

习　题

1. 什么是选矿法？
2. 什么是重选法？简述重选的原理。
3. 什么是浮选法？简述浮选的原理。
4. 简述浮选药剂的种类。
4. 什么是磁选法？简述磁选的原理。
5. 什么是焙烧？焙烧的目的是什么？
6. 简述湿法冶炼通常包括哪些过程。

参 考 文 献

[1] 胡应藻，矿产综合利用工程 [M]. 长沙：中南工业大学出版社，1995.
[2] 刘亚川，丁其光，汪镜亮，等. 中国西部重要共、伴生矿产综合利用 [M]. 北京：冶金工业出版社，2008.

3 黑色金属矿产资源的综合利用

❖ **本章提要**

本章在介绍黑色金属矿产铁、锰、铬的性质和用途及其资源综合利用的基础上，对该类典型矿产资源的综合利用实例进行了详细介绍。

黑色金属矿产包括铁、锰、铬。

3.1 铁矿资源的综合利用

中国是铁矿石消耗大国。2006 年中国进口铁矿石达 3.26 亿吨，其中印度铁矿石占 22.92%；2013 年进口铁矿石达 8.19 亿吨。我国铁矿石对外依存度达 73%，加强对我国铁矿石资源的综合利用有重要意义。

3.1.1 铁的性质和用途

3.1.1.1 性质

铁是最多最广的化学元素，其地球丰度高达 32.5%，地壳丰度为 5.8%，在岩石圈内铁是主要的造岩元素，又是重要的造矿元素。铁原子序数为 26，位于元素周期表中第 4 周期第Ⅷ族。铁的原子量为 55.847，原子密度为 7.86 g/cm^3。铁原子呈正二价离子（Fe^{2+}）或呈正三价离子（Fe^{3+}）。铁常与硫、砷等构成共价化合物。铁的布氏硬度为 60～70，强度极限为 323～393 MPa，弹性模数为 205800 MPa，熔点为 1535 ℃，沸点为 3000 ℃。

铁能与氢、氧、硫、磷、碳、氮发生化学作用。铁吸收氢后，其硬度、弹性和稳定范围均会增大。铁与硫化合将变脆；铁与氮结合可增强其表面防腐性、耐磨性及抗疲劳性；在铁中加入小于 1% 的磷，可提高铁的硬度，并可保持足够的韧性（含磷大于 1% 时，脆性急增）；铁与碳熔合生成铁碳合金——铁和钢，碳可增大铁的硬度、强度和电阻，减小塑性和韧性。

3.1.1.2 用途

铁是应用最广泛和用量最大（占全部金属使用量的 95% 以上）的金属。常用的是生铁和钢。

铁矿石是钢铁工业的基本原料，可以冶炼制成生铁、熟铁、钢材、合金等；纯磁铁矿可作合成氨的催化剂；赤铁矿、镜铁矿、褐铁矿是天然的矿物原料。

3.1.2 铁矿产资源

3.1.2.1 铁矿物

自然界含铁矿物有 300 余种，常见的也有 170 余种。主要的铁矿物有磁铁矿（Fe_3O_4）、赤铁矿（Fe_2O_3，含异种镜铁矿）、褐铁矿（$Fe_2O_3 \cdot nH_2O$，含铁一般 30%～

40%)、菱铁矿（$FeCO_3$）、针铁矿（$Fe_2O_3 \cdot H_2O(FeO(OH))$）等。

3.1.2.2 铁矿石

根据含铁矿物的不同，有工业利用价值的铁矿石主要有磁铁矿石、赤铁矿石、褐铁矿石、菱铁矿石及其混合型铁矿石，如赤铁矿-磁铁矿混合矿石、含钛磁铁矿石、含铜磁铁矿石等。

按照矿物组成、结构、构造和采选冶工艺流程的特点，铁矿石分为自然类型和工业类型。

自然类型：根据含铁矿物的种类可分为磁铁矿石、赤铁矿石、假象（半假象）赤铁矿石、钒钛磁铁矿石、褐铁矿石、菱铁矿石以及由其中两种或两种以上含铁矿物组成的混合矿石；按有害杂质（S、P、Cu、Pb、Zn、As、Sn、F 等）含量的高低，可分为高硫铁矿石、高磷铁矿石等；按矿石的结构、构造可分为浸染状矿石、网脉浸染状矿石、条纹状矿石、条带状矿石、致密块状矿石、角砾状矿石，以及鲕状、豆状、肾状、蜂窝状、粉状和土状矿石等；按脉石矿物可分为石英型、闪石型、辉石型、斜长石型、绢云母绿泥石型、夕卡岩型、阳起石型、蛇纹石型、铁白云石型和碧玉型等铁矿石。

工业类型：根据工业上矿石选冶方法及工艺流程不同划分矿石类型。在企业经济上视投入与产出平衡情况划分：工业上能利用的矿石即表内矿石，包括平炉富矿（炼钢用铁矿石）、高炉富矿（炼铁用铁矿石）和待（需）选矿石；工业上暂不能利用的矿石即表外矿石，矿石含铁量介于最低工业品位与边界品位之间。

铁矿石工业类型一般均以铁矿石中含铁量占全铁 85% 以上的某种含铁矿物来命名。对磁铁矿石、赤铁矿石采用磁性铁（MFe）对全铁（TFe）的占有率进行划分时，其标准为：

MFe/TFe≥85%　　磁铁矿石
MFe/TFe≤85%~15%　　磁铁-赤（菱）铁混合矿石
MFe/TFe≤15%　　赤铁矿石

对待（需）选铁矿石，划分矿石工业类型通常以单一弱磁选工艺流程为基础，采用磁性铁 MFe 占有率来划分。根据我国矿山生产经验，一般标准如下：

MFe/TFe > 65%　　单一弱磁选铁矿石
MFe/TFe < 65%　　其他流程选别铁矿石

如矿床中矿石物质组成较简单，铁矿石中硅酸铁、硫化铁及含二价铁的脉石矿物等含铁量小于3%，主要铁矿物为磁铁矿、赤铁矿和褐铁矿，也可采用传统的磁性率 MFe/FeO 法来划分铁矿石工业类型。磁铁矿的化学式为 $Fe_2O_3 \cdot FeO$，在理想条件下，MFe/FeO（比值 2.33）是一个常数。依此，铁矿石可分为磁铁矿石（原生矿石）TFe/FeO≤2.7，弱磁性矿石（氧化矿石）TFe/FeO > 3.5，混合型矿石（半氧化矿石）TFe/FeO = 2.7 ~ 3.5。

如按选冶要求，将铁矿石划分为下列类型：

（1）根据铁矿石的成分及性质分为磁铁矿石、赤铁矿石、菱铁矿石、褐铁矿石及混合矿石。

（2）根据铁矿石含铁及杂质含量划分为平炉富矿、高炉富矿、一般富矿及贫矿石等。

（3）根据铁矿石的氧化程度划分为原生矿石、氧化矿石及混合矿石。一般情况下，铁矿石中金属矿物是磁铁矿和赤铁矿，脉石矿物是石英及不含铁的硅酸盐矿物或碳酸盐矿物时，可划分为 TFe/FeO < 2.7 为原生矿石（磁铁矿，易选），TFe/FeO > 3.5 为氧化矿石

(赤铁矿，难选)，TFe/FeO =2.7~3.5 为混合矿石。

(4) 根据铁矿石造渣成分含量划分为：

$(CaO+MgO)/(SiO_2+Al_2O_3)=0.8\sim1.2$ 自熔性矿石

$(CaO+MgO)/(SiO_2+Al_2O_3)=0.5\sim0.8$ 半自熔性矿石

$(CaO+MgO)/(SiO_2+Al_2O_3)<0.5$ 酸性矿石

$(CaO+MgO)/(SiO_2+Al_2O_3)>1.2$ 碱性矿石

(5) 根据其他成分含量将铁矿石划分为高硫矿石（S >0.3%）；高磷矿石（P >0.2%~0.8%），富磷矿石（P>0.8%）；高铜矿石（Cu 0.2%~0.5%），富铜矿石（Cu >0.5% >0.5%）；高锌矿石（Zn >0.1%）；高砷矿石（As >0.07%）；高铬矿石（Cr >2%）；高锡矿石（Sn >0.08%）；高钴矿石（Co >0.03%）；高铅矿石（Pb >0.1%）；铁钒矿石（V_2O_s >0.2%）；钛铁矿石（TiO_2 >5%）等。

(6) 根据主要产地，将铁矿石分为鞍山式铁矿、镜铁山式铁矿、攀枝花式铁矿、白云鄂博式铁矿、大冶式铁矿、梅山式铁矿、石碌式铁矿、邯邢式铁矿等。其中鞍山式铁矿是我国最重要的铁矿床，占总储量的50%左右；矿石中金属矿物以磁铁矿为主，其次是赤铁矿、菱铁矿；脉石矿物有石英、绿泥石、角闪石、云母、长石和方解石等；攀枝花式铁矿是一种伴生钒、钛、钴等多种元素的磁铁矿，其矿石储量居我国铁矿总储量的第二位；矿石中主要金属矿物有含钒钛磁铁矿、钛铁矿，硫化物以磁黄铁矿为主。

3.1.3 铁矿石质量标准

铁矿石的化学组成包含铁、有害杂质、有用成分和造渣成分等四部分，具体内容如下：

(1) 铁。在其他条件相同下，矿石中 Fe 品位越高，高炉冶炼指标越好。对进行冶金处理的原料，主要要求其质量稳定，特别是铁品位，高炉冶炼的指标与矿石中和精矿中的铁品位有关。

(2) 有害杂质。S、P、As、Zn 和 Pb 属于有害杂质，有害杂质会影响生铁、钢的质量或生产效率。对直接入炉冶炼的富矿，需限制其含量。当有害杂质超过要求时，矿石需经选别后方能使用或供配矿用料。

钢铁中含硫在其热加工时易产生“热脆”。高炉冶炼时虽然可以脱硫，但却要多消耗焦炭（提高炉温）和石灰石（提高炉渣碱度），以至提高生产成本，因此入炉铁矿石要求含硫应小于0.15%。磷在高炉中全部被还原并大部分进入生铁，含磷多的钢铁在低温加工时易破裂，即所谓“冷脆”。砷在冶炼时大部分进入生铁，当钢中砷含量超过0.1%时会使钢冷脆，并影响钢的焊接性能。锌不溶于生铁，故在高炉冶炼时锌不进入生铁中，但它是一种有害杂质，在炉内被还原蒸发形成氧化锌沉积形成炉瘤，导致高炉崩料、悬料，导致铁水质量变低，一般含量限制在0.2%以下。铅在高炉里容易被还原，由于密度大，沉入炉底砖缝，破坏炉底砖的完整。一般含量要求在0.1%以下。

(3) 有用成分。Mn、Ni、Co、V、Cu、Cr 和 Ti 属于矿石中的有用成分，Cu、Cr 和 Ti 除了具有好的性质外，还具有不良的作用，使冶金过程复杂化。

(4) 造渣成分。脉石为造渣成分，一般分碱性和酸性两种。氧化钙和氧化镁属于碱性的，二氧化硅和三氧化二铝属于酸性的。矿石中碱性成分总量与酸性成分总量的比值越高，能减少主要溶剂的消耗。属于造渣组分的还有 K_2O、Na_2O、TiO_2 和 BaO 等。对提供直接入炉使用的矿石，需查明造渣组分的含量。当矿石中 MgO、Al_2O_3 都很低时，可以直接采用 CaO/SiO_2 来确定酸碱度。

铁矿石常用标准见表 3-1。对含铁较低或含铁虽高，但有害杂质含量超过规定的矿石，或含伴生有益组分的铁矿石，均需选矿。选出精矿经配料烧结或球团处理后，才能入炉使用。在我国铁矿资源中，约有 95% 以上的铁矿石属需选矿石，见表 3-2。铁矿石中伴生元素综合利用指标及其允许含量见表 3-3。

表 3-1　铁矿石常用标准

类别	矿石类型	化学成分/%									块度/mm
		TFe	SiO_2	S	P	Cu	Pb	Zn	Sn	As	
平炉富矿	磁、赤铁矿	>56	<12	<0.15	<0.15	<0.04	<0.04	<0.04	<0.04	<0.04	≥20
	褐铁矿	>50	<12	<0.15	<0.15	<0.04	<0.04	<0.04	<0.04	<0.04	≥20
高炉富矿	磁铁矿	>50	≤18	0.3	0.2	<0.2	0.1	0.2	<0.08	0.04~0.07	10~75
	赤铁矿	>48	≤18	0.3	0.2	<0.2	<0.1	<0.2	<0.08	0.04~0.07	10~75
	褐铁矿	>45	≤16	0.3	0.2	<0.2	<0.1	<0.2	<0.08	0.04~0.07	10~75
	菱铁矿	>35	≤14	0.2	0.15	<0.2	<0.1	<0.2	<0.08	0.04~0.07	10~75
	自熔性矿	>35	≤14	0.2	0.15	<0.2	<0.1	<0.2	<0.08	0.04~0.07	10~75
备注	（1）褐铁矿及菱铁矿要求扣除烧损后 TFe>50%。 （2）高炉富矿含磷量按炼铁品种不同，其含磷量要求如下： 酸性转炉炼钢生铁要求铁矿石含 P≤0.03%； 碱性平炉炼钢生铁要求铁矿石含 P 0.03%~0.18%； 高磷铸造生铁要求铁矿石含 P 0.15%~0.6%										

表 3-2　对需选贫铁矿石的品位要求

矿石工业类型	TFe/%	
	边界品位	工业品位
磁铁矿石	≥20（MFe≥15）	≥25（MFe≥20）
赤铁矿	≥25	≥28~30
菱铁矿石	≥20	≥25
褐铁矿石	≥25	≥30

表 3-3　伴生元素综合回收指标及允许含量

伴生元素	综合回收指标/%	铁矿石中允许含量/%	
		平炉矿	高炉富矿
S	>5	<0.10	<0.15
P	0.5~0.8	0.10	0.2
TiO_2	>5		≤13
Cu	>0.2	≤0.02	≤0.02
Zn	>0.5		≤0.01
Mo	>0.02		

续表 3-3

伴生元素	综合回收指标/%	铁矿石中允许含量/%	
		平炉矿	高炉富矿
Pb	>0.2	≤0.1	≤0.1
Ni(NiS)	>0.2		
Sn	>0.1	≤0.05	≤0.08
V_2O_5	>0.2		
Co	>0.02		
Ga、Ge	>0.001		
Mn	>3		

3.1.4 我国铁矿资源概况

3.1.4.1 我国铁矿资源特点

我国铁矿资源主要有下列特点：

(1) 地域分布广泛，储量分区相对集中。我国目前已探明储量的矿区有1834处，总保有储量矿石463亿吨，居世界第5位。除上海市和香港特别行政区外，铁矿在全国各地均有分布，以东北、华北地区资源为最丰富，西南、中南地区次之。就省（区）而言，探明储量辽宁位居榜首，河北、四川、山西、安徽、内蒙古、湖北、海南等次之。其中，辽宁、河北、四川三省占全国总储量的51%。

(2) 矿石含铁量一般较低，以贫矿为主。我国已探明储量铁矿储量的平均品位为33%，世界铁矿平均品位44%。澳大利亚赤铁富矿含铁56%~63%，成品矿粉矿含铁一般为62%，块矿含铁一般能达到64%；巴西矿含铁53%~57%，成品矿粉矿含铁一般为65%~66%，块矿含铁可达64%~67%。

(3) 多组分共生铁矿石较多，综合利用价值高。我国多组分共生铁矿石储量约占全国总量的1/3。多组分主要包括有V、Ti、REO、Nb、Cu、Sn、W、Mo、Pb、Zn、Co、Au等，为我国有色金属、稀有金属、稀土金属的一个重要来源。

我国铁矿床中共生、伴生有益组分的储量和经济价值，以沉积变质热液叠加铁矿床、晚期岩浆铁矿床、中酸性岩浆接触交代热液铁矿床和玢岩铁矿床最为重要。

沉积变质热液叠加铁矿床：典型矿床如白云鄂博矿床，是世界上罕见的大型铁、稀土、铌伴生有Mn、Th、Ba、Sc、F、P、S等元素的多金属共生矿床。根据矿石的物质组成、矿石可选性，从矿山生产实际出发，将矿石分为富铁矿（直接如高炉冶炼）、磁铁矿（埋藏在矿体深部）、萤石型和混合型贫氧化矿属难选矿石，混合型矿石中的脉石主要为含铁硅酸盐矿物，比萤石型贫氧化矿更难选。萤石型和混合型贫氧化矿是包头白云鄂博矿选矿综合利用的主要对象。

晚期岩浆铁矿床：分布于四川、河北、陕西、山西等省，以攀枝花地区的钒钛磁铁矿矿产规模最大，共生或伴生钛、钒、铬、镓、铜、钴、镍及铂族元素等10多种有益组分。

中酸性岩浆接触交代热液铁矿床：此类矿床在山东（鲁中、金岭、济南）、河北（邯邢）、山西、广东、湖北（大冶、程潮、金山店）和福建（潘洛）等省均有分布。形成时代多属燕山期，与成矿有关的岩浆由中偏基性-中性-中偏酸-酸性变化，矿化组合由单一的铁矿，渐变为铁铜钴、铁锡锌、铁锡钨钼等多金属组合，其金属组合与成矿母岩有关。一般花岗岩、白云母花岗岩、黑云母花岗岩多形成铁锡锌或铁锡钨钼组合，花岗闪长岩、闪长岩往往为铁铜钴组合。根据金属组合，与中酸性侵入岩有关的接触交代型矿床可分为（1）铁锡锌钨矿床，代表性矿床有广东大顶铁矿和内蒙古黄岗铁矿：大顶铁矿矿床含 TFe 44.3%、Sn 0.154%、Zn 0.31%，铁、锡已构成大型矿床；内蒙古克什腾旗黄岗矿床含 TFe 30.79%~45.59%、Sn 0.11%~0.67%，也构成大型矿床。（2）铁铜钴金组合矿床，代表性矿床是大冶铁矿，矿床含 TFe 55%、Cu 0.7%、Co 0.032%、Au 0.1 g/t，是大型铜铁矿山。山东金岭铁矿矿石含 TFe 51.45%、Cu 0.12%~0.55%、Co 0.14%~0.03%、S 0.57%~1.3%。（3）铁铜钼组合矿床，代表性矿床是福建马坑矿床，含 TFe 38%，钼大于 0.02%，钼矿物为辉钼矿。

玢岩铁矿床：主要分布在宁芜地区，安徽白象山铁矿含 TFe 39.43%、V_2O_5 0.404%，和睦山铁矿含 TFe 39.07%、V_2O_5 0.168%。

我国不同铁矿石中共（伴）生组分见表 3-4。

表 3-4　我国各类型铁矿共（伴）生组分一览表

矿床类型		分布地区	主要矿物		鲕铁及共生、伴生组分		
			矿石矿物	脉石矿物	TFe 品位/%	共生组分	伴生组分
沉积铁矿		湖北、四川、湖南、河北、陕西、广西、贵州	赤铁矿与菱铁矿互为主次	绿泥石（鲕绿泥石）石英、黏土矿物	20~50	Ga	
受变质沉积铁矿		辽宁、河北、山西、陕西、海南、安徽、甘肃	磁铁矿（赤铁矿、假象赤铁矿）赤铁矿、菱铁矿	石英、角闪石、辉石、绿泥石（或有较多长石）	<35（个别富矿达 55~60）	重晶石（个别矿床）	
岩浆晚期铁矿	分异型铁矿	四川、陕西、新疆、河北	钛磁铁矿、钛铁矿、硫化矿物	辉石（钛辉石）、斜长石、橄榄石、角闪石	22~35	V_2O_5 TiO_2	Ni、S、Co、Se 等
	贯入型铁矿	河北	含钒磁铁矿、钛铁矿、硫化矿物	斜长石、辉石、绿泥石、角闪石、磷灰石	20~45	V_2O_5 TiO_2	
接触交代-热液铁矿		遍及全国、安徽、山东、河北、湖北、福建、新疆、广东等最多	磁铁矿、假象赤铁矿（少数矿区有菱铁矿或镜铁矿），次为黄铁矿、黄铜矿	透辉石（阳起石）、石榴子石、绿泥石	30~60	S、Cu、Co	Au、Ag、W、Sn 等
与火山侵入活动有关的铁矿	陆相火山岩	长江中下游	磁铁矿（赤铁矿）假象赤铁矿、黄铁矿	透辉石、阳起石、石榴子石、硬石膏、磷灰石	40 左右		S、P、V_2O_5
	海相火山岩	云南、新疆	磁铁矿与赤铁矿互为主次，有些矿区有菱铁矿、假象赤铁矿	石英、斜长石、铁绿泥石		Cu、Co	S、P、V_2O_5

续表 3-4

矿床类型	分布地区	主要矿物		鲕铁及共生、伴生组分		
		矿石矿物	脉石矿物	TFe 品位/%	共生组分	伴生组分
风化淋滤型铁矿	广东、广西、贵州、山东	褐铁矿（少量赤铁矿）	石英、方解石、黏土矿物	35~60		
其他类型	内蒙古、吉林	磁铁矿、赤铁矿、铌铁矿、易解石、独居石、氟碳铈矿	萤石、钠辉石、钠闪石、白云石、石英	32~36	RE、Nb	CaF_2

3.1.4.2 我国铁矿主要类型

根据矿石类型、矿物组合、有用元素含量及其赋存状态和矿石综合利用特点等，可将铁矿石综合利用划分为四种主要类型。

A 钒-钛-铁矿石型

该类型矿石属晚期岩浆铁矿床，主要为含钒、钛磁铁矿石，代表性矿床有四川攀枝花和河北大庙。其中以攀枝花地区的钒钛磁铁矿矿床规模最大。河北大庙钒钛磁铁矿床属于晚期岩浆贯入矿床。该类型矿石成分复杂，除铁外，尚有 V、Ti、Cu、Ni、Co、S、Cr、Se、Ga 等 10 多种有益组分。主、共生元素含量为 Fe 30%~40%、TiO_2 5%~15%、V_2O_5 0.16%~0.4%。矿石矿物主要为钛磁铁矿（含钒磁铁矿）、钛铁矿、硫化矿物，脉石矿物主要含辉石（钛辉石）、斜长石、绿泥石（橄榄石）。

该类型矿石选矿方法及选别工艺主要采用一段磨矿磁选流程选铁矿物，用螺旋溜槽-浮选-电选流程回收磁选尾矿中的钛、钴、硫等。选矿产品包括钒铁精矿、钛精矿、硫钴精矿、尾矿。共、伴生元素回收途径：钒铁精矿经烧结得钒渣，进一步制取 V_2O_5，Ga 从钒渣中提取，Ti、Co、S 从选铁尾矿中再选获取，Sc 从高炉渣、电炉高钛渣中回收，最终尾矿为非金属原料。

B 铌-稀土-铁矿石型

该类型矿石为沉积变质热液叠加铁矿床，代表性矿床为我国包头白云鄂博铁矿。包头白云鄂博铁矿床中共生稀土（已发现稀土矿物 28 种）和铌（已发现铌矿物 19 种），为我国稀土和铌的重要生产基地。主、共生元素含量为 Fe 32%~36%、Re 2%~7.35%、Nb_2O_5 0.06%~0.15%、F 3.15%~13.55%。矿石矿物主要为赤（褐）铁矿、磁铁矿、氟碳铈矿、独居石、铌铁矿、易解石；脉石矿物主要包括萤石、钠辉石、钠闪石、重晶石、白云石、石英等。

该类型矿石选矿方法及选别工艺主要采用磁选-浮选或单一磁选流程生产铁精矿及稀土泡沫，稀土泡沫经重选-浮选流程选出稀土精矿及稀土次精矿。选矿产品为铁精矿稀土精矿、稀土次精矿、萤石、尾矿。

C 铜-硫（钴）-铁/锡-硫（钼）-铁矿石型

该类型矿石为中酸性岩浆岩接触交代热液矿床及与火山-侵入活动有关的铁矿床。可分为五个亚型：铁锡锌钨矿床、铁铜钴金组合矿床、铁铜钼组合矿床、海相火山-侵入型铁矿床和陆相火山-侵入型铁矿床。代表性矿床有大冶铁山、西石门、张家洼、大顶、海南石碌。该类型矿石除铁外，常伴生有 Cu、S、Pb、Zn、Co、Au、Ag 或 Sn、Mo、W 等组分。主、共生元素含量一般含 Fe 30%~60%、含 Cu 0.001%~0.58%。矿石矿物主要为磁铁矿、赤铁矿（菱铁矿）、黄铁矿（黄铜矿）；脉石矿物主要包括透辉石、透闪石、石榴子石、绿泥石（石英）、方解石（白云石）等。

该类型矿石选矿方法及选别工艺主要采用二段磨矿；原生矿采用浮选-弱磁选或浮选-弱磁选-强磁选流程。选矿产品为铁精矿、铜精矿、硫钴精矿、磷灰石精矿、尾矿。共、伴生元素回收途径主要是金、银从铜阳极泥中回收，冶炼烟气制酸，从酸泥中提取硒等，最终尾矿为非金属原料。

D 铁矿石型

该类型矿石属于沉积铁矿和受变质沉积铁矿，代表性矿床如东、西鞍山铁矿，弓长岭铁矿，迁安水厂铁矿等。该类型矿石除铁外，一般不含有其他有用金属元素，部分铁矿床伴生镓。

主、共生元素品位：Fe 30%~35%，少数沉积铁矿品位达 40%~50%；伴生元素：$BaSO_4$、Ga、Ge、Ti、Mo、Co。矿石矿物主要为磁铁矿、假象赤铁矿、赤铁矿、菱铁矿、褐铁矿；脉石矿物主要为石英、角闪石、透闪石、绿泥石（长石）、鲕绿泥石、黏土矿物。

该类矿石选矿方法及选别工艺主要采用阶段磨矿阶段选别单一磁选流程，以赤铁矿为主的矿石则采用单一浮选工艺或弱磁选细筛自循环重选工艺。共、伴生元素的回收途径主要是利用最终尾矿综合回收其中有价金属及非金属原料。选矿产品只有铁精矿和铁尾矿，极少数矿有重晶石精矿。

3.1.5 包头白云鄂博矿资源的综合利用

白云鄂博矿区位于内蒙古自治区西北部，地处阴山山脉以北的乌兰察布草原，1927 年由丁道衡教授发现，1935 年何作霖教授在铁矿石的标本中又找到了白云矿和鄂博矿（即氟碳铈矿和独居石）。包头白云鄂博矿是世界罕见的铁、稀土、铌、钍、钪、氟、钛、磷、钾等大型多金属共生矿。其中铁储量 16 亿多吨；稀土储量 5738 万吨，远景储量 1.35 亿吨，居世界第一位；铌储量 660 万吨，居世界第二位；钍储量 22 万吨，居世界第二位。包头稀土矿是我国第一大稀土矿，占我国总稀土储量的 80% 以上，它也是世界上第一大稀土矿、第二大钍资源矿。

3.1.5.1 矿物组成

包头白云鄂博矿是我国第一个以铁、稀土、铌为主的大型多元素共生矿，发现元素 72 种，构成 142 种矿物。表 3-5 和表 3-6 分别为白云鄂博矿区主要矿物种类及其可选性。

表 3-5 白云鄂博矿区的主要矿物种类

矿物类型	主要矿物名称	种类数量
铁矿物	磁铁矿、赤铁矿、镜铁矿、假象赤铁矿、菱铁矿、褐铁矿	5
稀土矿物	氟碳铈矿、氟碳钙铈矿、氟铈钙矿、氟碳钡铈矿、独居石、褐帘石	12
铌矿物	铌铁矿、黄绿石、烧绿石、铵铌易解石、铌钛易解石、铌钙矿、钛铁金红石	12
钍、锆矿物	铁钍石、锆石英	5
钛矿物	金红石、钛铁矿	5

续表 3-5

矿物类型	主要矿物名称	种类数量
其他矿物	萤石、磷灰石、软锰矿、白云石、闪石、钠辉石、硫化物类矿物、稀有氧化物类矿物、硫酸盐类矿物、磷酸盐类矿物等	75

表 3-6　白云鄂博矿主要矿物的可选性

选别方法	产品	精　矿	中　矿	尾　矿
浮选	按晶格能和自然可浮性矿物分类			
	晶格能/J	417 ~ 519	600 ~ 1000	3202 ~ 4768
	分类	易浮矿物	较易浮矿物	难浮矿物
	矿物	重晶石、方解石、白云石、萤石	氟碳钡铈矿、氟碳铈矿、独居石、磷灰石、氟碳钙铈矿	赤铁矿、磁铁矿、褐铁矿、钠辉石、钠闪石、石英、半假象赤铁矿、假象赤铁矿
磁选	按磁性强弱矿物分类			
	磁场强度 $/A\cdot m^{-1}$	$<800\times79.578$	$800\times79.578\sim6000\times79.578$	$>6000\times79.578$
	分类	强磁性矿物	中磁性矿物	弱（无）磁性矿物
	矿物	磁铁矿、半假象赤铁矿	赤铁矿、假象赤铁矿、褐铁矿、钠辉石、钠闪石、云母包体或铁染脉石	白云石、易解石、方解石、重晶石、石英、钛铁金红石、萤石、氟碳铈矿、独居石、氟钛钙铈矿、氟碳钡铈矿、磷灰石
重选	按密度大小矿物分类			
	密度 $/g\cdot m^{-3}$	>4.5	$4.5\sim3.6$	<3.6
	分类	重矿物	中重矿物	轻矿物
	矿物	磁铁矿、赤铁矿、假象赤铁矿、半假象赤铁矿、易解石、独居石、氟碳铈矿、重晶石、钛铁金红石、钙铁矿	褐铁矿、菱铁矿、氟碳钡铈矿、氟碳钙铈矿	钠辉石、钠闪石、方解石、石英、萤石、白云石、云母、磷灰石

3.1.5.2　主要元素赋存状态

（1）铁。铁元素 90% ~ 95% 赋存于铁矿物（磁铁矿、原生赤铁矿、假象赤铁矿、半假象赤铁矿和褐铁矿）中，其中，磁铁矿、原生赤铁矿、假象赤铁矿占铁矿物的 90% 以上。

（2）稀土。稀土元素 90% 以上赋存在稀土矿物中，形成 12 种稀土矿物，主要是氟碳铈矿和独居石。

（3）铌。铌元素 85% 赋存在铌矿物中，形成 12 种铌矿物，主要有钛铁金红石、铌铁矿、易解石、黄绿石。

（4）氟。氟元素98%赋存在萤石和氟碳酸盐稀土矿物中，95%的氟元素呈萤石形态存在。

3.1.5.3 包头白云鄂博矿的利用现状

包头白云鄂博稀土精矿约占我国稀土精矿产量的60%，是由氟碳铈矿和独居石组成的混合型稀土矿，被世界公认为难冶炼矿种。包头白云鄂博矿选矿综合利用研究的主要对象是萤石型和混合型中贫氧化矿。有用矿物和脉石矿物嵌布关系复杂，矿石磨至-74 μm占95%时，铁矿物单体解离度只有77.11%；当矿石磨至-43 μm占90%时，铁矿物单体解离才达到90.80%。包头白云鄂博矿具备了“贫、细、杂、散”的全部特点，是一个非常难处理的复合矿。该矿的开发利用虽已逾50年，但至今仍存在许多问题有待解决，仍是我国矿产资源综合利用的重要攻关课题之一。

（1）铁资源。开采的铁矿全部由包钢选矿厂处理，铁的回收率为70%，尾矿产生量约为1.6亿吨，全部堆置于尾矿库中，尾矿中铁的品位在17%以上。

（2）稀土资源。白云鄂博矿含稀土的岩石主要是稀土白云岩，在矿床开采过程中按照分采、分堆的原则，设专门的排土场进行稀土白云岩资源保护，其目前还未进行利用。随铁开采的稀土有92%进入包钢选矿厂，矿石中的稀土矿物在选铁中绝大部分进入尾矿。稀土的回收，主要以强磁中矿、强磁尾矿为入选原料生产稀土精矿。选别作业回收率为60%~70%，其中稀土精矿选别回收利用了12.8%，铁精矿中稀土含量约占3.6%，大部分稀土排入尾矿库中堆存，约占75.6%。目前尾矿库中尾矿含稀土氧化物（REO）7.23%，稀土氧化物总量超过800万吨。白云鄂博矿的稀土总回收率仅为10%。

（3）铌资源。白云鄂博矿铌资源储量丰富（为660万吨），但一直未能开发利用，大量的铌资源随着铁矿石选别后进入尾矿坝。自20世纪60年代以来，国内许多高等院校和科研院所都对白云鄂博矿中铌资源的开发利用做了大量工作，取得了一定进展，但至今未能实现产业化生产。

原矿中铁-稀土-铌的综合选矿方案，即弱磁-浮选-强磁-浮选工艺，可将铌有效富集于选铁后的中间产品中，进而根据铌矿物的浮选特性研制了新型浮选药剂，选出了铌精矿，其铌品位比原矿高了10倍，达到1.30%。但相对于原矿，其回收率只有16.1%。因此，铌的选别富集仍未得到很好的解决。

白云鄂博矿经高炉冶炼后，稀土进入高炉渣中，铌进入铁中，铁水再经转炉冶炼后，铌又进入炉渣中。铁精矿中Nb_2O_5含量约为0.10%，而炉渣中Nb_2O_5含量为0.7%~1.0%，这说明铌在钢渣中得到了相当的富集，有待回收利用。

（4）钍资源。矿石中的ThO_2在包钢选铁时，随尾矿进入尾矿库的钍占80.5%；赋存于铁精矿中的钍占13.5%，在高炉冶炼过程中有13%进入高炉渣，0.5%进入尘渣；赋存于稀土精矿中的钍占6.0%。

（5）萤石资源。白云鄂博矿中萤石资源非常丰富，储量达1.3亿吨，目前因市场因素影响还未能工业化生产。

（6）富钾板岩。富钾板岩储量为3.4亿吨，近几年对其作了许多开发利用的可行性研究工作，但还未实现产业化。

总体上，目前白云鄂博矿的开采是遵循“以铁为主，综合利用”的方针进行的，其中的铁矿物得到了大部分的回收利用，稀土矿物的回收率较低，极有经济价值的铌、钍、钪、钾、氟、磷等一直未得到有效的回收利用，造成大量宝贵资源的流失及生态环境的破坏和污染。如何合理调配资源、开发新技术和新工艺、实现综合利用，任重而道远。

稀土元素

稀土是历史遗留下来的名称。稀土元素是从18世纪末叶开始陆续发现，当时人们常把不溶于水的固体氧化物称为土。稀土一般是以氧化物状态分离出来的，很稀少，因而得名为稀土（Rare Earth，简称RE或R）。

稀土元素氧化物是指元素周期表中原子序数为57~71的15种镧系元素氧化物，以及与镧系元素化学性质相似的钪（Sc）和钇（Y）共17种元素的氧化物。根据稀土元素原子电子层结构和物理化学性质，以及它们在矿物中共生情况和不同的离子半径可产生不同性质的特征，17种稀土元素通常分为二组：

（1）轻稀土包括镧、铈、镨、钕、钷、钐、铕。

（2）重稀土包括钆、铽、镝、钬、铒、铥、镱、镥、钪、钇。

稀土有“工业维生素”、工业“黄金”的美称，在改造传统产业和发展高新技术领域当中具有“点石成金”的作用。由于其具有优良的光电磁等物理特性，能与其他材料组成性能各异、品种繁多的新型材料，其最显著的功能就是大幅度提高其他产品的质量和性能。比如大幅度提高用于制造坦克、飞机、导弹的钢材，铝合金、镁合金、钛合金的战术性能。而且，稀土同样是电子、激光、核工业、超导等诸多高科技的润滑剂。稀土科技一旦用于军事，必然带来军事科技的跃升。从一定意义上说，美军在冷战后几次局部战争中压倒性控制，以及能够对敌人肆无忌惮地公开杀戮，正缘于稀土科技领域的超人一等。因此，稀土如今已成为极其重要的战略资源。

根据稀土拥有量（含矿及半成品、加工品），中国、俄罗斯、美国、澳大利亚是世界上四大稀土拥有国，中国名列第一位（表3-7）。

表3-7 世界稀土资源储量（REO） （万吨）

国家	储量		储量基础	
	1989年	1993年	1989年	1993年
中国	3600（80.0%）	4300（43%）	3600（75.0%）	4800（43.6%）
俄罗斯等独联体国家	45（1.0%）	1900（19%）	48（1.0%）	2100（19.1%）
美国	550（12.3%）	1300（13%）	650（13.5%）	1400（12.7%）
澳大利亚	48（1.5%）	520（5.2%）	75（1.6%）	580（5.3%）
印度	180（4.0%）	110（1.1%）	190（4.0%）	130（1.2%）
加拿大	16.4（0.36%）	94（0.94%）	20（0.4%）	100（0.9%）
南非		39（0.39%）		40（0.36%）
巴西	2（0.04%）	28（0.28%）	7.3（0.15%）	31（0.28%）
马来西亚	3（0.07%）	3（0.03%）	3.5（0.06%）	3.5（0.03%）

续表 3-7

国家	储量		储量基础	
	1989 年	1993 年	1989 年	1993 年
斯里兰卡		1.2（0.01%）		1.3（0.01%）
其他	17.4（0.39%）	2100（21%）	170（3.5%）	2100（19.1%）
总计	4500	10000	4800	11000

注：引自《Rare Earths-Mineral Commodity Summaries》，U. S. Geological Survey，1990，1994，2001。

截至2011年全球范围内，美国稀土储量世界第一，占全球稀土储藏量的40%，俄罗斯第二占30%，中国第三占23%，印度第四占7%。按现有生产速度，我国的中、重类稀土储备仅能维持15~20年，在2040—2050年前后必须从国外进口才能满足国内需求。

鉴于我国国内稀土产业链的严重过剩，尤其是冶炼分离产能规模达到32万吨，远超全球每年的消费需求近3倍，而真实产量也远大于政府的生产控制总量。我国是在敞开了门不计成本地向世界供应稀土。

意大利稀土问题研究专家德古拉伯爵在其文章中称：中国稀土在世界的比例，不久前说的是85%以上，但是当前中国的实际稀土量已经不足世界的30%。美、俄以及一些有稀土资源的欧洲国家均为从中国进口稀土。日本囤积的中国稀土足够其国内使用100~300年，从而掌握稀土的国际定价权。对比这些年国际铁矿石、石油价格不停地翻倍增长，中国稀土的浪费让人困惑。

从1990年到2005年，中国稀土的出口量增长了近10倍，可是平均价格却被压低到当初价格的64%。在世界高科技电子、激光、通信、超导等材料呈几何级需求的情况下，中国的稀土价格并没有水涨船高。

中国稀土产业在世界上拥有多个第一：资源储量第一，占70%左右；产量第一，占世界稀土商品量的80%~90%；销售量第一，60%~70%的稀土产品出口到国外。但为什么我们却没有价格话语权呢？

专家指出，中国稀土产品价格长期以来一直受国外商家控制。国外一些有实力的贸易商和企业在低价时大量购进中国稀土产品，价格上涨时则停止采购、使用库存，待再次降价时再行购进。这就逼着国内企业竞相降价出售。国外都是大买家，而我们是100多家企业对外销售。中国出口企业之间的恶性竞争，使宝贵的稀土短线产品钕、铽、镝、铕等低价外销，而铈、镧、钇等大量积压，企业在微利线上挣扎。

稀土开采属于重污染行业，大规模稀土矿产资源开发推动经济发展的同时，矿区地质环境付出了沉重的代价——自然植被惨遭破坏，表层土壤被剥离、弃置、矿渣乱堆、废水滥流等，由此造成矿区土地资源利用率大大降低、人均耕地减少、河流河床淤高、水质污染等非常严重的民生问题。对稀土企业应当收取高额的资源税、环保税，不能让资源出口，而把污染留给国内。

3.1.6 攀西钒钛磁铁矿资源的综合利用

我国四川攀枝花-西昌地区蕴藏着丰富的钒钛磁铁矿资源，属于高钛型（高炉炼铁炉渣中 $w(TiO_2)>20\%$）钒钛磁铁矿，主要分布在攀枝花、白马、红格和太和四个矿区。该地区铁矿石储量仅次于鞍山-本溪铁矿区，居全国第二；钒钛极其丰富，钒资源（V_2O_5）1862万吨，分别占全球和全国的11%和62.2%，钛储量为8.7亿吨（以TiO_2计），分别占全球和全国的21.0%和90.5%，享有“钒钛之乡”的美誉。除铁、钛、钒外，还含有铬（以Cr_2O_3计，815万吨以上）、钴、钪、镍、镓等多种稀、贵金属，但有价元素品位较低，CaO、MgO等杂质元素偏高且难以去除，属典型的多金属共生矿。

钒钛磁铁矿是炼铁、提钒、生产战略金属钛及制造钛白粉原料的重要矿产资源。钒在钢铁工业中的消费量占世界总供应量的85%。钒在钢中既是一种脱氧剂，又是重要合金钢的强化元素。钛已成为一种广泛应用的新型工程材料。钛的最大应用领域是航空工业，钛合金质轻而强度高，具有良好的耐热和耐低温性能。钛白是极优异的白色颜料。提高钒钛磁铁矿资源的综合利用技术水平，为我国经济的可持续发展提供良好的资源保证，具有重要意义。

3.1.6.1 *矿物组成*

在攀西地区的攀枝花、白马、红格、太和等矿区中，钒钛磁铁矿矿床都是以铁、钛、钒三元素为主体，并伴生有铬、钴、镍、铜、硫、钪、硒、碲、镓和铂等多种组分，但各矿区中元素的富集程度有较大区别。钒钛磁铁矿中伴生组分虽然多，但主要矿物的组成并不复杂。根据矿物的工艺特性，其矿物组成可归纳为钛磁铁矿类、钛铁矿类及硫化物类等。攀枝花四大矿区主要矿物组成如表3-8所示。

表3-8 攀枝花矿区主要矿物组成

主次级别	金属矿物		非金属矿物
	氧化物	硫（砷）化物	
主要	钛磁铁矿、钛铁矿	磁黄铁矿、黄铁矿	普通辉石、拉长石、中长石、橄榄石
次要	磁铁矿、磁赤铁矿	黄铜矿、镍黄铁矿	蛇纹石、普通角闪石、黑云母
少量	赤铁矿、假象赤铁矿、金红石、白钛矿、钙钛矿	紫硫镍矿、硫铁镍矿、辉钴矿、马基诺矿、哈帕莱矿、硫钴矿、硫镍钴矿、闪锌矿、方铅矿、方黄铜矿、辉钼矿、墨铜矿、辉铜矿、黝铜矿、针镍矿	磷灰石、绿泥石、方解石、透闪石、绢云母、镁铝尖晶石、铁铝尖晶石、伊丁石、锆石、石榴石、电气石、黝帘石

3.1.6.2 *主要元素赋存状态*

（1）铁。攀西钒钛磁铁矿中，铁主要赋存于钛磁铁矿中。除钛磁铁矿外，含铁矿物还有钛铁矿类、硫化物类、脉石矿物等。其中，钛磁铁矿是铁的主要矿物，是利用铁的主要物料。

攀西矿区低品位矿TFe品位为17%~19%，高品位矿TFe品位也只有25%~34%，矿石含铁品位均较低，属于贫矿，未经分离富集不能直接入炉冶炼。

（2）钛。攀西矿区矿石中的TiO_2主要赋存于粒状钛铁矿和钛磁铁矿中。钛磁铁矿是一种以磁铁矿为基底微晶、钛铁矿等矿物分布于其中的复合矿物。其中钛的赋存状态极其复杂，主要以三种形态存在：一是以微晶成分板、片状钛铁矿固溶体分离作用赋存于磁铁矿中；二是以固溶体分离钛磁铁矿客晶钛铁晶石（$2FeO \cdot TiO_2$）赋存；三是以四价钛取代钛磁铁矿基底磁铁矿的三价铁离子，以类质同象的形式赋存。粒状钛铁矿是利用钛资源的主要物料，钛磁铁矿中的钛在现行高炉冶炼工艺过程中进入高炉渣，可对高炉渣进行钛的综合利用。

攀西矿区 TiO_2 含量仅达到了最低可采品位（TiO_2 最低可采品位为 10%）。因此，即使将铁分离出去后，其富集浓度仍很低，与 TiO_2 大于 90% 的天然金红石钛矿相比属于贫矿，这就加大了其综合利用的难度。

（3）钒。攀西矿区，钒均赋存于钛磁铁矿中。目前，钛磁铁矿中未见到钒的独立矿物，电子探针的系统分析表明，钒在钛磁铁矿中的分布是均匀的。钒与铁的离子半径很相似，并且具有较高的化合价，能形成坚固的键。因此，钒可以在高温结晶时隐蔽在钛磁铁矿的尖晶石型结构之中，成为最稳定的类质同象杂质。

通过对钒（V_2O_5）元素平衡的计算，以矿区铁的开采品位计，攀枝花矿分配在钛磁铁矿中的钒占矿石中钒总量的 95.16%～90.71%，白马矿占 96.99%，太和矿占 87.99%，红格矿占 88.87%。因此，分散在钛铁矿、脉石矿物中的钒含量很少。

（4）钴、镍、铜。矿石中的钴、镍、铜除以硫化物形式存在外，还有相当数量分布在钛磁铁矿、钛铁矿及脉石中。硫化物中钴、镍、铜的赋存状态较为简单，一般以独立矿物的形式出现，如黄铜矿、镍黄铁矿、硫钴矿、硫镍钴矿等。在钛铁矿、钛磁铁矿、脉石矿物中，其则以类质同象、微细的硫化物包体形式存在。

钴、镍、铜在矿石中的分布相当分散，能够有效回收利用的只有硫化物，其量在 20%～60%。可见，其回收利用率很低。但由于矿石加工量大，其总量仍然相当可观，应当加以回收利用。

（5）铬。矿石中的铬主要集中于钛磁铁矿中。分布于钛磁铁矿中的 Cr_2O_3 主要以类质同象形式存在，以 Cr^{3+} 取代磁铁矿中的 Fe^{3+}。铬随铁富集于铁精矿中，需在随后的铁冶炼过程中加以分离提取。

3.1.6.3 钒钛磁铁矿的利用流程

世界范围内，目前已开采并经选别的钒钛磁铁精矿，依据其矿种特性的不同主要有三种利用流程：一是用作高炉炼铁的原料，回收铁和钒，如我国攀钢和承钢、前苏联下塔吉尔钢厂等；二是用作回转窑直接还原的原料，后经电炉熔化后还原回收铁和钒，如南非 Highveld 钢铁及钒业公司、新西兰钢铁公司等；三是精矿中若 TiO_2 含量很高，可用作电炉冶炼高钛渣的原料，主要目的是回收钛，铁作为副产品回收，如加拿大 QIT 矿产公司等。但无论哪种流程都没有实现钒钛磁铁矿中铁、钒、钛的同时回收利用，都存在资源浪费的问题。因此，研究钒钛磁铁矿的铁、钒、钛同时回收利用技术，实现资源的深度开发与充分利用，具有重要意义。

目前，我国钒钛磁铁精矿经烧结后进入高炉冶炼是唯一的工业利用流程。钒钛磁铁精矿中铁、钒、钛根据各自氧化物的稳定程度分步进入金属相和渣相，铁、钒以含钒铁水的形式回收，而绝大部分钛仍以氧化物形态进入渣相，目前尚无成熟的方法单独回收利用。攀枝花钒钛磁铁矿资源回收利用现流程中主要元素的走向及回收利用情况如图 3-1 所示。

3.1.6.4 钒钛磁铁矿中钒的回收

目前工业生产钒产品的主要原料有钒钛磁铁矿、石油灰渣、废钒触媒、铝土矿和石煤

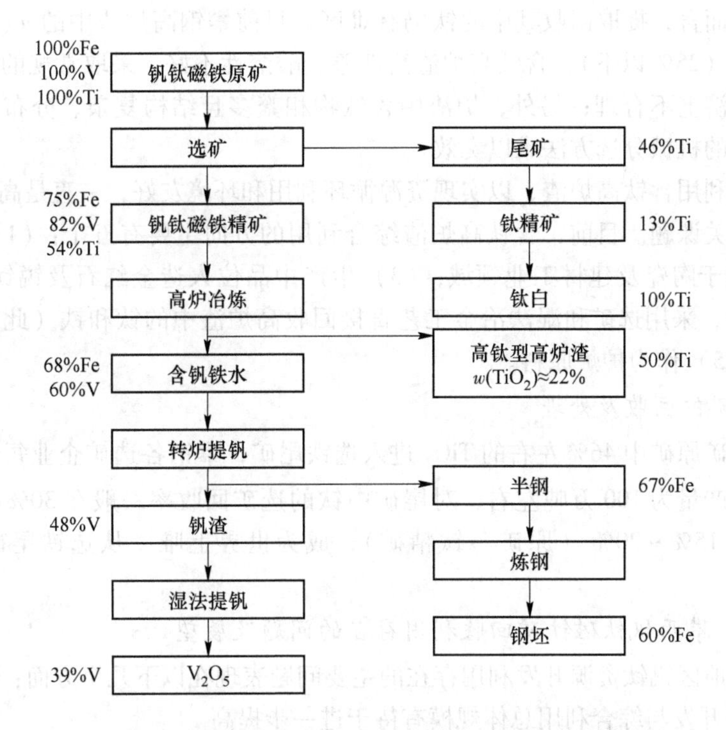

图 3-1 攀枝花现流程中主要元素的走向及回收利用情况图

等，其中，75%~85% 的钒产品来源于钒钛磁铁矿。可见，钒钛磁铁矿在提钒领域有极其重要的地位。

目前，钒钛磁铁矿提钒工艺主要有以下三种：

(1) 第一种是钒钛磁铁精矿高炉冶炼-铁水提钒-钒渣生产氧化钒工艺，简称高炉炼铁-铁水提钒工艺，该工艺以钒钛磁铁矿为原料，将钒作为副产品回收，是目前从钒钛磁铁矿中回收钒最主要的、经济上最合理的工艺。

攀西地区，钒钛磁铁矿中的钒在高炉冶炼过程中，经还原后约 75% 进入铁水中，铁水钒含量为 0.35% 左右。用氧气或空气吹炼含钒铁水，使钒再次氧化为氧化物。钒氧化物会同其他氧化物产物（如 SiO_2、FeO 等）富集于钒渣中，可用湿法冶金等方法进行钒渣提钒处理。

(2) 第二种是钒钛磁铁精矿钠化焙烧-水浸提钒工艺，简称精矿钠化焙烧-水浸提钒工艺，又称先提钒工艺，该工艺以钒钛磁铁矿为主要原料回收钒，铁作为副产品。该工艺可综合回收铁精矿中的铁、钒、钛，但由于在回转窑中钠化焙烧生产效率低，它的生产规模远不能与高炉-转炉流程相比。

(3) 第三种是钒钛磁铁精矿直接还原-电炉熔分（或电炉深还原）-熔分渣提钒（或铁水提钒）工艺，简称精矿直接还原-熔分后提钒工艺，该工艺目前还处于试验研究阶段。

3.1.6.5 钒钛磁铁矿中钛的利用

A 高炉钛渣的利用

炼铁高炉即使采用全钒钛磁铁矿冶炼，炉渣中 TiO_2 含量也只能达到 30% 左右，对于现有技术水平而言，提取回收其中的钛仍有难度。目前攀钢高炉渣中的 $w(TiO_2) \approx 22\%$，由于含量太低（25%以下），含钛高炉渣活性差、酸溶性不好，采取常规的酸浸方法处理成本较高，经济上不合理；另外，炉渣中含钛物相繁多且结构复杂、分布不均、粒度细小，采用简单的机械分选方法难以奏效。

如何综合利用含钛高炉渣，以实现资源循环利用和环境友好，一直是高炉冶炼钒钛矿流程的重要攻关课题。目前，含钛高炉渣综合利用的方向主要有五个：（1）作为水泥掺和料；（2）用于陶瓷及建材工业领域；（3）生产中品位人造金红石及锐钛型涂料钛白；（4）通过改性，采用选矿和湿法冶金工艺直接回收高炉渣中的钛和铁（此法目前尚处于试验阶段）；（5）作为护炉原料。

B 钛精矿的回收及处理

钒钛磁铁矿原矿中46%左右的 TiO_2 进入选铁尾矿，攀钢各选矿企业每年从选铁尾矿中回收钛精矿产量为100万吨左右，对尾矿中钛的选矿回收率一般在30%以上，钛资源利用率一般为15%~20%（原矿→钛精矿），成为世界上唯一从选铁尾矿中回收钛的企业。

3.1.6.6 攀西钒钛磁铁矿回收利用存在的问题及展望

目前攀西地区钒钛资源开发利用存在的主要问题表现在以下几个方面：

（1）资源开发与综合利用总体规模有待于进一步提高。

（2）资源开发与综合利用水平有待进一步提高。攀西地区多年来一直以炼铁为中心，很多宝贵的金属在传统钢铁生产过程中流失且大多是毁灭性的。目前除开发利用了部分铁、钒、钛外，其余的金属都未开发利用。在与钒钛磁铁矿共生、伴生的多种有益元素中，以钴、镍、镓、钪的经济价值较高，仅以攀钢每年采原矿1300万吨计算，每年钴要流失1300 t，镍要流失2700 t，钪要流失290 t，镓要流失200 t。攀钢在选钛工艺流程中将粗硫钴精矿加以回收利用，但由于精矿品位偏低，市场滞销，现已停产。而对于其他有用元素，除了在实验室进行一些回收实验外，基本上未进行回收利用，造成了资源的极大浪费。此外，铁水提钒工艺也不理想，从原矿计算钒的回收率仅约26.28%。同时，由于钛矿的品位较低，受技术等因素的限制，造成目前攀枝花钛资源回收率只有15%左右。

（3）钒钛产品的深加工规模与技术水平也需要进一步提高。目前，对钒钛的综合利用深度仅停留在五氧化二钒、三氧化二钒、高钒铁、涂料钛白、造纸钛白等初级产品上，一些钒化合物（如碳化钒、氮化钒）、钒氧化物（V_2O_4、VO_2、钒催化剂等）、钒金属、钛金属、高档金红石型钛白等高附加值的产品还有待进一步开发研究。

（4）环境问题突出。

在矿山生产过程中必然会引发一系列的矿山环境问题，主要体现为地面变形、“三废”污染、水土流失、矿山水均衡破坏等。

3.1.7 辽东硼铁矿资源的综合利用

辽东硼铁矿是硼、铁共生并含有微量铀的多金属共生矿，主要分布在辽东凤城和宽甸县。辽东硼铁矿含铁30%左右、含 B_2O_3 7%左右，按其储量已经构成大型或特大型矿床。

矿区铀品位较低，只有0.0048%，但由于矿床储量大，已构成大型铀矿，同时考虑矿石加工提取过程中铀对产品质量的影响以及放射性的危害问题，铀的回收不可忽视。

3.1.7.1 矿物组成

辽东硼铁矿主要组成矿物有磁铁矿、硼镁石、硼镁铁矿、晶质铀矿、蛇纹石。该矿利用的关键是如何实现硼、铁分离。绝大部分的磁铁矿和纤维状硼镁石浸染粒度微细。纤维状硼镁石的一般粒度为0.02~0.03 mm，磁铁矿粒度一般为0.03~0.04 mm，它们之间的共生关系十分密切，连晶十分复杂，呈犬牙交错状、网络状、放射状、树枝状等。这种极不规则的接触形态给磁铁矿与硼镁石的彼此解离带来了极大困难。

3.1.7.2 硼铁矿资源的综合回收利用

若使硼镁石、磁铁矿单体解离，必须进行细磨才能实现。辽东硼铁矿采用两段磨矿：第一段磨矿至 -200 目（-0.074 mm）的粒级占97%；第二段磨矿至 -500 目（-0.03 mm）的粒级占97%。经磁浮流程选别，硼铁分离效果良好，可以得到 TFe 品位为62%~66%、回收率为82%~95%的铁精矿和 B_2O_3 品位为21%~27%、回收率为71%~81%的硼精矿。

该选矿实验室研究虽已取得进展，但受我国细磨工艺技术和细粒产品脱水技术的限制，该细磨精选工艺在我国目前的技术经济条件下尚难在工业上实施。因此，目前硼铁矿实现硼和铁分离只能采用火法或湿法冶金工艺流程。但目前都处于实验室研究阶段。

3.2 锰矿资源的综合利用

3.2.1 锰的性质和用途

3.2.1.1 性质

锰属亲石元素，它以氧化物（氢氧化物）和含氧盐形式广泛分布于自然界中。地壳中锰的平均含量为0.085%。在元素周期表中，锰属ⅦB 族第四周期，即过渡性元素的第一周期，属于脆性重金属元素。锰的原子序数为25，原子量为54.938。熔点为1244 ℃，沸点为2060 ℃，平均比热为486 J/(kg · K)（0~100 ℃），热导率为7.8 N/(m · K)（0~100 ℃），锰的还原性强，易溶于稀酸而放出氢。在有氧化剂存在的条件下，能与熔融碱作用生成锰酸盐。块状锰具有银白色金属光泽，在空气中表面变暗；粉末状锰呈灰色，在空气中加热时可燃烧，生成 Mn_3O_4。卤素在加热时与锰直接作用生成 MnX_2。氮在1200 ℃以上与锰化合生成 Mn_3N_2。熔融的锰溶解碳后形成 Mn_3C。锰不与氢发生作用。

3.2.1.2 用途

锰在冶金和非冶金领域中有着多种不同的用途，我国各类型铁矿共（伴）生组分一览表见表3-9。

世界上生产的锰大约90%用于炼钢工业，1.5%用于其他冶金工业，而6%~8%用于非冶金工业。1990年世界锰矿石产量 2.4×10^7 t，其中约98%用于冶金工业，其余2%（约 4.5×10^5 t）用于非冶金工业。

表 3-9　我国各类型铁矿共（伴）生组分一览表

产品名称			锰含量/%	主要用途
锰矿产品	冶金级锰矿	冶金锰块矿	25 ~ 40	冶炼锰质合金、炼铁配料、炼钢添加剂和氧化剂、富锰渣和金属
		焙烧烧结矿	25 ~ 35	冶炼锰质合金、炼铁配料、富锰渣生产
		球团矿	30 ~ 45	冶炼锰质合金
		冶金锰粉矿	20 ~ 30	生产烧结矿、炼铁配料、制备 MnO 和 $MnSO_4$
		富锰渣	35 ~ 40	用于锰硅合金及锰铁生产配料
	电池级锰矿		55 ~ 75(MnO_2)	制备电池锰粉
	电池锰粉		65 ~ 75(MnO_2)	制备干电池
	化工级锰矿		50 ~ 85(MnO_2)	制备化工锰粉、水净化滤砂、氮肥生产脱硫、焊条药皮和焊剂生产等
	化工锰粉		50 ~ 85(MnO_2)	制备锰盐、环境保护、陶瓷、玻璃生产、非铁冶金、轻工、化工、医药生产的氧化剂、火柴填料等
	碳酸锰粉		20 ~ 25	制备电解金属锰、电解二氧化锰及硫酸锰等锰盐
锰质合金（含金属锰）	碳素锰铁			沸腾钢、镇静钢脱氧，有色、电焊条合金化元素，铸铁、铸钢添加剂
	中碳锰铁			生产优质低碳钢、高锰钢、电焊条等
	低碳锰铁			生产特殊钢、优质低碳钢、深冲钢、焊条钢、船用低合金钢等
	锰硅合金			镇静钢脱氧及中低碳锰铁脱氧及合金化元素
	高硅锰硅合金		Mn≥63 Si≥27	电硅热法生产金属锰
	金属锰		93 ~ 96	主要用于不锈钢、特殊合金钢、不锈钢焊条等
	电解金属锰		99.7 ~ 99.8	主要用于特殊钢和有色金属合金

锰矿石主要是通过生产锰铁或硅锰的途径用于冶金行业。在炼钢中，通常以锰质合金、锰金属、优质锰矿石等形式加入钢水中。锰是加入钢中形成特殊结构的钢材使用。锰具有脱氧、脱硫及阻止钢的粒缘碳化物形成等作用，加入钢中时，提高和改善钢材的硬度、强度、耐磨性、韧性和可淬性，生产高碳高锰耐磨钢、低碳高锰不锈钢、中碳高锰无磁钢、高锰耐热钢等。在有色冶金方面，锰主要有在湿法冶炼中作氧化剂（常用二氧化锰和高锰酸钾）和作合金元素（常用金属锰或优质锰铁等）两种用途。锰与铜、镍、铝、镁等生成耐热耐蚀的合金材料。轻工和化工用锰主要包括干电池、玻璃、陶瓷、制皂、锰盐、医药、印染、氢醌、农业（肥料、杀菌、饲料）、环境保护（水处理、控制大气污染、燃料添加剂）等方面。

电池使用的含锰原料有天然电池活性的锰矿。锂电池中加入 MnO_2 成为锂 - MnO_2 电池，寿命长、功率大、能量通量高、可在低温下工作。碱性锰电池可用优质锰矿石作为电池的天然活性材料。在制造玻璃过程中，锰主要起褪色作用、着色作用和作澄清剂。锰是陶瓷器的一种重要着色元素，可现褐色、紫色和桃红色，作为釉面砖的着色剂也是锰矿非冶金应用的一个重要方面。在制皂工业中采用高锰酸钾或二氧化锰粉作催化剂。在医药方面锰主要用作消毒剂、制药氧化剂和催化剂等。锰在农业上有很多用途，如微量肥料、杀菌剂、动物食用添料等。锰的其他非冶金应用，包括生产铁氧体、焊条和用于铀的生产。锰在环境保护方面，主要用于对污水和废气的处理。

3.2.2 锰矿产资源

3.2.2.1 锰矿物

锰以化合物形式广泛分布于自然界中，迄今发现的锰矿物和含锰矿物有150多种，其中工业矿物30多种，常见的20多种，供工业利用的大部分是锰的氧化物和碳酸盐矿物。

自然界最常见的锰氧化矿物有软锰矿、硬锰矿、偏锰酸矿、水锰矿、褐锰矿、黑锰矿等。

锰的碳酸盐矿物主要有菱锰矿、锰方解石、锰菱铁矿等。

锰的硫化矿物有硫锰矿和褐硫锰矿等。锰的硅酸盐矿物有：蔷薇辉石、钙蔷薇辉石、锰橄榄石和石榴子石。

锰硼酸盐矿物有锰方硼石。

3.2.2.2 锰矿石

（1）锰矿石按矿床的成因类型分类：

1）沉积型。海相沉积碳酸锰矿石：遵义锰矿、湘潭锰矿、花垣锰矿、桃江锰矿、龙头锰矿、松桃锰和秀山锰矿等；海相沉积氧化锰-碳酸锰矿石：瓦房子锰矿；海相沉积锰硼矿石：水厂沟锰硼矿；湖相沉碳酸盐岩类含锰铁矿石：屯留潞安锰矿。

2）沉积变质型。沉积变质氧化锰矿石：斗南锰矿、白显锰矿、乐华锰矿；沉积变质硫锰-碳酸锰矿石桃江棠甘山锰矿。

3）风化型锰帽型。木圭锰矿：堆积型；八一锰矿、东湘桥锰矿、平乐锰矿、荔浦锰矿；淋滤型：木烟灰状锰矿石。

4）热液型：玛瑙山锰矿。

（2）锰矿石按工业用途分类：

1）冶金用锰矿石。包括低磷低铁锰矿石、中磷中铁锰矿石和高磷高铁锰矿石。低磷低铁锰矿石：锰铁比（Mn/Fe）大于或等于5，磷锰比（P/Mn）小于或等于0.003，可直接用于冶炼电炉或高炉锰质合金。中磷中铁锰矿石：锰铁比为3～5，磷锰比为0.003～0.005，可用于冶炼高碳锰铁或配矿用于冶炼质合金。高磷高铁锰矿石：锰铁比小于3，磷锰比大于0.005，此类矿石可用于炼制镜铁矿。它不能直接用于冶炼锰铁合金，须与低磷低铁矿石搭配使用，或采用两步法冶炼，第一步用于炼制低磷低铁富锰渣，第二步用富锰渣入炉冶炼锰质合金。

2）化工用锰矿石。包括化学工业和轻工业用锰矿石。

（3）按矿物的自然类型和所含伴生元素分类：

1）碳酸锰矿石。矿石中以各种碳酸盐锰矿物形态存在的锰的含量占矿石中含锰总量的85%以上。

2）氧化锰矿石。矿石中以各种氧化锰矿物形态存在的锰的含量占矿石中含锰总量的85%以上。

3）混合锰矿石。矿石中以各种碳酸锰或各种氧化锰矿物形态存在的锰的含量占矿石含锰总量均小于85%。

4）多金属锰矿石。其锰矿物类型同前三种锰矿石类型，除锰矿物外，还含有其他金属和非金属矿物。

3.2.3 锰矿产资源综合利用

锰矿石的综合利用包括综合回收、全面利用矿石中的有价组分、产品开发和发展轻化工产品等。采用无尾矿选矿工艺方面，前苏联高加索矿物原料研究所研究了一种处理锰矿选矿尾矿的工艺，生产压热凝固的硅酸盐砌墙材料、深绿色玻璃原料和沥青混凝土骨料等。前苏联哲兹金选矿厂强磁选浮选尾矿，回收钾长石。在产品深加工开发方面，一些产锰国家倾向将商品矿石深加工成锰制品，代替矿石出口。加蓬将矿石加工成干电池出口，计划建一座年产 8.5×10^4 t锰铁和 4×10^4 t硅锰的铁合金厂，用锰铁来代替矿石出口。巴西计划开发卡拉加斯锰矿，控制矿石出口，同时建设铁合金厂、电解锰厂生产锰铁、硅锰、金属锰、电解二氧化锰等产品出口。前苏联和南非也大量发展了电解金属锰和电解二氧化锰的生产以及锰铁的生产。

对贫碳酸锰矿石，前苏联进行了长期的深选工艺研究，对尼科波尔和恰图拉矿区含黏土、低品位难选锰矿石制定了洗矿-重选-磁选工艺，矿泥用泡沫分选和高梯度磁选的联合流程，浮选粗精矿再用化学选矿（连二硫酸盐法）处理，生产高品位低磷锰精矿。该流程将含锰18%~24%的含黏土50%左右的难选锰矿石的回收率提高到85%~87%。

对高铁锰矿石，前苏联在生产上采用火法富集（富锰渣法）进行铁锰分离。印度采用低温（500~550 ℃）还原焙烧磁选方法处理低硅高铁锰矿石，获得含锰55%、锰铁比为8的锰精矿，锰回收率达80%。美国试验过直接还原-磁选法，还原焙烧稀硫酸浸出法，硫酸化焙烧-水浸法进行铁锰分离。前苏联研究出黑锰矿法，印度研究用稀盐酸浸出法处理高磷氧化锰矿石，脱磷率都可达到70%~90%。化学选矿处理贫锰矿和难选细粒锰矿泥也有应用前景。除了连二硫酸盐法、亚硫酸盐法和硝酸法外，还研究出氯化钙高压浸出法和细菌浸出法等，对富锰降磷都有效。

对多金属复合锰矿石的处理方法有机械选矿、火法富集、化学处理和电解制取，常采用两种或三种方法的联合流程。日本上国选矿厂重选-浮选系统可获得含锰27.84%的锰精矿，锰回收率为72.43%；浮选-强磁选系统可产出铅精矿和锌精矿。铅精矿含铅55.56%，铅回收率达95.10%；锌精矿含锌46.11%，锌回收率87%。铅精矿含银5000 g/t，锌精矿含银1000 g/t。日本大江锰矿采用阶段磨矿、单一多段浮选流程，对共生的Mn、S、Au和Ag的七种矿物分别予以回收。锰精矿含Mn 32.3%，锰回收率82.9%；铜精矿含Au 141.8 g/t，Ag 8.78 g/t，铜回收率70.1%；铅1精矿含Pb 55.77%（Au 12.0%，铅回收率86%）。湖南道县后江桥锰矿采用粉矿直接氧化还原-选矿或回转炉选择还原-选矿工艺处理含铅、锌、镉、磷高铁（Fe 33.45%）贫硬锰矿（Mn 12%~18%）。湖南玛瑙山锰矿石含Mn 17.55%，TFe 26.33%，Pb 2.51%，Zn 0.28%，As 0.526%，P 0.025%，SiO_2 10.73%，CaO 0.46%，Ag 100 g/L。锰以硬锰矿形式存在。采用高炉炼富锰渣法生产的富锰渣含Mn >38%，副产品生铁含砷1.12%，生铁炉底吸附铅、锌。广西钦州锰矿原矿石含Mn 27.53%、Fe 17.19%、Co 0.111%、Ni 0.192%、Au 0.17%，通过二氧化硫浸出-离子浮选的扩大试验，获得了结晶硫酸锰（含 $MnSO_4\cdot H_2O>98\%$）和碳酸锰

（MnCOInCO$_3$ >90%）。同时，从硫酸溶液中采用离子浮选法回收钴、镍、铜、硫酸镍（含 Ni 21%，回收率 20.37%）、氧化钴（Co >1%，回收率 62.66%）。四川汉源锰矿从矿石中回收钴镍试验，选出钴精矿含钴 1.618%，钴回收率 51.47%。

锰矿选矿方法分三大类：机械选矿、火法富集和化学选矿。对成分和构造比较简单的堆积氧化锰矿和锰帽型氧化锰矿石，可采用简单的洗矿-重选流程、洗矿-磁选流程或洗矿-重选-磁选流程；对贫碳酸锰矿石和原生氧化锰矿石，除粗选作业（强磁选、重介质选或重选）除去围岩、夹石外，还要考虑细磨深选，提高锰精矿质量；对杂质含量高的锰矿，采用选冶方法脱磷、脱硫和铁锰分离；对含磷、砷杂质的铁锰矿石或含铅、银等多金属铁锰矿石，宜采用火法富集冶炼富锰渣，除去磷、砷杂质，回收有价金属。铁锰矿石的高炉或电炉冶炼富锰渣的方法富集锰，其基本原理是根据锰、铁、磷的不同还原性能进行选择性还原。当控制炉温在 1300 ℃左右时，90% 以上的铁和磷先被还原进入生铁；而 80% 以上的锰则以氧化锰的形式富集于渣中，而获得富锰渣。富锰渣冶炼要求矿石中含 Mn >18%，Mn + Fe 含量大于 38%，矿耗 1600 ~ 1700 kg/t，焦比 400 ~ 600 kg/t。细磨产品和矿泥采用浮选、选择性絮凝、高梯度磁选等细粒分选工艺分选；必要时采用化学选矿方法。化学选矿方法用于难选贫锰矿和锰矿泥的选别，比较成熟的方法有连二硫酸钙浸出法、硫酸亚铁浸出法、二氧化硫（亚硫酸）浸出法、细菌浸出法和化学脱磷法，包括黑锰矿法、钠盐焙烧浸出和稀酸浸出法等。黑锰矿法即焙烧-酸浸法。将强磁选富集的锰精矿在高温下焙烧，使碳酸锰转变成难溶于稀酸的黑锰矿（Mn_3O_4）然后用稀盐酸选择性浸磷，从而获得合格的锰精矿。焙烧矿经稀盐酸浸出可以分别获得含锰大于 44% 和大于 36% 的一、二级锰精矿，PP/Mn < 0.0.003，总回收率大于 87%。苏联从 60 年代初就开始应用黑锰矿法进行锰矿石脱磷试验，取得较好的结果。其中尼科波尔碳酸锰矿石的半工业试验结果为原矿含锰 27.5%，含磷 0.3% ~ 0.35%；精矿石含锰 50.8%，含磷 0.07%，锰回收率 80.8%。恰图拉锰矿的半工业试验结果为精矿中锰含量比原矿增加 0.5 倍，脱磷率 70% ~ 90%，精矿磷锰比降至 0.0008 ~ 0.0028，锰回收率 97% ~ 99%。

3.3 铬矿资源的综合利用

3.3.1 铬的性质和用途

3.3.1.1 性质

铬的元素符号 Cr，位于元素周期表第四周期第 VIB 族，原子序数 24，相对原子质量 51.996，体心立方晶体。铬的原子价有 +4、+5 和 +6 价，其中三价铬的化合物最稳定，六价铬化合物包括铬盐具有强烈的氧化性质。

铬为银白色金属，具有金属光泽。主要的物理性质：密度 7.11 g/cm^3，熔点 1860 ℃，沸点 2680 ℃，平均比热 461 J/(kg · K)(0 ~ 100 ℃)，熔化值 209 kJ/mol（估算值），汽化热 342.1 kJ/mol，热导率 91.3 W/(m · K)(0 ~ 100 ℃)，电阻率（20 ℃）13.2 μΩ。

铬为不活泼性金属，在常温和赤热状态下对空气和水十分稳定。温度高于 600 ℃时，铬和水、氮、碳、硫反应生成相应的 Cr_2O_3、Cr_2N 和 CrN、Cr_7C_3 和 Cr_3C_2、Cr_2S_3。铬同碘氢酸、稀硫酸、盐酸和草酸作用，放出氢气，形成亚铬盐或亚铬盐与铬盐的混合物。铬溶于强碱溶液，不溶于冷硝酸，用硝酸处理后，表面成为钝态，钝态铬在空气中仍保持光泽，不溶于稀酸，与贵金属相似。铬在氧气中加热至1800～2000 ℃时，燃烧生成Cr_2O_3。在同样温度下，铬也能直接和卤素、氮、碳、硅、硼及其他元素化合。

3.3.1.2　用途

铬主要以铁合金，如铬铁形式用于生产不锈钢及各种合金钢。铬具有质硬耐磨、耐热和耐腐蚀等特性。

铬矿石广泛用于冶金、耐火材料和化学工业，含铬产品还广泛地用于国防和民用工业。

在冶金工业中，铬矿石主要用于冶炼铬铁合金及金属铬。铬铁合金作为钢的添加料生产各种合金钢，主要是不锈钢。铬能增强钢的机械性能和耐磨性。金属铬用作铝合金、钴合金、钛合金、高温合金、电阻发热合金等的添加剂。铬还能与其他金属如镍、铜、钨、铝、钛等冶炼超级合金。铬与铝、镍、钴等还可冶炼三元或多元合金。镀铬和渗铬可使钢铁和铜、铝等金属形成抗腐蚀的表层，光亮美观。

在耐火材料工业中，铬铁矿矿物是重要的耐火材料物质。用以制作铬镁砖、铬砖、高级耐火材料及其他特殊耐火材料（铬混凝土）。铬基耐火材料主要有铬铁矿和氧化镁成分的砖，烧结的镁铬熟料，熔融镁铬砖，熔融、细磨再经黏结的镁铬砖四种。其中第一类，又分铬镁砖（其中含70%铬铁矿）和镁铬砖（含30%～40%铬铁矿）。

在铸造工业中，铬铁矿是中性耐火材料，在浇铸过程中不会与熔融钢中的其他元素作用，热膨胀系数低，能抗金属渗透，激冷性能优于锆石。铸造用铬铁矿要求化学成分和粒度分布很严格。

铬铁矿具有很强的抗金属渣侵蚀能力，是防止锰钢渗透最成功的介质，在锰钢形成反应中抑制其他低熔点化合物的形成。铬铁矿不仅热膨胀率低，抗热震性能也好，激冷性优于锆石。铬铁矿石在辉绿岩铸石工业上可作为结晶剂，是铸石的结晶核心，加速结晶作用。

在化学工业中，最直接的是生产重铬酸钠（$Na_2Cr_2O \cdot 2H_2O$）溶液。铬铁矿能生产各种铬化工产品。

在染色、鞣革行业中，细磨以后的铬铁矿粉在玻璃、陶瓷及面砖生产中用作天然染色剂。用重铬酸钠鞣革时，原皮中的蛋白质（胶原蛋白）及碳水化合物与化学物质反应形成稳定的络合物，成为皮革制品的基础。在织物工业中，铬铁矿的加工产品重铬酸钠用作织物染色时的媒染剂，可使染料分子有效地黏结到有机化合物上，在制造染料和中间体时用作氧化剂。碱式硫酸铬溶液则是一种无机铬基染料，用于军队冬季制服的染制。

3.3.2　铬矿产资源

在工业上使用的铬矿石为铬铁矿，属于尖晶石（$MgO \cdot Al_2O_3$）和磁铁矿（$FeO \cdot Fe_2O_3$）类，通用化学式为$(Fe,Mg)O \cdot (Cr,Fe,Al)_2O_3$。

世界铬铁矿分布于五大洲40多个国家。美国矿业局统计，总储量约为1.363×10^9 t，

储量基础为 6.8×10^9 t，总资源量可达到 3.3×10^{10} t 水平，其中以非洲最多，分别占世界储量的80.79%和占世界储量基础的94.66%；欧洲居第二位，储量占14.49%，储量基础占2.6%；亚洲居第三位，储量占3.52%，储量基础占2.44%；美洲和大洋洲居第四位和第五位。

中国铬矿资源的总储量占世界第十位，矿产地分布在五大省（区）12个省市自治区共39处。储量最多的是西藏，占全国保有储量的41.34%；内蒙古居第二位占16.47%；新疆占15.83%，居第三位；甘肃占14.99%，青海占5.23%，分别居第四位和第五位。上述五个省（区）铬铁矿保有储量占全国铬铁矿保有储量的93.86%。

全国铬铁矿保有储量中 $Cr_2O_3>32\%$ 的富矿主要集中在西藏和新疆，西藏占铬铁矿富矿储量的65.49%，新疆占19.06%。中国铬铁矿资源见表3-10。

表3-10 中国铬铁矿资源

地区	矿区	化学成分/%					
		Cr_2O_3	FeO	MgO	SiO_2	CaO	Al_2O_3
新疆	鲸鱼②	30.8~40	11.2~14.5	17~20	4.3~6.2	0.5~1.0	22~25
	萨尔托海②	32.1~36.5	12.3~14.8	18~21	6.5~9.5	0.8~1.5	18.3~20.8
	科里拉	31.5~33.7	10.5~15.2	19~22	7~8.5	1.0~1.8	30~22.5
	红古拉	32~40	11.5~13	18.3~21.5	10~13	1.2~2.5	16~17
	唐巴拉①	41.7~54	13~15	16~20	4~11	—	7~8
	沙里奴海	40~54	13.5~15.2	17~19	5~11	—	7.5~8.5
	马依拉	35~45	13~10	19~21	5~8	0.5~0.8	18~20
	清水①	32~34	6~10	18~23	6~13	0.2~2.5	3.5~8
	哈瓦布布拉克	41~50	13~15	17~22	6~10	0.5~1.0	6~9
西藏	东巧②	40~53	10~12.5	16.5~17.5	3~8	0.6~1.5	10~13
	罗布莎③	41.5~54	9~12	15.6~18.0	3~9	0.5~2	11~13
内蒙古	亚林浩特	21~23	10~13	22~24	12~15	0.5~0.8	12~16
	锡林郭勒盟③	21.5~24.5	10.5~12.5	21~23.5	12~14	0.3~1.5	12~18
陕西	楼层沟②	21~48	14~16	8~16	10~15	1.5~3.0	3~5
吉林	小绥河①	21~40	12~18	11~19	0.1~0.5	—	18~24
甘肃	红石山①	39~45	14~19	12~15	3~6	—	18~21
	月牙山①	20.2					
	大道尔吉③	18.0					
青海	绿梁山①	35.0					
	鱼石沟①	37.0					

① 有 10^4 t 储量级；

② 有 10^5 t 储量级；

③ 有 10^6 t 储量级。

3.3.2.1 铬矿物

铬矿物在自然界中含铬矿物近30种，具有工业价值的只有数种：镁铬铁矿

[$(Mg,Fe)Cr_2O_4$]，含 Cr_2O_3 50%～65%，又叫铬铁矿；铝铬铁矿 [$Fe(Cr,Al)_2O_4$]，含 Cr_2O_3 35%～50%，也叫富铬尖晶石；硬铬尖晶石 [$(Mg,Fe)(Cr,Al)_2O_4$]，含 Cr_2O_3 35%～55%，也叫铝铬铁矿；铬铁矿 [$FeCr_2O_4$]，含 Cr_2O_3 47%～60%，也叫亚铁铬铁矿。铬铁矿是一种尖晶石矿物，是铬的唯一重要的工业矿物。理论化学式为 $FeO \cdot Cr_2O_3$，其中 Cr_2O_3 含量占68%，FeO 占32%。但实际产出的铬铁矿常有部分 Fe^{2+} 被 Mg^{2+} 取代，而 Cr^{3+} 又不同程度地被 Al^{3+} 和 Fe^{3+} 取代，它属尖晶石族，拥有复氧化物，一般分子式为 $R^{2+}O \cdot R^{3+}O_3$或 $R^{2+}R^{3+}O_4$，式中 R^{2+} 为二价金属，可以是 Mg^{2+}、Fe^{2+}、Zn^{2+} 或 Mn^{2+}；R^{3+} 为三价金属，如 Al^{3+}、Mn^{3+} 或 Cr^{3+}。对南非布什维尔、苏联乌拉尔、罗德西亚希鲁克维等铬铁矿进行的研究表明：铬铁矿是由尖晶石（$MgO \cdot Al_2O_3$）、镁铬矿（$MgO \cdot Cr_2O_3$）、镁铁矿（$MgO \cdot Fe_2O_3$）、铁尖晶石（$FeO \cdot Al_2O_3$）、铬铁矿（$FeO \cdot Cr_2O_3$）和磁铁矿（$FeO \cdot Fe_2O_3$）等组成的固溶体。尚未发现含 Cr_2O_3 68%的铬铁矿矿床。

我国目前发现的主要含铬工业矿物是铝铬铁矿（$(Mg,Fe)(Cr,Al)_2O_4$），其次是铬铁矿 $(Mg,Fe)Cr_2O_4$ 和富铬尖晶石 [$Fe(Cr,Al)_2O_4$]。在河南桐柏首次发现一种新型含铬矿物——碳铬矿。在江苏发现一种中高档宝石矿物——含铬镁铝榴石。

3.3.2.2　*铬矿石*

工业上使用的铬矿石为铬铁矿，通用化学式为 $(Fe,Mg)O \cdot (Cr,Fe,Al)_2O_3$，由于二价元素（$Mg^{2+}$、$Fe^{2+}$、$Zn^{2+}$）和三价元素（$Al^{3+}$、$Fe^{3+}$、$Cr^{3+}$）相互置换，可以出现各种不同成分的矿石。除 FeO 和 Cr_2O_3 主成分外，一般含有不同成分的 MgO、Al_2O_3 及其他杂质。矿石的结构组成对使用有明显影响，如铬尖晶石比铬铁矿（$FeO \cdot Cr_2O_3$）难以还原；含蛇纹石的铬矿石，若其中挥发物大于2%，用它制造的铬质耐火砖在加热到1000 ℃时，会因释放结晶水而炸裂。

铬矿石按铬尖晶石的含量可分为致密块状、稠密浸染状、中等浸染状或稀疏浸染状矿石等。铬矿石中 Cr_2O_3 和 SiO_2 含量与铬尖晶石浸染状态关系见表3-11。

表3-11　铬矿石中 Cr_2O_3 和 SiO_2 含量与铬尖晶石浸染状态关系

铬矿石	致密块状矿石	稠密浸染矿石	中等浸染矿石	稀疏浸染矿石	贫浸染矿石
Cr_2O_3/%	55～63	45～55	30～45	15～30	5～15
SiO_2/%	5～1	10～5	15～8	30～15	>30

按工业用途分为冶金级、化工级、耐火级和用于铸造工业、生产铬菱镁矿制品等。世界上按单个铬铁矿床的储量规模及矿石质量品级划分，在总储量中，冶金级占19.2%，耐火级占3.5%，化工级占77.4%。

按化学成分分为高铬铬铁矿石、高铁铬铁矿石和高铝铬铁矿石等。

3.3.3　铬矿产资源综合利用

3.3.3.1　工业要求

A　铬铁矿石工业指标

我国目前尚未正式颁发铬铁矿统一的技术质量要求标准。在1987年颁发的《地质勘探规范》中，规定了一般工业指标和按用途对铬矿石技术质量条件的要求进行了划分品级。评价铬铁矿矿床的一般工业指标见表3-12。

表3-12 铬铁矿一般工业指标

类型		Cr_2O_3/%		有害杂质平均允许含量/%			净矿含矿率
		边界品位	工业品位	SiO_2	P	S	
原生矿	富矿	≥25	≥32	≤10	≤0.07	≤0.05	
	贫矿	≥5~8	≥8~10				
坡积矿（砂矿）		≥1.5	≥3				>6

注：最低可采厚度：富矿0.3~0.5 m，贫矿1 m；夹石剔除厚度：富矿0.3~0.5 m，贫矿0.5~1 m；冶金用铬矿石或精矿：火法冶炼$Cr_2O_3/FeO \geq 2$；耐火材料用铬矿石或精矿：$SiO_2 \leq 10\%$，$CaO \leq 3\%$，$Fe_2O_3 \leq 14\%$；化工用铬矿石或精矿：$SiO_2 \leq 8\%$，$Al_2O_3 \leq 15\%$。

矿石中的铬铁比值（Cr_2O_3/FeO）大小对于铬铁合金产品中的铬含量有很大影响，比值低的矿石，即使矿石的Cr_2O_3含量很高，也难炼出标号高的铬铁合金。矿石中含铁量与铬铁比值的计算式为：

$$FeO = k \cdot Cr_{矿}$$

式中，FeO为铬矿石中FeO的允许含量，%；$Cr_{矿}$为铬矿石中Cr_2O_3的含量，%；k为经验系数。k值经验数据为：微碳铬铁0.707，低碳铬铁0.687，中碳铬铁0.634，高碳铬铁0.513。

一般情况下，SiO_2对合金的影响不大，但矿石中SiO_2含量过高会引起渣量增多，降低冶炼经济指标。一般要求矿石中SiO_2低于5%。MgO的含量过高，使炉渣熔点上升，黏度增大，冶炼操作困难。冶金厂要求铬矿石中MgO含量不大于12%。铬矿床中常伴生有铂族元素及钴、钛、钒和镍等元素，可以综合利用。当$Pt \geq 0.3 \sim 0.4$ g/t，$Co > 0.02\%$，$Ni > 0.2\%$时应作地质评价。围岩是橄榄岩或蛇纹石，要作能否用于制作耐火材料和钙镁磷肥的评价。围岩含有滑石、石棉、蛭石、水镁石、菱镁矿等，勘探时也应作出评价。

B 铬铁矿石产品质量标准

冶金用铬铁矿石质量指标见表3-13。耐火材料用铬铁矿石质量指标见表3-14。

表3-13 冶金用铬铁矿石质量要求

品级	Cr_2O_3/%	Cr_2O_3/FeO	P/%	S/%	SiO_2/%	用途
Ⅰ	≥50	≥3			1.2	氮化铬铁
Ⅱ	≥45	≥2.5~3	<0.03	<0.05	<10	中低碳和微碳铬铁
Ⅲ	≥40	≥2.4	<0.07	<0.05	<10	电炉碳素铬铁
Ⅳ	≥32	>2.4	<0.07	<0.05	<10	电炉碳素铬铁
块度要求	1. 高炉碳素铬铁不小于20 mm，不大于75 mm； 2. 电炉冶炼铬铁合金为40~60 mm； 3. 粉矿、精矿的粒度无要求					

表 3-14 耐火材料用铬铁矿石质量要求

品 级	矿石化学成分/%			用 途
	Cr_2O_3	SiO_2	CaO	
一级品	≥35	≤3	≤2	天然耐火材料
二级品	≥30~32	≤11	≤3	铬转、铬镁砖

3.3.3.2 铬铁矿选矿

世界已探明的铬矿资源中有大量的低品位（Cr_2O_3 10%~40%，Cr/Fe 0.66~2）铬矿石。许多国家重视低品位铬矿的选矿、冶炼加工技术的研究。

铬铁矿矿石的可选性主要取决于铬铁矿的品位、纯度、浸染粒度、共生脉石矿物的组成和数量。

（1）重选。重选在铬铁矿选矿中占有重要地位，这通常与铬铁矿在矿石中多呈块状、条状和斑状粗粒浸染有关。菲律宾科托铬矿选矿厂日处理原矿 3000 t，采用水洗、重介质和重力选矿法，从含 Cr_2O_3 27%~30% 的原矿中，获得成品矿含 Cr_2O_3 34%。

（2）磁选、电选。测定含铬矿物的比磁化系数表明，世界上各个铬矿产地产出的铬铁矿物的比磁化系数差别不大，且彼此接近，与各地产的黑钨矿和钨铁矿的比磁化系数近似。

采用磁选法获得高品位铬精矿有两种情况：一是 0.1 T 的弱磁场下，脱除矿石中的强磁性矿物（主要是磁铁矿）；二是在 1 T 的强磁场下，分离脉石矿物，回收铬铁矿（磁性矿物）。一些磁选厂采用前一种方法。从重选精矿中脱除磁铁矿，提高铬铁比。亦有采用强磁选—弱磁选联合流程的，如土耳其东部地区的 Kefdagi 工厂就采用这种流程从含 Cr_2O_3 38.7% 的原矿中，获得含 Cr_2O_3 47%~48%，铬回收率 83.4% 的精矿。

电选是利用导电率的差异进行铬铁矿和硅酸盐脉石矿物的分离。使用电压为 15~20 kV 的静电选矿处理美国加利福尼亚州矿石，获得含 Cr_2O_3 54%、铬铁比 2.42 的高品位铬精矿，铬回收率 58%。日本北海道铬砂矿含 Cr_2O_3 5.5%，脉石矿物以蛇纹石和石英为主，用 4 kV 电选机干式粗选，用 8.25 kV 电选机湿式精选，入选粒度为 0.25~0.3 mm，电选精矿含 Cr_2O_3 46%，铬回收率 88%。

通常，重选-磁选流程、重选-电选流程和重选-电选-磁选流程选矿效果优于单一重选流程。对蒙特、本布和基奇等地的复杂铬矿石采用高压电选兼用摇床重选方法选别，矿石含 Cr_2O_3 9.95%，精矿含 Cr_2O_3 42%，铬回收率 85%；处理含 Cr_2O_3 7.75% 的物料，铬精矿含 Cr_2O_3 40%，铬回收率 70%。采用重选-电选流程处理北加利福尼亚铬铁矿石，可选得含 Cr_2O_3 53% 的精矿，铬回收率 73%。俄勒冈州铬铁矿石的重选、磁选和电选试验结果表明：重选-静电选流程较好，原矿 Cr_2O_3 品位 12.8%，重选只获得含 Cr_2O_3 27.7% 的精矿，铬回收率 96.7%；而重选-静电选流程选得精矿品位达 42.1%，铬回收率 96.2%。

我国高寺台铬铁矿的弱磁选-中磁选-强磁选-重选联合流程的工业试验结果表明：入选原矿含 Cr_2O_3 21.12%，精矿含 Cr_2O_3 41.48%，铬回收率 80.17%。

（3）浮选。应用浮选法处理细粒低品位铬铁矿矿石无疑是今后的主流，对于 20~200 μm 的矿粒浮选是一种有效的方法。

在 1930—1950 年，主要研究含 Cr_2O_3 20%~40%、脉石矿物为蛇纹石、橄榄石、金红石和钙镁碳酸盐矿物的铬铁矿的浮选。矿石细磨至200 μm，采用水玻璃、磷酸盐、偏磷酸盐、氟化物及其络合物、氟硅化物等分散和抑制矿泥，用不饱和脂肪酸作捕收剂。此时，脉石矿泥的分散和抑制非常重要，否则不可能获得良好的指标。铁、铅等金属离子活化铬铁矿，矿浆pH值在6以下时，铬铁矿几乎不浮游。在酸性介质中，用木素、丹宁等精选是有效的，起泡剂为松油和甲酚。总之，浮选药剂耗量大，精矿品位不稳定，回收率较低。由脉石矿物溶解出来的Ca^{2+}、Mg^{2+}降低浮选过程的选择性。

1950年以后，研究了阳离子捕收剂浮选法，例如采用胺类捕收剂浮选含铬铁矿、橄榄石及蛇纹石的矿石。蛇纹石在介质pH=3~12，橄榄石在中性介质中浮选，铬铁矿在酸性和碱性介质中出现浮游性最高值。研究了两次浮选法，即先在矿浆pH值为12附近反浮选蛇纹石，接着在矿浆pH=3左右正浮选铬铁矿。入选原矿含Cr_2O_3 36%，精矿含Cr_2O_3 45.4%，铬回收率87%。捕收剂最好为C8~C14的胺。在碱性介质中长时间搅拌，有利于浮选分离。在第一次浮选时，铬铁矿受到抑制，二次浮选时能顺利浮游。

曾进行铬铁矿与脉石的浮选分离研究。采用胺浮选时，C12~C18的胺对铬铁矿具有同等的浮选效果。用HCl、NaOH调整矿浆pH值，pH值在6.5~11.0范围内，铬铁矿浮游得很好。在酸性介质用H_2SO_4、H_3PO_4作调整剂时，浮选范围分别扩大至pH=5和3。采用脂肪酸类捕收剂时，尤其是不饱和脂肪酸更为有效，合适的矿浆pH值范围为8~10。

有人研究铬铁矿和磁铁矿的浮选法分离，认为选择适宜的矿浆pH值、药剂浓度以及抑制剂和活化剂的添加顺序，两者的分选是可能的。因为溶液中的Al^{3+}对铬铁矿和磁铁矿具有选择性作用。

津巴布韦铬铁矿浮选厂（精矿10000 t/月），当矿浆pH值等于6时，用硫酸化煤油和燃料油浮选可从含Cr_2O_3 15%的原矿中获得含Cr_2O_3 54%的精矿，铬回收率为55%。南斯拉夫的资料表明：用具有选择性的分散剂，不脱除矿泥直接浮选也能取得良好的选别结果。采用十二烷基氯化铵和庚醇可以分选铬铁矿和橄榄石，或者在矿浆pH=5~7范围内，用酒石酸钠抑制铬铁矿，用十二烷基磺酸钠浮选橄榄石，均可获得含Cr_2O_3 36%，铬回收率为68%的精矿。

3.3.3.3 伴生有用元素综合回收利用

几乎所有铬铁矿都与超基性岩（纯橄榄岩、橄榄岩、辉石及其变质产物蛇纹岩）有关。

南非德兰士瓦的铬铁矿伴生主要脉石矿物是绿泥石、蛇纹石；蒙大拿奈铬铁矿伴生橄榄石和绿泥石。多数赋存于超基性岩中的铬矿石或脉石（橄榄石）中常含有铂族元素（包括Os、Ir、Pt、Ru、Rh和Pd），常呈天然合金、硫化物、砷化物、锑化物、硫砷化物和锡化物存在。南非来登伯赫铬矿区的布什维尔杂岩有含铂铬铁矿，矿石中Cr_2O_3的含量38%~47%，铂族矿物呈薄片状、丝状。罗德西亚的塞卢奎矿床含钴镍的铬矿石中也有铂。在苏联乌拉尔，主要含铂岩石是纯橄榄岩，其次是橄榄岩。

在铬选矿厂的尾矿——橄榄石和蛇纹石的利用方面，通常采用各种方法从其中提取含量为千分之一至千分之几的铬和镍；用它制作铸石、耐火材料及钙镁磷肥。从镁橄榄岩中提取镁，世界上大量赋存的橄榄岩可将成为炼镁矿源。

中国贫铬矿石大多由含铬矿物、铂族矿物、硅酸镍矿物和含氧化镁矿物等组成。铂族矿物常以硫化矿物形式赋存。中国一些贫铬矿石中铂族矿物的种类与含量见表3-15。

表 3-15　中国一些贫铬矿石中铂族矿物的种类与含量

矿　山	铂族矿物的种类	铂族矿物含量/g · t^{-1}
陕西 219 矿体	硫铱锇钌矿 砷铂矿 硫铀铱矿 锑铂矿 铱铂矿	矿石 0.276
河南杨启沟矿体	硫铱锇钌矿 砷铂矿	0.3 不等
藏北铬矿	铱锇矿 自然锇 硫钌矿 等轴铂锇铱矿 硫铱锇钌矿 钌锇铜矿 镍砷钌矿 锇安多矿 砷铂矿 其他含铂矿物	不等
甘肃大道尔吉	硫铱锇钌矿 砷铂矿	0.093 ~ 0.1
河北高寺台	硫钌锇铱矿等	不等

上述铂族矿物有的富集在岩体向斜褶皱的轴部，与铬铁矿紧密共生，有的与蛇纹石、橄榄石紧密共生。铂族矿物一般颗粒细小，等轴、正方晶系所占比例较大。与铬铁矿伴生的硫铱锇钌矿（含 Ru 34%、Os 16%、Ir 12%、S 30%）等硫化矿物，密度为 7.71 ~ 7.78 g/cm^3，在摇床重选时富集于铬精矿中。

硫铱锇钌矿属硫化矿物，易浮选。采用硫酸调浆 pH = 4.5，丁基黄药作捕收剂，松油为起泡剂，浮选含 Pt 0.4 g/t 的矿石，获得精矿含 Pt 16 g/t，回收率 65%。选别含 Pt 4 g/t 的矿石，精矿含 Pt 160 g/t，回收率 85%。二乙基黄原酸甲酸酯是硫铱锇钌矿的最佳捕收剂，水溶性聚合物为脉石抑制剂。

贫铬矿石的脉石矿物及围岩主要是橄榄石 2MgO · SiO_2 和蛇纹石 3MgO · $2SiO_2$ · $2H_2O$。我国一些贫铬矿石的围岩种类及化学组成见表 3-16。

表 3-16　中国一些贫铬矿石的围岩种类及化学组成

矿山	围岩	储量级别	化学组成/%								
			MgO	CaO	SiO_2	Al_2O_3	TFe	Cr_2O_3	Ni	TiO_2	CoO
锡林浩特	蛇纹石	大型	40.86	0.3	33.96	3.92	5.16	0.69	—	—	—
索伦山	蛇纹石	大型	39.00	1.00	35.00	—	—	0.20	0.20	—	—

续表 3-16

矿山	围岩	储量级别	化学组成/%								
			MgO	CaO	SiO_2	Al_2O_3	TFe	Cr_2O_3	Ni	TiO_2	CoO
高寺台	纯橄石	大型	41.18	0.12	33.78	0.04	8.50	0.49	0.14	—	—
商南	纯橄石	特大型	45.70	0.36	38.99	0.13	8.60	0.84	0.28	—	—
东北某地	橄榄石	大型	31.82	4.80	38.10	3.49	13.29	0.08	0.55	0.42	—
西北某地	橄榄石	大型	33.83	0.70	35.54	0.95	13.95	0.06	0.15	0.20	0.021

我国对蛇纹石和橄榄石的利用进行过大量的研究，主要用于烧制镁砖、制取钙镁磷肥。国外用蛇纹岩提取金属镍，用蛇纹石、橄榄石制取硅镁肥、钙镁肥、镁砂、高纯氧化镁和各种有机物吸收剂。

中国沈阳铸造研究所用商南铬矿围岩橄榄石制造铸砂效果良好。美国皮里奇球团厂使用高品位（含 Fe 70.5%）的磁铁矿，细磨橄榄石（MgO 45%、Fe 6%、SiO_2 42%、CaO 0.5%、Al_2O_3 0.0.5%、烧损 2%）生产橄榄石铁矿球团（含 Fe 65.4%、SiO_2 3.6%、MgO 1.8%），其冶金特性明显改善，对设备无不良影响。苏联研制的贫铬矿石的辐射预选，可将脉石拣除 50%。对赫罗姆陶贫铬矿石的化学选矿表明：矿石磨至 0.1 mm 占 15%，用 1.5∶1 的盐酸在 100 ℃浸出 1 h，矿石再选除铁，产出铬精矿（含 Cr_2O_3 7%、Fe_2O_3 15.5%、SiO_2 31.25%、MgO 19.7%、Al_2O_3 4%）。该铬精矿适用于作炼制碳素铬铁的添加剂，同时产出氧化镁，盐酸再生返回应用。

习 题

1. 简述自然界有工业利用价值的铁矿物主要有哪些。
2. 简述我国铁矿资源有哪些特点。
3. 简述我国铁矿石综合利用类型可分为哪几类。
4. 简述对多金属复合锰矿石主要采用什么处理方法。
5. 简述铬矿产资源综合利用主要有哪些方面。

参 考 文 献

[1]《矿产资源综合利用手册》编辑委员会. 矿产资源综合利用手册 [M]. 北京：科学出版社，2000.
[2] 孟繁明. 复合矿与二次资源综合利用 [M]. 北京：冶金工业出版社，2013.

4 有色金属矿产资源的综合利用

❖ **本章提要**

本章在对我国主要有色金属矿产资源矿床共（伴）生组分、元素种类及综合利用现状进行介绍的基础上，对典型有色金属矿产资源铜、铝、铅锌矿产资源及其综合利用进行了重点介绍。

有色金属是指黑色金属以外的所有金属。有色金属是国民经济发展的基础材料，航空、航天、汽车、机械制造、电力、通信、建筑、家电等绝大部分行业都以有色金属材料为生产基础。随着现代化工、农业和科学技术的突飞猛进，有色金属在人类发展中的地位愈来愈重要。它不仅是世界上重要的战略物资，重要的生产资料，而且也是人类生活中不可缺少的消费资料的重要材料。

4.1 概　述

4.1.1 我国主要有色金属矿床的共（伴）生组分

几乎所有的有色金属矿床都含有多种有用组分，详见表4-1。

表4-1 我国主要有色金属矿床共（伴）生组分

矿床	铜	铅锌	钨	锡	钼	稀有
共（伴）生组分	硫、钴、金、银、铂族、铅、锌、硒、碲、铁、钼、铼、钨、铋、镉、铟、铊、金红石、孔雀石、铜蓝	铜、银、铋、金、锑、汞、硫、镉、铊、镓、锗、硒、碲、铟、萤石、重晶石	钼、铋、铜、铅、锌、金、银、锡、铁、铌、钽、铍、硫、砷、长石、石英、绿柱石、黄玉	铁、铜、铅、锌、钨、钼、锑、铋、银、铍、锂、铌、钽、钪、锆、铟、钛、硫、砷、锆石、独居石、稀土、黄玉	铜、钨、铋、硒、碲、锡、金、银、铼、锗、钪、铊、镍、钒、铀、铂族、钒、稀土、铁	铌、钽、锡、稀土、铯、锂、云母、绿柱石、锆英石、铪、黄玉、金红石、石英、长石

矿床	铝	钴	镍	锑	汞	金	稀土
共（伴）生组分	钙、钛、钒、锗、镓、锂、黄铁矿、钾、黏土	镍、铜、锰、银、硫	铜、钴、铂族、硫、金	砷、金、银、钨、铅、锌、汞、萤石	锑、铜、铅、锌、碲、砷、铋、雄黄、雌黄	银、铜、铅、锌、硫、锑、砷、锆石、独居石、金红石、刚玉	铁、铌、萤石、重晶石、蒙脱石、高岭石

从表4-1可知，有色金属矿床中含共（伴）生组分和有用矿物有很多种，有的多达23种；其共（伴）生有益组分的特点是有色金属、贵金属和稀散金属常在一起产出，甚至有色金属、黑色金属、非金属以及稀土元素赋存在一起；因此，综合利用的发展已经打破了金属与非金属矿产的严格界限，既可以从金属矿产中综合开发利用非金属矿产，也可

从非金属矿产中综合回收金属。据统计，在60多种有色金属中一半以上是通过矿石综合利用开发的。

4.1.2 综合利用的伴生元素分类

按照在自然界中的分布特点，伴生元素基本上可分为如下四大类：

(1) 呈独立矿物并能形成矿床或综合性矿床的元素：有Au、Ag、Ti、V、Cs、Nb、Ta、Zr、Sr和稀土族元素；

(2) 可以构成独立矿物，但通常呈分散状态出现的元素，基本上不形成独立矿床：有Se、Sc、Cd和Pt族元素；

(3) 基本上不构成独立矿物（或很少呈独立矿物），仅呈分散状态出现的元素：有Hf、IGa、Re、Rb等；

(4) 放射性元素：有U、Th等。

上述元素中的分散元素在煤、铁、锰和有色、稀有和贵金属矿床中较为富集，成为分散元素的唯一来源，尤其是在有色金属矿床中更是如此。据统计，在有色金属矿床中有51种矿物含有分散元素，或呈细小包裹体但主要呈类质同象存在。

4.1.3 我国有色金属矿产资源的综合利用现状

我国的有色金属矿床大多数是多金属共生矿。除锡的矿物外，其他金属主要是以硫化矿的形态存在，如镍矿80%是硫化矿、20%为氧化矿，从有色金属矿物原料中回收硫是有色金属冶金工业的一项重要任务。目前世界上大部分硫酸是由有色金属冶金工厂生产的，我国有色金属冶金工厂生产的硫酸量占全国硫酸产量的约1/5。除硫之外，有色金属矿物原料中还伴生有多种稀散金属和贵金属，所以有色金属冶金工厂也是生产稀散金属和贵金属的工厂，如全国黄金产量的40%是从铜资源中回收的，从铅锌资源综合回收的银占全国矿产银的70%以上。有色金属冶金工厂可以向国家提供20多种金属及化工产品，包括元素周期表中ⅢA、ⅣA、VA、ⅥA、IB、ⅡB及Ⅷ族中的大部分金属元素。

稀散金属无单独的矿床，几乎都是与有色金属矿伴生的。硒、碲可以从铜、铅、锌、锑矿中回收，镓、铟、铊、铊均从铅、锌矿中回收。

在铜、铅、镍生产中，几乎全部原料中的贵金属都富集于电解精炼的阳极泥中，可分别从中提取稀散元素和贵金属。熔炼锡精矿使有价金属富集在渣中，从渣中可回收有价组分。铅锌氧化矿采用烟化法处理时，烟尘中含锗0.025%~0.032%。硫化锌矿在湿法冶金中，铟、锗富集在浸出渣挥发的烟尘中，其中含In 0.05%~0.06%、Ge 0.003%~0.005%。总之，在有色金属矿中伴生元素虽然品位不是很高，但在有色金属的熔炼过程中都能富集在一个产物中，这为回收利用创造了有利条件。

我国有色金属矿产综合利用现状可以概括为：取得明显成绩但差距比较大。

我国综合利用已取得一定的经验和具有我国矿产特点的综合利用技术，如金川镍矿的综合利用已获得大量经验、独特技术和显著的经济效益。现在金川除镍外，已能综合回收铜、钴、铂、钯、锇、铱、铑、钌、金以及铁、铬、硫、硒、碲14种伴生有益组分，并且成为我国的镍都和钴、铂族金属生产的主要基地。

但是，我国有色金属矿产综合利用水平的差距还较大。据统计，我国有色金属矿山一般采选金属量损失达40%左右。1986年我国有色金属冶炼厂回收的伴生组分只有11～18种，苏联在1980年就已达74种，我国伴生组分的综合利用率仅为20.62%～68.24%，而日本已达到85%～95%。

4.2 铜矿资源的综合利用

4.2.1 铜的性质及用途

4.2.1.1 性质

铜为亲硫元素，在元素周期表中属ⅠB族，原子序数为29，原子量为63.5。

铜呈玫瑰红色，密度8.96 g/cm^3（20 ℃），熔点（1083.4±2）℃，沸点2567 ℃，比热0.385 J/g(25 ℃)，莫氏硬度为3，是热和电的良导体，导电和导热率仅次于银，常温下导电率是银的94%，导热率为银的73.2%，具有良好的韧性、延展性和柔软性，容易锻造和压延，既可压成很薄的铜箔，又可轧成细的铜丝。

铜在干燥的空气中不氧化，而在含有二氧化碳（CO_2）的潮湿空气中表面会形成一层铜绿。铜与碱溶液反应很慢，但与氨则易形成络合物。铜的标准电势为0.377（25 ℃）。铜不能置换酸溶液中的氢，但却溶于有氧化作用的酸中。它的化合价为正二价和正一价，只有几种不稳定的三价化合物。二价铜的电化当量为0.0003294 g/L。

铜在地壳中的平均含量为0.01%，在火成岩中平均含量为0.006%～0.02%。铜的地球化学基本特征使它在自然界中呈元素Cu^0、Cu^+化合物（离子半径0.096 nm）和Cu^{2+}化合物(离子半径0.069 nm)存在。Cu^{2+}多呈硫酸盐，并常与Zn^{2+}(离子半径0.068 nm)、Fe^{2+}（离子半径0.069 nm）呈类质同象。铜属亲硫元素族，所以铜矿物常以硫化物出现。

4.2.1.2 用途

铜是人类发现最早并广泛使用的金属之一，在现代工业中它的应用仅次于铁和铝。

因为铜具有优良的导电、导热性能，而且压延、抗张、耐磨、耐腐蚀、机械加工性能好，所以广泛应用于电器、机械制造、建筑、运输及军事等工业。铜还可作为众多化工产品的重要原料。

铜能与许多金属制成合金，最普遍的是青铜和黄铜。其中，铜和锌的合金称之为黄铜，当其含锌量小（约为10%）时叫砲铜；青铜有锡青铜、铝青铜、硅青铜、铍青铜。

青铜器（Bronze Ware）是由青铜合金（红铜与锡的合金）制成的器具，诞生于人类文明时期的青铜时代。最早的青铜器出现于6000年前的古巴比伦两河流域。青铜器在2000多年前逐渐由铁器所取代。中国青铜器制作精美，在世界青铜器中享有极高的声誉和艺术价值，代表着中国在先秦时期高超的技术与文化。中国青铜器之乡是陕西省宝鸡市，出土了大盂鼎、毛公鼎、散氏盘等五万余件青铜器。青铜器的颜色真正做出来的时候是很漂亮的，是黄金般的土黄色，因为埋在土里生锈才一点一点变成绿色的。由于青铜器完全是由手工制造所以没有任何两件是一模一样的，每一件都是独一无二、举世无双的。

随着原始社会的发展，鼎由最初的烧煮食物的炊具逐步演变为一种礼器，成为权力与财富的象征。鼎的多少，反映了地位的高低；鼎的轻重，标志着权力的大小。在商周时期，中国的青铜器形成了独特的造型系列：容器、乐器、兵器、车马器等。青铜器上布满了饕餮纹，夔纹或人形与兽面结合的纹饰，形成神灵的图纹，反映了人类从原始的愚昧状态向文明的一种过渡。

4.2.2 铜矿产资源

4.2.2.1 铜矿物

自然界中已知的铜矿物约170多种，但具有工业应用价值的仅有20多种（表4-2）。

表4-2 常见的具有经济价值的铜矿物

类别	矿物名称	化学组成	理论含铜量/%
自然铜	自然铜	Cu	100.00
硫化物	黄铜矿	$CuFeS_2$	34.56
	斑铜矿	Cu_3FeS_3	55.50
	辉铜矿	Cu_2S	79.80
	铜蓝	CuS	66.44
	黝铜矿	Cu_3SbS_3	46.70
	砷黝铜矿	Cu_3AsS	52.70
	硫砷铜矿	Cu_3AsS_4	48.40
氧化物	赤铜矿	Cu_2O	88.8
	黑铜矿	CuO	79.85
	孔雀石	$CuCO_3 \cdot Cu(OH)_2$	57.5
	蓝铜矿	$2CuCO_3 \cdot Cu(OH)_2$	69.20
	硅孔雀石	$CuSiO_3 \cdot 2H_2O$	36.20
	胆矾	$CuSO_4 \cdot 5H_2O$	25.5
	水胆矾	$CuSO_4 \cdot 3Cu(OH)_2$	56.20
	氯铜矿	$CuCl_2 \cdot 3Cu(OH)_2$	61.0
	铜绿矾	$(Fe,Cu)SO_4 \cdot 7H_2O$	10~18

按照铜矿物的生成条件和化学成分不同，铜矿物可分为：原生硫化铜矿物，如黄铜矿；次生硫化铜矿物，如辉铜矿；氧化铜矿物，如孔雀石；自然铜等。表4-2为常见的具有经济价值的铜矿物。

4.2.2.2 铜矿石

按铜矿石的工业类型，铜矿石一般分为以下几种类型：

（1）按所含具有工业意义的伴生组分的多少、有无，可分为单一铜矿石和综合铜矿石，后者又分为铜-钼矿石、铜-锌矿石、铜-多金属矿石、铜-黄铁矿矿石、铜-金矿石、铜-铀矿石、铜-镍矿石、铜-钨矿石、铜-锡矿石等。

（2）按氧化率将铜矿石分为硫化矿石（氧化率小于10%）、混合矿石（氧化率10%~

30%）和氧化矿石（氧化率大于30%）三类。矿石中某金属的氧化率指该金属氧化矿物的金属量与它的总金属量之比，它表示硫化物矿石受氧化的程度。因为硫化矿石（或称原生矿石）比氧化矿石容易分选。

（3）按矿石的构造，可分为块状矿石和浸染状矿石。

（4）按矿石的含铜品位，可分为富矿石（Cu 品位大于 1%）、贫矿石（Cu 品位不大于0.4%）和中等品位矿石（Cu 品位为 0.4%～1%）。品位大于 5% 以上的铜矿石可不经选矿，与铜精矿（Cu 品位不小于 8%）混合直接入炉冶炼。

上述铜矿石类型的划分，都与选矿工艺及回收有较密切的关系。

4.2.2.3 工业要求

铜矿石开采的工业要求见表 4-3。

表 4-3 铜矿石开采的工业要求

要求	硫化矿石		氧化矿石
	坑采	露采	
边界品位（Cu）/%	0.2～0.3	0.2	0.5
工业品位（Cu）/%	0.4～0.5	0.4	0.7
可采厚度/m	≥1～2	≥2～4	1
夹石剔除厚度/m	≥2～4	≥4～8	2

铜矿床中常伴生有 Pb、Zn、Ni、Co、Mo、WO_3、Bi、Au、Ag 等。当伴生元素达到表 4-4 所列含量时，应进行综合评价并考虑综合回收。

表 4-4 铜矿石伴生有益元素综合评价参考

元素	Pb	Zn	Mo	WO_3	Sn	Ni	Bi	$Au/g \cdot t^{-1}$	$Ag/g \cdot t^{-1}$
含量/%	0.2	0.4	0.01	0.05	0.05	0.05	0.05	0.1	1.0
元素	Cd	Se	Te、Ga、Ge、Re、In					Co	
含量/%	>0.001	0.001	>0.001					0.01	

4.2.3 我国的铜矿产资源特点

我国的铜矿资源已探明储量居世界第四位，可利用储量占保有储量的比例为 63%，铜的保有储量很多。但是，铜矿近期可开发利用的资源不足，供应紧张，需要大量进口。我国每年需用铜 60 万吨左右，其中 1/3 以上靠进口铜精矿来解决，估计今后进口量还会增大。产生这种现状的原因主要是“三低一远”。

（1）铜矿石品位低。我国现在占开采量大的是斑岩铜矿石，其开采品位低，为 0.4% 左右，进而影响到选矿的精矿产率很低，这是最主要的原因。

（2）现有铜矿山的生产能力低。我国铜矿山选矿厂日处理矿石量一般在 3000 t 左右，少者 1000 多吨，个别厂达几万吨，总的矿山选厂生产能力低。这与我国铜矿床规模（储量）以中小型为主有关，单个矿床储量大于 100 万吨的不足铜储量的 1%。

（3）伴生铜矿的综合回收低。我国铜矿资源中伴生铜矿的储量占四分之一，但对其综合回收不够。例如湖南的镍矿，综合利用其中的伴生铜的回收率仅有25%~35%。

（4）有些铜矿资源分布在边远地区，其交通和能源等问题难以解决，近期暂难开发利用。例如西藏江达县的玉龙铜矿和察雅县的马拉松多铜矿，其铜金属储量达753万吨，近期难以利用。此外，还有云南边境的富铜矿。

4.2.4　铜矿石工艺性质

铜矿石的选矿指标是选矿加工过程中衡量矿石综合利用程度的重要标志，而它们与矿石的工艺性质有着密切的关系。

4.2.4.1　*矿石矿物可选性*

铜的工业矿物，按可选性的难易程度可细分为易浮选的硫化铜矿物、浮选效果较差的矿物和难浮选的矿物，具体如下：

（1）易浮选的硫化铜矿物，如黄铜矿、斑铜矿、辉铜矿等。如这三种矿物共（伴）生在一起，不论其含量与结构如何，对选矿回收率均不会发生多大影响，均可作为单一硫化铜矿石来看待，以复矿物颗粒粒度作为粒度单元决定矿石的磨矿细度，采用浮选回收效果好，流程也简单。

（2）浮选效果较差的矿物。其矿物组成除上述三种硫化铜矿物外还伴生有黄铁矿、方铅矿和闪锌矿等硫化矿物。此时需研究硫化物的粒度及嵌布特征，以确定各种硫化矿物的最佳（或合理）磨矿粒度，获得最大单体解离，再选用不同浮选药剂进行分离。例如某铜铅锌综合矿石，破碎磨矿至铜铅锌硫化矿物大部分单体解离时，先混合浮选，再分离，分别得到铜精矿、铅精矿和锌精矿三种产品，铜的回收率可达88%，铅回收率达81.1%，锌回收率达84.4%。

（3）难浮选的矿物，主要是铜的氧化物（孔雀石、蓝铜矿）和铜的硅酸盐（硅孔雀石）矿物。由这些矿物组成的氧化矿石属难选矿石，多产出在原生硫化矿床的氧化带比较发育，如湖北和云南某铜矿。为了浮选含铜氧化物，过去常采用“硫化浮选”处理，即在矿浆中加入硫化钠溶液，使氧化矿物表面形成一层硫化薄膜，但是采用这种常规的单一硫化浮选不能获得满意的选矿指标。如铜录山铜矿的氧化矿石，用常规硫化浮选效果不好，精矿品位8%~10%，回收率50%~70%，若精矿品位提高至14%~16%，则回收率仅为20%~25%，原因是矿泥严重影响分选、难选铜矿物（结合氧化铜）难解离、矿石性质复杂多变。据国内外文献报道，以单一的常规硫化浮选处理氧化铜矿石，唯一具生产规模的是对于原矿石含铜品位高，以孔雀石为主的氧化铜矿石。

根据上述三种情况，在评价铜矿石的选矿技术条件时，应该划分出是原生硫化物矿石、混合矿石、氧化矿石三类。然后再进一步划分矿石亚类，如原生硫化物矿石再细分出单一含铜硫化物、复合多金属硫化物、以黄铁矿为主的含铜硫化物组合等。因为它们的选矿工艺流程和选矿效果不相同。

4.2.4.2　*脉石矿物特征*

各种铜矿石类型中的脉石矿物，按它们的晶体构造与浮选药剂的关系以及在浮选过程中的走向来分类，可分为以下两大类：

（1）一般呈岛状、链状、架状构造的硅酸盐脉石矿物，如长石、角闪石、辉石族、石英等矿物，由于其亲水性，可全部或大部残留在尾矿中，对选矿效果无甚影响。

（2）具层状构造的硅酸盐矿物，如绢云母、绿泥石、滑石、金云母、蛇纹石等，由于这些呈片状、鳞片状的矿物具有良好的疏水性，从而产生很高的可浮性，若进入铜精矿则会使精矿品位降低影响铜精矿的品级。例如河北某铜矿，脉石矿物中滑石、绿泥石、蛇纹石、金云母等层状构造硅酸盐矿物，其最大特点是硬度小、密度小、极易泥化，破裂后呈鳞片状，层面上不饱和键力弱，天然疏水性强，极易进入泡沫产品，这就是该铜矿选厂较长时期以来精矿品位低（10%左右）的基本原因所在。采用羧基甲基纤维素（CMC）作抑制剂（在精选作业时），阻止这类脉石矿物进入泡沫产品，可使铜精矿品位和回收率明显提高。

4.2.4.3 *矿石的结构构造*

铜矿石的构造，可分为块状和浸染状或细脉浸染状，而后者较常见。相比之下铜矿石的结构相当复杂，有各种形态特征的交代结构和固溶体分离结构以及细脉穿插结构等。不同矿物组合形成的铜矿石其结构构造对选矿的影响不相同，可分为如下两类：

（1）矿物成分简单的铜矿石的结构构造。如黄铜矿、斑铜矿、辉铜矿矿石或含铜石英脉矿石，斑铜矿常与黄铜矿呈犬牙交错的毗连状交代结构，黄铜矿与斑铜矿呈文象结构、格状结构，斑铜矿被辉铜矿交代呈网状或脉状结构等，不管它们之间如何紧密嵌镶，然而对矿石选矿效果均无多大妨碍。因为这三种铜矿物的可选性和冶炼性质相近，冶炼处理方法相同，无须把它们单体解离和分选开来，当作复矿物颗粒粒度来确定其磨矿细度。

（2）多金属铜矿石结构构造。如果闪锌矿在黄铜矿中呈分散细粒的乳浊状结构，黄铁矿、闪锌矿与黄铜矿之间形成交代结构（似文象结构），黄铜矿中黝铜矿呈星散浸染状等，则对选矿粉碎作业中的矿物单体解离会产生很大的影响。磨矿粗了则不能解离，磨矿细了则产生泥化，甚至也不能较好地解离，因为呈上述结构的矿物粒度极细而且嵌镶紧密。特别是层状型铜矿、矽卡岩型铜矿和斑岩型铜矿等硫化矿床氧化带常常形成细网格状、粗网格状的褐铁矿（针铁矿、水针铁矿）、孔雀石、蓝铜矿、硅孔雀石、水胆矾等，这些矿物粒细且分散、结构复杂、易于泥化，给解离和分选造成极大的困难。

4.2.4.4 *伴生组分的赋存状态及含量分布*

铜矿石中的伴生组分有Ag、Mo、S、Fe、Pb、Zr、Pb、Zn、Re、Co、Ni、Se、Te、Cd、In、Ga、Tl、Pt等。不同类型铜矿石中的伴生组分及赋存状态各不相同。例如斑岩铜矿中的钼主要以辉钼矿单矿物独立存在；而铼则呈类质同象存在于辉钼矿中；金、银主要呈自然金、银金矿、金银矿和含金自然银等独立矿物存在，常在硫化物、氧化物以及脉石矿物中以粒间金、裂隙金和包裹金嵌连；一些铜矿床中的钴主要含于黄铁矿、磁黄铁矿中，也有含于黄铜矿和磁铁矿中。如大冶某矽卡岩铜（铁）矿床中，原生铜矿石含钴0.02%~0.05%（当矿石中含黄铁矿高时钴含量可达0.1%），黄铁矿精矿中含钴0.19%~0.39%，铁精矿中含钴0.01%；氧化矿石中含钴0.02%，含软锰矿较高的“黑泥”中含钴最高可达0.76%。原生矿石中钴主要呈类质同象形式存在，在氧化矿石中则呈吸附状态。

综上可见，对铜矿石的矿物成分（包括含铜矿物的种类和含量以及其他共生金属矿物、脉石矿物的组合、伴生组分的含量及赋存状态），矿石结构构造的研究，对制定选矿流程及选矿方法，对提高主金属回收率和伴生组分的综合利用，具有重要意义。

一般情况下，铜矿石的伴生元素在加工处理过程中均可提取和利用。有的可分选成为独立的精矿，有的将富集于主金属矿物的精矿中，留待冶炼过程中再分离回收。应该指出，由于各种铜矿石类型的形成条件不同，因此反映在其矿石工艺性质上都会存在差别，这就需要通过系统研究，有针对性地制定出合理的选矿方案，才能获得较好的回收效果和综合利用指标。

4.2.5 硫化铜矿石选矿及其综合利用

除特富的硫化铜矿石外，铜矿山开采出来的矿石都要经过选矿，将铜矿物富集，产出合格铜精矿，并综合回收有益组分。

硫化铜矿石最主要的选矿方法是浮选。除单一铜矿和铜铁矿石外，其他各类型矿石的浮选原则流程有优先浮选和混合浮选之分。如钼的回收，一般都是首先对铜、钼混合浮选，得到铜钼混合精矿，然后再进行铜与钼的浮选分离，分别得到铜精矿和钼精矿。铜钼混合精矿的浮选分离方法有多种，但无论采用什么方法，在分离之前的混合精矿的再磨和脱药都是必需的。

由于矿石中铜矿物含量、种类、嵌布特性、矿石泥化程度、硫化铁含量等的差异，不同类型的矿石浮选工艺流程繁简不同，选矿指标也有差别。

4.2.5.1 黄铁矿型含铜黄铁矿矿石的综合利用

该矿石黄铁矿含量大于95%，次为黄铜矿、闪锌矿、方铅矿、磁铁矿，伴生组分有Au、Ag、Cd、Co、Se、Te、Tl、In 等，有时 Pb、Zn、Fe 也可综合利用。由于组分多、粒度细、结构复杂，为难选矿石。

前苏联的胡杰斯克矿山用浮选-水冶联合流程，从含铜黄铁矿矿石中综合回收 8 种成分，它们的回收率分别为铜 97%、锌 92%、钴 66%、镉 64%、铁 90%、硫 82%、碲 77%、硒 77%。我国白银有色金属公司，对白银厂多金属矿在原地质勘探铜、硫、金、银的基础上，又评价了铅、锌、铋、镓、锗、砷等有益伴生组分并计算了储量，截至 1984 年，副产的硫酸、黄铁矿、金、银、钯、硒、镉、铟、铊、铅、锌产品的产值达上亿元，约占全部矿产品产值的40%；通过综合利用已回收十二种伴生组分，总产值累计达 12 亿多元。

4.2.5.2 斑岩型铜钼矿石的综合利用

这类矿石通常储量大、品位低、组成简单、可选性好。

澳大利亚的布干维尔浸染型斑岩铜矿，矿石储量达 10 亿吨，平均含 Cu 0.48%（边界品位 0.2%），含 Au 0.56 g/t、Ag 2.14 g/t、Mo 0.012%、S 1%左右。主要矿石矿物为黄铜矿，斑铜矿次之，磁铁矿和黄铁矿少量。脉石矿物主要为石英和黑云母、绢云母。金和银富集在黄铜矿中。选矿厂处理矿石 9 万吨，1977 年处理矿石 3411 万吨，生产钢 18029 t、金 22333 kg、银 47043 kg。

我国德兴斑岩铜矿，具“大、浅、易、多”等特点，即矿石储量大，达 16 亿吨，埋藏浅，易选，含综合利用元素多。除主元素 Cu（0.2%~0.6%）外，伴生有用元素 Mo（0.01%）、S（1.9%）、Au（0.14~2 g/t）、Ag（1.2~1.7 g/t）。主要金属矿物为黄铁矿（最多）、黄铜矿、辉钼矿，次为斑铜矿、黝铜矿，少量孔雀石、铜蓝。非金属矿物以石英、绢云母为主，次为绿泥石、方解石、长石。主要矿物嵌布特征，黄铁矿呈他形、半自形晶，以细脉浸染状分布脉石中，常被黄铜矿交代残留，两者常呈港湾状交错毗连嵌镶，粒度一般为0.03～0.4 mm，最大1～5 mm，以粗粒居多呈不等粒较均匀嵌布。黄铜矿呈细粒他形不均匀嵌布于脉石中，粒度一般在0.005～0.5 mm，以0.01～0.05 mm为主。辉钼矿呈鳞片状、薄膜状附于脉石片理或裂隙面上，粒度一般为0.025～0.2 mm。伴生自然金、自然银、银金矿、碲金矿，自然金约占85%以上，呈裂隙金；包裹金主要嵌布黄铜矿，次为黄铁矿。

根据上述研究成果，主要金属矿物的粒度特征差别较大，故需分段磨矿浮选，经选矿生产证实取得了较好的效果。一段磨矿粒度－0.074 mm占60%～63%后采用铜钼硫混合浮选，获得粗精矿再磨（－0.074 mm占90%～95%）再选得到Mo精矿和最终Cu精矿，Cu、Mo分选的尾矿再选S得到S精矿。铜精矿品位为24%以上，回收率为85%～87%，Au、Ag富集于Cu精矿中，其回收率均约为50%。

4.2.5.3 *矽卡岩型铜铁矿石的综合利用*

这类矿石通常含铜矿物种类繁多，组成复杂，伴生组分较多。

日本的八茎选矿厂日处理铜铁矿石1500 t，采用浮选-磁选-重选流程以及化学处理方法，从原矿中生产出黄铜矿精矿、磁铁矿精矿、白钨矿精矿、石灰石精矿和碳酸钙精矿五种精矿产品。此外，还利用了尾矿中微量的白钨矿（含WO_3 0.03%～0.04%），每年可获得1.7亿日元的额外收入。

我国大冶铜绿山铜矿系大型的矽卡岩型铜铁共生矿床，铜铁品位高，储量大，并伴生金、银。矿石分氧化铜铁矿和硫化铜铁矿，两种类型的矿石进入选矿厂，分两大系统进行选别，选矿厂采用浮选-弱磁选-强磁选的工艺流程生产出铜精矿和铁精矿，产出的强磁尾矿总量为300余万吨，其中铜金属量2.5万吨，铁132万吨。强磁尾矿中铜矿物有孔雀石、假孔雀石、黄铜矿、少量自然铜、辉铜矿、斑铜矿，极少量蓝铜矿和铜蓝；铁矿物主要有磁铁矿、赤铁矿、褐铁矿和菱铁矿；非金属矿物主要有方解石、玉髓、石英、云母和绢云母，其次有少量石榴子石、绿帘石、透辉石、磷灰石和黄玉。尾矿的多项分析及物相分析见表4-5～表4-8。

表4-5 强磁尾矿多项分析结果

成分	Cu	Au	Ag	Fe	CaO	MgO	SiO_2	Al_2O_3	Mn
含量	0.83%	0.97 g/t	11 g/t	22.59%	13.73%	2.32%	33.99%	3.74%	0.24%

表4-6 铜物相分析结果

相态	游离氧化铜	原生硫化铜	次生硫化铜	结合氧化铜	总铜
质量分数/%	0.25	0.10	0.18	0.26	0.79
占有率/%	31.65	12.66	22.78	32.91	100.00

表4-7 铁物相分析结果

相态	磁性铁	菱铁矿	赤褐铁矿	黄铁矿	难溶硅酸铁	总铁
质量分数/%	7.38	2.39	11.95	0.10	0.51	22.53
占有率/%	32.76	11.50	53.04	0.44	2.26	100.00

表 4-8 金、银物相分析结果

相态	单体金	包裹金	总金	单体硫化银	与黄铁矿结合银	脉石矿中银	总银
含量/$g \cdot t^{-1}$	0.26	0.62	0.88	3.00	7.00	1.00	11.00
占有率/%	29.56	70.43	100.00	27.27	63.64	9.09	100.00

在试验的基础上，选矿厂设计建立了日处理1000 t的强磁尾矿综合利用厂，采用常规的浮-重-磁联合工艺流程综合回收铜、金、银和铁。强磁尾矿经磨矿后，添加硫化钠作硫化剂，丁黄药和羟肟酸作捕收剂，2号油作起泡剂进行硫化浮选回收铜、金、银，浮选尾矿采用螺旋溜槽选铁(粗选)，铁粗精矿用磁选精选得铁精矿，见图4-1，其中工艺条件为磨矿细度 −0.074 mm 60%，Na_2S 2000 g/t，丁黄药175 g/t，羟肟酸36 g/t，2号油20 g/t。最终获得含铜15.4%、金18.5 g/t、银109 g/t的铜精矿，含铁55.24%的铁精矿，铜、金、银、铁的回收率分别为70.56%、79.33%、69.34%、56.68%。按日处理900 t强磁尾矿，年生产300天计算，每年可综合回收铜1435.75 t、金171.26 kg、银1055.92 kg、铁33757 t。经初步经济效益估算，年产值可达1082万元，年利润约1000万元，具有显著的经济和社会效益。图4-1为工艺流程。

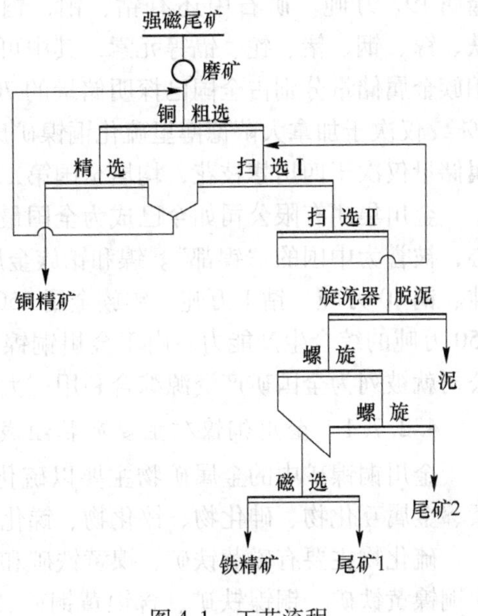

图 4-1 工艺流程

4.2.6 氧化铜矿石选矿及其综合利用

氧化铜矿石的处理一直是国内外选矿领域的难题之一。由于其生成条件和产地的不同，矿石组成及性质相差较大。对组成简单易选的氧化铜矿石用浮选法即可，而对于组成复杂难选的氧化铜矿石则用选冶联合流程处理。

(1) 硫化-浮选。该方法是用硫或硫化钠、硫化氢钠等做氧化铜矿物的硫化剂，矿石硫化后进行浮选。

(2) 离析浮选。离析法是处理难处理氧化铜矿石的一种有效方法。它的实质是在粉碎了的矿石中加入一定量的碳质还原剂和氯化剂，在中性或弱还原气氛中加热，使有价金属铜从矿石中氯化挥发，并被还原为金属颗粒附着在碳粒表面；随后可用常规的浮选方法富集，产出铜碳精矿。

国外难选氧化铜矿离析-浮选研究至今已有50多年的历史。研究最多的是英国、美国和法国，但能进行工业试验和生产的只有两个厂：一个是1965年投产的赞比亚罗卡纳的离析-浮选厂，一个是1970年投产的毛里塔尼亚阿克茹特的离析-浮选厂。我国的石绿铜矿离析-浮选厂于1967年建成投产，生产规模2000 t/d。

4.2.7 金川铜镍矿资源的综合利用

金川铜镍矿位于甘肃省金昌市，是1958年发现的我国最大、世界著名的镍铜等多金属共生矿床（世界第三大硫化镍矿床），也称为金川镍矿、金川硫化铜镍矿等。现已探明金川铜镍矿石地质储量达5.2亿吨，其中含镍557万吨、铜351万吨、钴16万吨、铂族金属197万吨。矿石中还有钴、铂、钯、金、银、锇、铱、钌、铑、硒、碲、硫、铬、铁、镓、铟、锗、铊、镉等元素，其中可回收利用的有价元素有14种。金川矿床中镍和铂族金属储量分别占全国已探明储量的70%和80%左右，其中，镍资源占世界镍储量的4%，仅次于加拿大萨德博里硫化铜镍矿床；铜金属储量仅次于我国江西德兴铜矿，钴金属储量仅次于四川攀枝花，均居全国第二位。

金川集团有限公司如今已成为全国最大、世界知名的镍钴生产企业和铂族金属提炼中心，被誉为中国的“镍都”。镍和铂族金属产量占全国的90%以上，已形成年产镍13万吨、铜40万吨、钴1万吨、铂族金属3500 kg、金8 t、银150 t、硒50 t及无机化工产品150万吨的综合生产能力。由于金川铜镍矿共生金属繁多，从1978年开始金川集团有限公司就被列为全国矿产资源综合利用三大基地之一。

4.2.7.1 金川铜镍矿主要矿物组成

金川铜镍矿中的金属矿物主要以硫化物为主，此外还含有少量氧化无机微量自然元素、金属互化物、砷化物、铋化物、锑化物等。

硫化物主要有磁黄铁矿、镍黄铁矿和黄铜矿，其次为方黄铜矿、马基诺矿、墨铜矿、含铜镍黄铁矿、铜镍铁矿、含镍黄铜矿、闪锌矿、方铅矿等。氧化物有磁铁矿、铬尖晶石、赤铁矿及微量钛铁矿。

磁黄铁矿是矿石中最主要的金属硫化物，它与镍黄铁矿、方黄铜矿、黄铜矿、马基诺矿等共生，广泛分布在埋藏较深或氧化作用较弱的各类矿石中。其一般粒度为0.1~0.4 mm，细者在0.01 mm以下，粗者可达4 mm以上。矿物含量变化较大，一般为0.75%~5.95%，块状矿石可达65%左右。

镍黄铁矿是矿石中最重要的含镍金属硫化物，其含量一般为0.44%~3.47%，块状矿石可达10%以上，仅次于磁黄铁矿。它和磁黄铁矿、黄铜矿、方黄铜矿共生，普遍分布在埋藏较深的各类矿石中。矿物粒度一般为0.1~0.3 mm，细者在0.01 mm以下，粗者可达3 mm左右。

黄铜矿是矿石中最主要的含铜硫化物，是比较稳定的矿物。它分布广泛，在各类矿石中普遍存在且含量变化较大，一般为0.22%~3.24%，局部有富集现象，在块状矿石中可达14.77%。铜矿的一般粒度为0.05~0.3 mm，有时可达4 mm。

黄铜矿中还含有碲铅矿、碲银矿、金银矿、硫铋镍矿等细小包体。

4.2.7.2 伴生元素赋存形态

金川铜镍矿除含有镍、铜等重要金属元素之外，还有20多种可供综合回收利用的有价伴生元素，其中含量相对较大的有钴、铂、钯、铱、铑、锇、金、银等，含量相对较小的有硫、硒、碲及铬。此外，镓、锗、铟、铊、铼、镉等元素由于含量太低，回收利用意义相对较小。

有用伴生元素在矿石中的赋存形态主要有两种：一种是呈单独矿物存在，如已发现的铂族金属、金、银等单独矿物达30余种（表4-9）；另一种是以类质同象形式存在于其他金属矿物中。

表4-9 有用伴生元素在矿石中的赋存形态

种 类	矿 物 名 称
自然元素及金属互化物	自然铂、含钯自然铂、含金自然铂、含铂、钯自然铋、自然金、银金矿及金银矿、金铂钯矿、钯金矿、锡钯铂矿
碲化物	碲铅矿、碲银矿、碲铂矿
铋化物	单斜铋钯矿、含银铋钯矿、铋银矿
碲铋或碲铋化物	碲铋矿、碲铋镍矿、含钯（铂）碲铋镍矿、含钯银碲铋镍矿、碲铋铂矿、碲铋钯矿、含铂铋碲钯矿、含银铋碲钯矿
锑化物	锑铂矿、含金（钯）锑铂矿、含钯锑金铂矿、锑钯铂矿、锑铂钯矿
砷化物	砷铂矿、砷镍矿、褐砷镍矿
砷硫化物	镍质砷钴矿、铁镍辉钴矿、钴毒砂、辉砷镍矿
硫铋化物	硫铋镍矿、硒硫铋矿

（1）铂。铂在矿石中有62%~99%呈单体矿物存在。铂矿物发现五类共17种，粒度多在0.07~0.5 mm。少量铂以类质同象形式分布在金属硫化物和氧化物中。

（2）钯。钯有74%~88%呈单独矿物存在，主要是碲铋化物，常与磁铁矿共生，在磁选中大部分富集于磁性部分，少量以类质同象形式存在于硫化物中。

（3）金、银。金、银有88%以上呈单体矿物存在，最常见者为银金矿和金银矿，矿物粒度很细小，多在0.076 mm以下。少量金、银存在于硫化物中。

（4）钴。绝大部分钴以类质同象形式存在于镍矿物中。

（5）硒。90%以上的硒以类质同象形式存在于金属硫化物中。

非金属组分主要是硫以及微量的硒和碲等，构成脉石的元素有铁、镁、硅、铝。

4.2.7.3 金川铜镍硫化矿综合利用原则工艺流程

金川铜镍硫化矿综合利用原则工艺流程为将原矿进行混合浮选，所得镍精矿进行造锍熔炼，产出含镍较少的低镍锍，低镍锍经转炉吹炼得到含镍较多的高镍锍，然后将其破碎并进行分选。首先进行磁选，得到含有贵金属的铜镍合金，余下部分经浮选产出镍精矿和铜精矿，分别熔炼后铸成阳极，进行电解精炼，产出电镍和电铜。磁选所得的镍铜合金再进行二次造锍熔炼，再次破碎进行磁选，得到贵金属含量更高（高于一次合金几十倍）的二次合金，作为提取贵金属的原料，浮选所得的镍、铜精矿返回一次浮选产物一起处理。金川镍铜精矿处理的原则工艺流程如图4-2所示。

生产实践表明，金川铜镍硫化矿属易选矿石，可选性较好，但同时也存在MgO成分高，而且不容易被抑制、精矿降镁困难的问题；矿床中伴生的钴、铂族元素以及金、银等，在选冶过程中都具有相似的性质，走向相同，容易富集于各种选冶产品，之后再进行分离与提纯。当然，性质相近的元素，在分离与提纯过程中也导致了过程的复杂性。冶金流程虽然长，但提取效果还是比较好。

4.2.7.4 金川铜镍硫化矿综合利用现状

（1）镍。选矿阶段镍的回收率全公司平均85.3%，从镍精矿至镍高锍的火法回收率

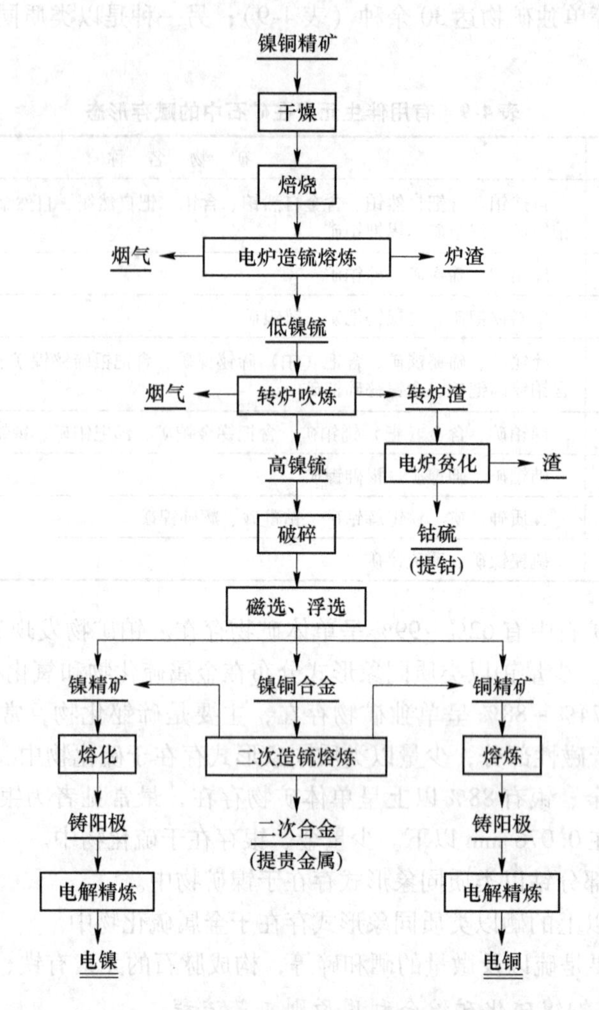

图4-2 金川镍铜精矿处理原则工艺流程

为94.5%，精炼工序的回收率为95%，全流程回收率为76.58%。

镍产品生产全流程中，选矿回收率是影响镍回收率的关键。闪速炉熔炼对精矿品位和含氧化镁的严格要求，以及原矿品位与性质，构成了提高选矿回收率的难关，而且难度很大。在熔炼阶段，闪速炉渣带走的镍是对镍总回收率影响最大的因素。镍铜精矿闪速炉熔炼产生的渣量很大，渣率至少为精矿量的90%，由炉渣带走的镍量是相当可观的。在精矿含 MgO 为7%的条件下，渣量不可能减少，只能尽可能降低渣中镍含量，但难度很大，受到高负荷量和较高锍品位的限制。在镍湿法冶炼中，镍的损失主要是随废水、漏液的排放损失。

(2) 铜。选矿阶段铜的回收率平均为72%，从铜镍精矿到电解铜回收率为97.9%，全流程回收率为70%。

在全流程中回收铜的薄弱环节主要是选矿。应该说，目前金川公司对铜冶炼系统的注意力主要集中在做大外购铜原料的规模上。二矿区矿石选矿中铜的回收率只有70%，且逐年在下降。一矿（龙首）富矿选矿的铜回收率不到75%，逐年下降趋势更明显。而原矿石中铜品位还有升高趋势，有时达到1%，个别时候甚至超过了镍品位。对高铜原矿的浮选，工艺技术研究工作远不如降氧化镁。高铜原矿的选矿工艺解决不好还同时会影响到主金属镍的回收率。

（3）钴。钴在镍铜混合精矿中的回收率为69.74%，火法熔炼的回收率为54%，湿法冶金的回收率为86.3%，总回收率为32.5%。

转炉渣贫化工序是影响全流程钴回收率的瓶颈。本来转炉渣在贫化电炉内的贫化效果就不理想，再将贫化产品钴锍返回吹炼，闭路循环，导致回收率更低。此外，闪速炉高负荷和高富氧强化熔炼，是闪速炉渣含钴升高的重要因素。

（4）贵金属。铂、钯和金的选矿回收率分别为76.61%、60.64%、73.89%，火法冶炼至镍锍工序，各元素均为90%，整个湿法过程中贵金属（铂、钯、金）回收率为70%。贵金属产品（锭或粉）总回收率：铂45%、钯44.2%、金24.9%。锇、铱、钌和铑的选矿回收率分别为46.13%、52.01%、38.05%和43.66%，全流程回收率不到40%。

影响全流程铂族元素回收率的关键是镍高锍磨浮分选工序。尽管对一次合金进行了硫化再次富集于二次合金，使早先从一次合金直接提取贵金属的回收率从49%提高到68%，但是，未能改变贵金属在镍高锍浮选产品中分散的状况。高锍中贵金属进入一次合金的回收率仅为57%，有39%进入镍精矿，3%进入铜系统。在镍电解以及铜电解整个湿法处理过程中，贵金属回收率不到70%。

4.3　铝土矿资源的综合利用

4.3.1　铝的性质与用途

4.3.1.1　性质

铝（Al）在元素周期表中是第ⅢA族的化学元素，原子序13，原子量26.98。化学纯铝（99.99%）熔点为660 ℃，沸点为2270 ℃。铝的密度为2.70 g/cm^3，属于轻金属，具有电导率高、导热性好、延展性良、易于加工等物理性能。

4.3.1.2　用途

铝是世界上第二大金属，广泛应用于工业、食品、医药、卫生等部门。

铝常与铜、镁、硅、锌、镍、钛、锂、铍等制成合金，铝和铜（3.5%~4%）、镁（0.5%）、锰（0.5%）的合金称为硬铝合金。其密度为2.85 g/cm^3，机械性能良好，接近于钢材，而且强度对密度的比值高，广泛用于土木建筑业、机械制造业、国防工业及轻工业。铝硅合金是铝与硅（12%~13%）的合金，密度为2.6 g/cm^3，其特点是强度对密度的比值较高，而且凝固收缩性小，是制造轻质高强度铸件的重要材料。

铝容易加工，切削、抽丝、锻造等，广泛应用于工业部门，如用于高压电缆，制造热交换器、散热器等。1 g铝可拉成37 m长的铝丝或延展成50 m^{2}的铝箔。铸铝的抗断强度可达88~118 MPa，锻铝可达177~275 MPa；延伸率分别可达18%~25%和3%~5%；布氏硬度分别为24~32和45~60。

铝与空气中氧化后，表面生成坚韧的氧化铝薄膜，可防止里面的铝继续氧化，它可防水浸和火烧，熔点可达2050 ℃，还可防止许多化学试剂的侵蚀，在化学工业中用铝或铝合金制造各种防腐管道或设备。由于铝无磁性，故船舶上用的罗盘常放置于铝盒中。铝在低温环境中的强度和机械性能好，故在冷冻品的运输、液化装置、寒冷地区的建筑材料也用铝。

铝在食品、医药、卫生等工业应用也很广。由于它无毒、不污染食物，故常用铝做成食品、饮料罐和各种医用、卫生器具。但不能用铝器皿盛装盐酸和稀硫酸以及碱性物质。

铝粉燃烧时会放出大量的热和光，用铝或镁粉制造燃烧弹、信号弹、照明弹或焰火。铝粉还可作为强还原剂、脱氧剂，从难以还原的铬、锰、钨等金属中熔炼提取金属。铝也大量用于化学、半导体与电子学、光学器具的生产。

4.3.2 铝矿产资源

4.3.2.1 *铝矿物*

自然界中含铝矿物有250多种，常见的有43种。常见的有工业价值的含铝矿物见表4-10。

表4-10 常见的有工业价值的含铝矿物 (%)

矿物名称	化学式	Al_2O_3	矿物名称	化学式	Al_2O_3
刚玉	Al_2O_3	100	蓝晶石	$Al_2O_3 \cdot SiO_2$	63.1
一水硬铝石	α-$Al_2O_3 \cdot H_2O$ 或 $AlO(OH)$	85	红柱石	$Al_2O_3 \cdot SiO_2$	63.1
一水软铝石	γ-$Al_2O_3 \cdot H_2O$ 或 $AlO(OH)$	85	硅线石	$Al_2O_3 \cdot SiO_2$	63.1
三水铝石	$Al_2O_3 \cdot 3H_2O$ 或 $AlO(OH)_3$	65.4	高岭石	$Al_2O_3 \cdot 2SiO_2 \cdot 2H_2O$	39.5

4.3.2.2 *铝矿石*

铝的主要矿物原料是铝土矿，世界上95%以上的氧化铝是用铝土矿为原料生产的。

铝土矿指包括三水铝石、一水硬铝石、一水软铝石、赤铁矿、高岭石、蛋白石等多种矿物的混合体，是一种组成复杂、化学成分变化很大的含铝矿物，其主要化学成分为Al_2O_3、SiO_2、Fe_2O_3、TiO_2，此外还含有少量的CaO、MgO、S、Ga、V、Cr、P等。铝土矿中铝主要呈氢氧化物形式存在。

按照矿床成因，铝土矿分为沉积型和红土型。按照矿石类型，铝土矿可分为三水铝石型、一水硬铝石型和一水软铝石型。我国以一水硬铝石型为主。

不同类型的铝土矿，其溶出性能差别很大。铝土矿的质量主要取决于其中氧化铝存在的矿物形态和杂质含量。衡量铝土矿的质量一般考虑以下几个方面：

(1) 铝土矿的铝硅比。铝硅比是指矿石中Al_2O_3与SiO_2的质量分数比，一般用A/S表示。氧化硅是生产氧化铝过程中最有害的杂质，所以铝土矿的铝硅比越高越好。

(2) 铝土矿的氧化铝含量。氧化铝含量越高，对生产氧化铝越有利。

(3) 铝土矿的矿物类型。铝土矿的矿物类型对氧化铝的溶出性能影响很大。三水铝石型铝土矿中的氧化铝最容易被苛性碱溶液溶出，一水软铝石型次之，而一水硬铝石中氧化铝的溶出则较难。铝土矿的矿物类型对溶出以后各湿法工序的技术经济指标也有一定的影响。因此，铝土矿的矿物类型与溶出条件及氧化铝的生产成本有着密切关系。

4.3.2.3 矿床开采工业要求

一水硬铝石沉积型矿床开采工业要求见表4-11。

表4-11 一水硬铝石沉积型矿床开采工业要求

项目		露采	坑采
边界品位	Al_2O_3/SiO_2	1.8~2.6	1.8~2.6
	Al_2O_3/%	≥40	≥40
工业品位	Al_2O_3/SiO_2	≥3.5	≥3.8
	Al_2O_3/%	≥50	≥55
可采厚度/m		0.5~0.8	0.8~1.0
夹石剔除厚度/m		0.5~0.8	0.8~1.0
剥采比		10~15	

4.3.3 铝的生产工艺

炼铝的方法是先从铝土矿中提取氧化铝，然后将其电解获得金属铝。生产氧化铝的方法有：烧结法、拜耳法、联合法。

烧结法适于处理含硅高的低品位铝土矿，一般用于铝硅比3.5左右，含铁在10%以下的铝土矿。该法是将铝土矿与纯碱及石灰石混合配料在高温下煅烧。铝土矿中的铝与碱生产铝酸钠，然后用碱浸出，使溶于碱液的铝酸钠与不溶物残渣（赤泥）分离。铝酸钠溶液脱硅，碳酸化分解（再加种子分解），获得氢氧化铝及母液。氢氧化铝净化后经焙烧得到最终产品氧化铝，母液返回再用。

拜耳法适于处理铝硅比高的铝矿石，一般要求铝硅比大于7。该法是采用苛性钠浸出。高铝矿与碱液在高压蒸煮器中反应，矿石中的氧化铝生产铝酸钠并转入溶液，不溶物残渣（赤泥）与铝酸钠溶液分离，净化后的铝酸钠溶液再种分（种子分解），得到氢氧化铝。经焙烧获得氧化铝，母液返回使用。

联合法是将拜耳法和烧结法联合在一个工艺中。即将高品位铝矿石用拜耳法浸出，而低品位铝矿石用烧结法处理。工艺流程如图4-3所示。

4.3.4 广西高铁铝土矿资源的综合利用

1987年广西境内发现了高铁高硅三水铝土矿，据初步估算，仅贵港市、横县和宾阳三县市总储量即达1.2亿吨。贵港市境内，矿石分布于数乡镇的开阔岩区，赋存于低缓的红土小坡。矿石呈巨砾状、豆粒状等混于松散的泥土中。矿层埋藏很浅，大部分露出地表，极易开采。矿层平均厚度为2.2 m，平均含矿率为53.3%。

贵港高铁高硅铝土矿的主要化学组成为Fe_2O_3 35%~50%，Al_2O_3 25%~32%，SiO_2 8%~15%，灼减16%~20%。此外，还含有钒、镓等稀散金属。该矿的主要有用元素是铁、铝，单独按照铁、铝的含量考虑均难以达到各自所要求的工业品位，且在利用时互为干扰，所以，只有采用综合回收的工艺才具有开采利用价值。矿石的粒度大小不一，大者

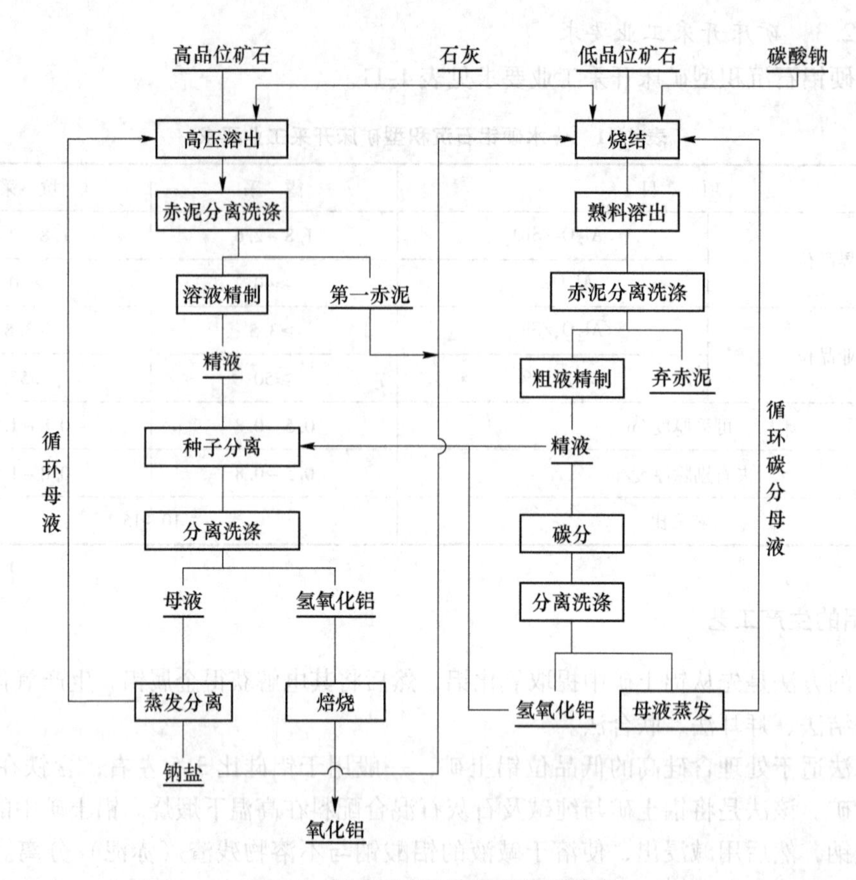

图 4-3 联合法生产氧化铝原则流程

可达 1 m，小者可在 1 mm 以下。粒度越大则 Al_2O_3 含量越高，同时铝硅比也随之增高。

矿石的主要矿物为针铁矿、三水铝石 $Al_2O_3 \cdot 3H_2O$ 以及赤铁矿等（针铁矿是一种分布广泛的矿物，作为一种水合铁氧化物，在现有铁矿矿物中的重要性仅次于赤铁矿）。作为主要矿物的三水铝石和针铁矿并不是完全独立存在，三水铝石矿物如同胶体一样其中混有针铁矿，而针铁矿中也混有三水铝石。据初步估算，有近五分之一的 Al_2O_3 以类质同象形式存在于针铁矿的晶格中。该矿石中有用矿物的赋存形态非常复杂，采用机械分选的方法难以将铁、铝分开，这就增加了其综合利用工艺的难度。

通过多年的选冶工艺研究，综合回收广西高铁三水铝土矿中的铁和铝在技术上已可行，在经济上也呈现出巨大的开发利用价值。由于高铁三水铝石型铝土矿资源中铁、铝的含量均没有达到单一铁矿和铝矿的工业应用要求，因此其开发利用必须以同时回收铁、铝为前提。针对高铁三水铝石型铝土矿铁、铝分离回收的研究已有很多报道，总的来说可以归纳为“先选后冶”“先铝后铁”和“先铁后铝”三种较可行的基本综合利用工艺流程。

4.3.4.1 先选后冶工艺

“先选后冶”工艺是采用选矿方法将铁、铝富集分离并去掉部分脉石矿物，然后将获得的铁磁性物和铝磁性物分别用来炼铁和生产氧化铝。国内外曾先后经过浮选、磁选、电选、重选及联合法等试验研究。大量研究均表明，对于结构简单的高铁铝土矿矿石，“先选后冶”工艺可以较好地实现铝、铁分离；但对于铁铝矿物粒度细微、相互胶结、类质同象现象明显、嵌布关系复杂的矿石，则因矿物的单体离解性能差，难以实现铁、铝的有效分离富集及获得合格的铁磁性物和铝磁性物。因此，对于贵港三水铝石矿，无法通过现有选矿技术来实现铁、铝的有效分离，此方案在技术上不可行。

4.3.4.2 先铝后铁工艺

“先铝后铁”主要工艺为首先采用拜耳法在低温常压下用氢氧化钠溶液溶出氧化铝，同时获得拜耳法高铁赤泥，然后运用催化还原焙烧技术将高铁赤泥中的铁矿物还原为金属铁，再经磁选分离获得铁精矿（海绵铁）。

该方案的主要优点有：

（1）充分利用了高铁三水铝土矿中三水铝石的易于浸出特性和针铁矿（赤铁矿）的良好还原性能；

（2）工艺流程相对较简单，只有催化还原过程为高温环节，除碱和还原煤外不需再添加其他物料，使能耗和物料消耗大为降低。

其主要缺点有：

（1）运用拜耳法在低温常压下仅能溶出矿石中三水铝石相的氧化铝，金属回收率总体偏低，一般氧化铝的浸出率约为56%，铁的回收率约为85%；

（2）该矿有效氧化铝含量较低，而活性氧化硅含量较高，因此铝硅比值低，导致拜耳法生产氧化铝过程中氢氧化钠的损失量较大。

4.3.4.3 先铁后铝工艺

“先铁后铝”主要工艺为运用电炉或高炉将高铁三水铝土矿中的铁矿物完全还原成液态的金属铁（含钒），同时制取自粉性铝酸钙炉渣，然后用碳酸钠溶液溶出炉渣，获得铝酸钠（含镓）溶液，再通过脱硅、碳酸化分解、焙烧生产氧化铝。该方法的主要优点有：

（1）通过电炉或高炉熔炼，可实现高铁三水铝土矿石中铁、铝的有效分离；

（2）金属回收率高，其中铁的实收率可在98%以上，矿石中的全部 Al_2O_3 均可提取，包括针铁矿和高岭石等矿物中的 Al_2O_3，氧化铝的实收率也在85%以上，同时还可综合回；收有益元素钒和镓；

（3）提取氧化铝后的浸渣可用作水泥原料，基本实现无废料排放。

其主要缺点有：

（1）电或焦炭等能源消耗大；

（2）熔剂石灰岩、还原煤等物料消耗较大。

综上所述，为了进一步改善还原条件，降低焙烧能耗，强化铝、铁分离效率，同时回收金属铁、氧化铝及伴生或共生稀散金属，在开展广泛深入的理论研究基础上，仍需进一步开发高铁铝土矿综合利用，尤其是铝、铁分离的新方法。

4.4 铅锌矿资源的综合利用

我国铅锌矿类型多、分布广、储量大，在已评价和勘探的铅锌矿产地中有特大型矿点（铅或锌金属储量大于1000万吨）1处，大型矿点(大于50万吨)20处、中型矿点（5万~50万吨）120处、小型矿点（小于5万吨）297处，保有铅锌金属储量达9000余万吨。

我国铅锌资源伴生有益组分达50多种。开发利用铅锌资源的同时，可回收其他金属和非金属。目前我国从铅锌矿综合回收的品种有铜精矿、锡精矿、硫精矿、铁精矿、碳酸锰、萤石精矿等，尚有磷、毒砂、重晶石、天青石等未予回收。铅锌冶炼厂综合回收的品种有金、银、铋、铟、锑、锡、汞、镉、锗、钴、镓、碲、铌、硫等有益组分。

4.4.1 铅锌的性质与用途

铅能与锑、锡、铋等金属组成各种合金，其中Pb-Sb合金用于制蓄电池，它占世界全部铅用量的40%以上；大量的铅以四乙铅形态加入汽油，作为内燃机燃料的抗爆剂，成为铅的第二大消费者；此外还用于印刷合金、易熔合金等；锑是铅最常用的合金元素，可组成一系列用途广泛的硬铅。用铅室、铅板等作原子能放射性和X光的防护用具。铅广泛地用来制成化合物如铅白$2PbCO_3 \cdot Pb(OH)_2$、密陀僧PbO、硅酸铅、醋酸铅、铬酸铅、铝酸铅等，用在颜料、玻璃、陶瓷、橡胶、油漆、医药、石油精炼以及纺织工业上，硅酸铅是电子光学玻璃生产中的重要原料。在聚氯乙烯中加入少量的三盐基硫酸铅，可增加塑料的强度和稳定性，防止老化延长使用寿命。铅的防腐性特别好，用在化工设备及冶炼厂的浸出槽、电解槽、吸尘器等湿法冶金设备中，以及在电积金属时作阳极材料；在军事工业上，铅和少量砷配制成炮弹和子弹，因在铅中加入0.1%~0.2%砷后，硬度增加并易成球形，有利于制造炮弹、子弹。

锌大量用作镀锌在其他金属表面用以防腐蚀。锌的合金，最重要的如铜锌合金被广泛用于机械、汽车制造和国防工业。锌具有浇铸时充填满模内细微弯曲地方的性能（锌熔点低熔体的流动性好），因此常用作精密铸件的原料。高纯锌与银制成银-锌电池，体积小能量大，可作为飞机、宇宙飞船的仪表电源，锌片用于制造干电池。锌的化合物如氧化锌用于橡胶及医药工业上，硫酸锌用在制革、陶器、棉织、人造纤维、农用杀虫剂和医药等工业上，氯化锌用于纺织工业和用作木材的防腐剂等等。冶金工业中，用锌粉、锌片净化除去溶液中的杂质和置换沉淀溶液中的贵金属，铅火法精炼中，利用锌提取粗铅中的金、银（因锌对金、银有很大亲和力）。锌还用以制微晶锌板，用于传真制板和压铸合金等。

4.4.2 铅锌矿产资源

4.4.2.1 铅锌矿物

铅的主要工业矿物有方铅矿（PbS，含Pb 86.6%）、硫锑铅矿（$Pb_5Sb_4S_{11}$，含Pb 55.4%）、脆硫锑铅矿（$Pb_4FeSb_2S_8$，含Pb 50.8%）、车轮矿（$PbCuSbS_3$，含Pb 42.6%）、白铅矿（$PbCO_3$，含Pb 77.6%）、铅矾（$PbSO_4$，含Pb 68.3%）。

锌的主要工业矿物有闪锌矿（ZnS，含Zn 67.1%）、纤锌矿（ZnS，含Zn 67.1%）、硅锌矿（$Zn_2[SiO_4]$，含Zn 58.6%）、菱锌矿（$ZnCO_3$，含Zn 52.1%）、水锌矿（$Zn_5[CO_3]_2(OH)_6$，含Zn 59.6%）、异极矿（$Zn_4[Si_2O_7](OH)_2 \cdot H_2O$，含Zn 54.3%）。

铅和锌的主要工业矿物中，最常见最重要的是方铅矿和闪锌矿，其矿物量分别占全国铅矿总储量和全国锌矿总储量的80%以上和90%以上。

4.4.2.2 铅、锌矿石

（1）按矿石氧化程度不同可分为：

1）硫化矿石：铅或锌氧化率小于10%；以方铅广、闪锌矿等硫化物组成，是最主要的一类矿石；

2）混合矿石：铅或锌氧化率10%~30%；

3）氧化矿石：铅或锌氧化率大于30%；以铅或锌的碳酸盐、硫酸盐和硅酸盐等矿物组成。

（2）按矿石中主要有用组分不同，可分为铅矿石、锌矿石、铅锌矿石、铜铅锌矿石、硫铅锌矿石、铜硫铅矿石、锡铅矿石、锑铅矿石、铜锌矿石。

（3）按矿石结构构造不同，可分为浸染状、致密块状、角砾状、条带状、斑杂状、细脉浸染状等矿石。

（4）按脉石矿物不同，可分为重晶石型、石英型、萤石型、方解石型以及天青石型矿石等。

4.4.3 我国铅锌矿产资源的特点

我国的铅储量居世界第五位，锌储量居世界第一位，我国的铅锌矿产资源具有明显的优势。我国铅锌矿产资源的特点之一，是铅锌共生，以锌为主，大多数矿石中 $w(Pb):w(Zn)=1:(1.5\sim2)$，物质成分复杂，素有“多金属之称”。铅锌矿床含有伴生组分 Cu、As、Sb、Bi、Sn、S 和 Au、Ag、Pt，有些还含有稀散元素、稀有金属、铀和硫铁矿，以及非金属有用矿物萤石、重晶石、天青石等，均可综合利用，所以铅锌矿石不存在“有害杂质”的概念。因为它与铜矿石一样选冶加工技术方法的伸缩性很大，基本上可以利用矿石中任何伴生组分。所谓有害杂质主要对精矿而言，工业对精矿有着严格的要求。

我国铅锌矿山有110多个，开发利用程度最高的是分布在中南地区的铅锌生产矿山。西北甘肃的厂坝铅锌矿和青海锡铁山铅锌矿金属储量达300万吨、品位11%、年采选矿石100万吨、年产铅锌金属6.5万吨、工业总产值1亿多元，它是我国目前第二大铅锌矿床，仅次于云南兰坪金顶铅锌矿床。

4.4.4 铅锌矿工艺性质

铅锌矿石综合利用的程度，受以下五个方面矿石工艺性质的影响：

（1）矿石有用矿物成分。铅锌多金属矿石，其主要有用矿物是方铅矿和闪锌矿，但同时伴有黄铜矿、黄铁矿，还常见少量硫盐矿物（如脆硫锑铅矿、硫砷铜矿等）。相当多的铅锌矿石中含辉银矿、自然银以及银的硫盐矿物（如深红银矿、砷铜硫锑银矿、脆硫锑铜银矿、螺状硫银矿、硫锑铅银矿、银黝铜矿、砷硫锑铜银矿）。总之，绝大多数矿石矿物成分较复杂。

铅锌多金属硫化物矿石的选矿采用浮选法，其选矿流程常用混合浮选-再分离，即先选出铅、锌、铜的混合精矿，然后再分离成铅精矿、锌精矿和铜精矿。故矿石中有用矿物成分越多，则选矿流程也越复杂，而且矿物之间的影响（干扰）也越大。例如含铜的铅锌矿石和不含铜的铅锌矿石，经选矿实践对比，其Pb精矿、Zn精矿的品位与回收率则前者小于后者。原因是铜矿物在磨矿、浮选过程中与矿浆中的水、氧发生化学反应生成可溶性含铜盐类（如硫酸铜），影响了铅、锌矿物的分选和回收指标。

当矿石含铅在15%以上时，可不经选矿而直接火法熔炼。氧化铅矿石需硫化浮选，氧化锌矿石用六聚偏磷酸钠和乳化液浮选。

（2）矿石结构与有用矿物嵌布特性。铅锌多金属矿石常结构复杂，各种硫化矿物嵌布紧密、颗粒很细。常见黄铜矿在闪锌矿晶粒中呈乳浊状固溶体分解结构、溶蚀交代结构、交代残余结构等；铅锌硫化物与黄铁矿之间也有各种复杂交代结构和细脉穿插，造成磨矿解离上的困难，使方铅矿损失于闪锌矿精矿、黄铁矿精矿或尾矿之中。因为方铅矿解理发育、性脆，对细粒方铅矿连生体采取中矿再磨后，方铅矿单体产生过磨泥化，使方铅矿进入尾矿而损失，影响了铅的回收以及锌精矿、硫精矿的质量。

（3）矿石氧化程度。许多铅锌多金属矿区氧化带发育，生成一些铅锌氧化矿物（如白铅矿、铅矾、钒氯铅矿（$3V_2O_8Pb_3PbCl_2$）、菱锌矿、水锌矿等）和氧化铁矿物（如针铁矿、水针铁矿、黄钾铁矾等）。它们密切嵌生，即使细磨也难除掉氢氧化铁的影响，还会造成铅锌氧化矿物可浮性降低，而损失于尾矿中，所以多金属氧化矿石一般均属难选矿石。

（4）脉石中片状矿物掺入。铅锌多金属矿石常见脉石矿物有绿泥石、绢云母、滑石、石膏、炭质页岩等，它们具有良好的可浮性，对浮选的捕收剂和抑制剂都有明显的不利影响，从而影响选矿指标。

（5）矿石伴生有用组分和分散元素的赋存状态。铅锌矿石中含50多种有益组分，其赋存状态常以以下两种形式存在：

1）呈独立矿物或包体矿物形式存在。如黄铜矿、黄铁矿、磁黄铁矿、硫镉矿、萤石等常与方铅矿、闪锌矿共（伴）生，呈独立单矿物形式存在，因此可单独分选出不同的精矿，等常与方铅矿、闪锌矿共（伴）生，呈独立单矿物形式存在，因此可单独分选出不同的精矿；若呈包体矿物形式且颗粒较大时，也可单体解离后选为专门的精矿，但是被包裹的有用矿物一般颗粒细小不易解离，常随主矿物（载体矿物）富集而为混合精矿；铅锌矿石中常见含金、银矿物，尤其是银矿物，而且多呈包体主要在方铅矿中，或呈单矿物嵌镶在方铅矿晶粒间或方铅矿与闪锌矿的粒间，所以查明银的赋存状态、含银矿物、载体矿物、粒度及含量分布等工艺特征，提高银的选矿回收率是十分重要的。

2）呈类质同象混入物存在于主矿物中。如铟、锗、镓、镉、硒、硫、铊等，这些分散有用元素主要通过冶炼处理其载体矿物的精矿回收，如铟、锗主要富集于锌精矿中，可从锌电解后的残渣或废料中回收。

4.4.5 会泽铅锌矿资源的综合利用

会泽铅锌矿位于云南东北部的会泽县，地处乌蒙山麓、牛栏江畔的者海镇和矿山镇境内，矿区主要由矿山厂（氧化矿基地）、麒麟厂（硫化矿基地）组成。在者海镇建设了铅、锌、锗的冶炼加工基地，新的铅锌、锗冶炼加工基地已于2005年12月在云南曲靖建成。

会泽铅锌矿隶属云南驰宏锌锗股份有限公司。矿山资源储量大，品位高，锌+铅品位25%（而我国铅+锌平均品位6.8%），富含稀有金属锗和贵金属银，还含有镉、钒等有益组分。该矿矿山有矿山厂（铅锌氧化矿矿床）和麒麟厂（铅锌硫化矿矿床）两个厂。

至2003年末，会泽铅锌矿累计探明矿石量（B+C+D级）1812.15万吨，金属量铅117.24万吨，锌266.53万吨。而从1992年二轮找矿以来新提交矿石量953.87万吨，占全矿区探明储量的52.6%，新提交金属量铅88.47万吨，锌211.62万吨，分别占全矿区探明储量的75.5%和69.9%。剔除同期消耗等，到2003年末，会泽铅锌矿总计保有矿石量(B+C+D级)共762.17万吨，金属量铅66.28万吨，锌141.05万吨。在保有的矿石量中，硫化矿矿石量272.32万吨，混合矿矿石量250.57万吨，氧化矿矿石量239.28万吨。会泽铅锌矿锗金属资源储量400 t以上。

4.4.5.1 会泽铅锌矿矿石特点

会泽铅锌矿不仅麒麟厂3号、6号、10号等硫化铅锌矿矿体均伴生有银，而且矿山厂氧化铅锌矿也伴生银。矿山厂氧化铅锌矿中含有许多重要的矿石矿物如水白铅矿、羟碳锌矿、羟钒锌矿、密陀僧、红铁铅矿、红锌矿、铅铁矿等，这些矿物在国内同类矿床中难以见到。

矿山厂深部1号矿体探明的矿石有土状氧化矿、混合型氧化矿、混合矿（包含少量硫化矿）。会泽矿山厂坑下脉矿和露天砂矿均为深度氧化矿，铅锌氧化率均在90%以上，含泥量大，矿物组成复杂，属难选矿石。氧化矿矿石矿物组成复杂，主要有白铅矿、异极矿、菱锌矿、褐铁矿等；混合矿矿石矿物相对简单，以闪锌矿、方铅矿、黄铁矿为主；脉石矿物主要为白云石和方解石。

4.4.5.2 会泽铅锌矿选矿

会泽铅锌矿氧化矿长期采用手选或开采富矿，麒麟厂硫化铅锌矿选矿车间于1985年12月开工，1987年8月竣工，1988年3月进行试生产，设计日处理原矿300 t，年处理原矿9.9万吨。

硫化矿选矿工艺流程：部分混合浮选，混合精矿再磨，高碱度无氰工艺，二段磨矿流程。原矿第一段磨到 -200目（-0.074 mm）占70%，利用矿石特性，在中性介质中，以硫酸锌抑制闪锌矿，用乙基黄药和二号油，先将方铅矿、黄铁矿和小量易浮的闪锌矿混合浮选。混合浮选为一次粗选，一次扫选。混合浮选后的尾矿，以硫酸铜活化闪锌矿，以丁基黄药和二号油浮选锌得锌精矿Ⅰ。选锌为一次粗选，一次扫选，选锌后的尾矿作为最终尾矿丢弃。

混合浮选精矿再磨，磨矿细度为 -235目（-0.040 mm）占85%，以石灰抑制黄铁矿，在pH值为12条件下，用选择性好、捕收力强的乙硫氮为方铅矿捕收剂。铅浮选一次粗选，三次精选，一次扫选。选铅后的尾矿以硫酸铜活化锌，用丁基黄药和二号油浮选锌得锌精矿Ⅱ。选锌为一次粗选，一次扫选，选锌后的尾矿即为硫精矿（黄铁矿）。

选矿实际回收率铅达89.22%，锌达92.21%，接近理论回收率。原矿中80%的锗都集中在各种锌精矿中，便于在冶炼过程中回收。

4.4.5.3 冶炼及综合回收工艺

A 粗铅生产

采用鼓风炉处理矿山厂铅锌氧化矿块矿、团矿、烧结块等，2003年生产粗铅达到24000 t，同时产出供烟化炉生产的氧化锌烟尘45000 t及随后回收锗的含锌熔渣及烟尘。2005年12月投产的曲靖铅锌基地首创了用冶炼锡和铜的艾萨炉冶炼铅的技术和设备，形成了全新的“ISA-CYMG 铅熔炼技术”，从而诞生了世界上第一套全自动化控制的铅冶炼艾萨炉，铅的冶炼处于全封闭状态，98.5%的二氧化硫回收制成硫酸，铅蒸气和铅粉尘也被回收利用，实现了“三废”零排放，粗铅年产量达 8 万吨/年。

B 氧化锌尘生产

采用烟化炉处理湿法锌渣及氧化锌矿，2004 年生产氧化锌尘 46954 t，烟尘中有价组分的含量为：铅 15.17%、锌 47.51%、锗 0.0220%；废渣品位：铅 0.17%、锌 1.97%、锗 0.0005%；氧化锌尘火法回收率：铅 94.62%、锌 96.88%、锗 99.47%。烟化炉氧化锌尘是湿法冶金综合回收锌和锗的主要原料。

C 氧化锌尘湿法处理生产锌及锗精矿

由于氧化锌尘中含有锌、锗、铅和镉，因此兼顾锗的回收，总的湿法冶金工艺先经酸性浸出-丹宁沉淀分离锗制成锗精矿，酸浸渣制成铅精矿，丹宁沉锗滤液经净化生产锌，丹宁沉锗滤液中和渣生产硫酸锌，净化渣经酸浸-锌板置换-净化除铅最后回收锌，锌板置换渣回收镉。会泽铅锌矿氧化锌尘湿法冶金处理综合回收锌、锗、铅、镉的工艺作为综合利用的代表见图 4-4。

D 锗的回收

会泽铅锌矿中含有锗，由于重视研究综合回收锗的工艺并不断改进，使锗的产量不断提高，品种稳定增加，到 2004 年各类锗产品（还原锗、二氧化锗、区熔锗及四氯化锗）中锗产量已超过 10 t，成为我国第一大锗产品生产厂，会泽铅锌矿以锗精矿为原料生产锗产品的工艺如图 4-5 所示。2000 年锗精矿平均化学成分：Ge 为 11.08%、Pb 为 1.39%、Zn 为 35%、S 为 2.89%。

从锗精矿回收储的工序分为多个阶段，根据需要可以生产多种锗产品。锗精矿经氯化蒸馏后，粗四氯化锗经复蒸、精馏、二次精馏产出高纯四氯化锗产品。精馏产出的精四氯化锗经水解产出精二氧化锗，经煅烧产出高纯二氧化锗产品。精二氧化锗也可经还原、铸锭、区域熔炼产出区熔精炼锗。

锗精矿氯化蒸馏的残渣中仍含有可观数量的锗，会泽铅锌矿原先采用碱浸等常规工艺回收蒸馏残渣中的锗，但回收率低，故 30 年的蒸馏残渣一直堆存，此类蒸馏渣含锗约 0.5%，且 80%以上以不溶解的四方晶型二氧化锗形式存在，并含有较高的氯、硅、酸，针对这些工艺矿物学性质，会泽铅锌矿采用多膛炉焙烧使硅的形态明显改变，并用低酸洗涤除去大部分氟氯，直接回收了部分锗。洗涤后的残渣用烟化炉高温强还原，改变二氧化锗形态并使其富集在氧化锌烟尘中，按图 4-4 氧化锌烟尘湿法处理，丹宁沉淀回收锗，该工艺既回收了蒸馏残渣中的锗也不会对环境造成危害。

E 硫化锌焙烧矿湿法冶金回收锌、锗、镉、银、铅

会泽铅锌矿山的硫化铅锌矿经选矿产出的锌精矿是可供综合利用的资源，其中除锌外还含有锗、镉、银、铅、硫等元素，经研究采用一系列工艺可以综合回收这些组分。

硫化锌精矿沸腾炉焙烧回收二氧化硫制酸，并且经焙砂-中性浸出-高温净化-低温净化-电积-锌锭的工艺生产锌。

中浸渣经低酸浸出-沉矾除铁-中和沉锗-锗铁渣-浸出工艺回收锗。

高温净化渣-酸浸-锌板置换-净化除钴-贫液-返氧、硫浸出工艺回收锌。

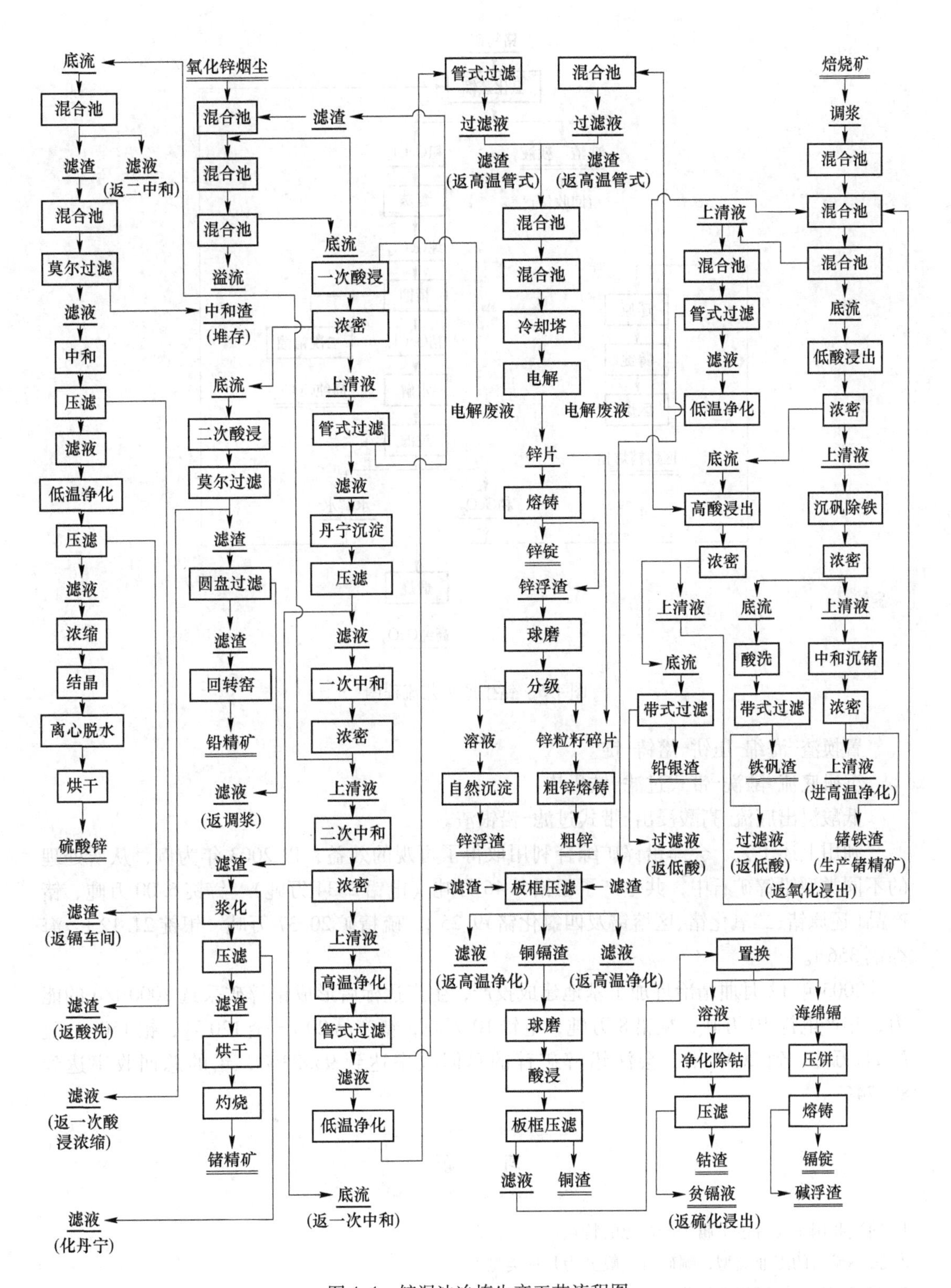

图4-4 锌湿法冶炼生产工艺流程图

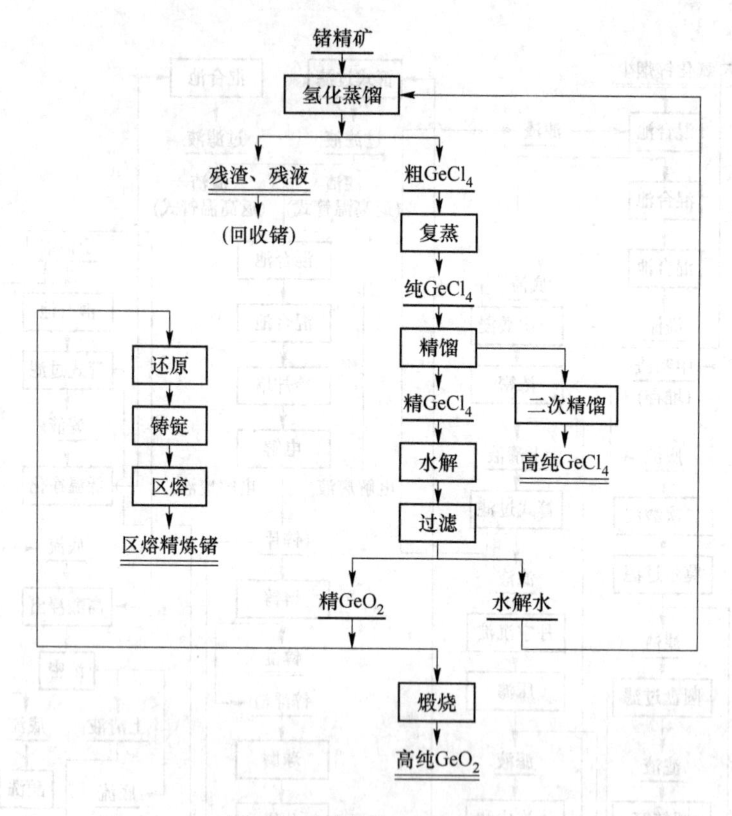

图 4-5 锗生产工艺流程图

置换渣-海绵-压饼-熔铸-锭。

沉矾底流-酸洗-带式过滤-铁矾渣。

低酸浸出底流-高酸浸出-带式过滤-铅银渣。

利用上述工艺，会泽铅锌矿综合利用取得了可观的效益，以 2003 年为例，从所处理的不同类型铅锌矿石中，共生产了粗铅 2. 46 万吨（电铅 2. 34 万吨）、锌锭 6. 00 万吨、锗产品（还原锗、二氧化锗、区熔锗及四氯化锗）9. 25 t、硫精矿 20. 37 万吨、银锭 21. 12 t、海绵镉 356 t。

2005 年 12 月曲靖冶炼加工基地建成投产，生产达标后形成铅锌矿采选 2000 t/d 的能力，年产电锌 10 万吨，粗铅 8 万吨，电铅 10 万吨，锗产品 20 t，金 120 kg，银 150 t，硫酸 28 万吠。到 2005 年底会泽铅锌矿锌的总回收率达到 95. 23%，铅的总回收率达到 89. 74%。

1. 简述我国主要有色金属矿产资源的特点。
2. 按铜矿石的工业类型，铜矿石一般分为几种类型？
3. 我国铜矿产资源特点是什么？
4. 简述易浮选的硫化铜矿物、浮选效果较差的铜矿物和难浮选的铜矿物有哪些。

5. 简述衡量铝土矿的质量一般考虑哪几个方面。
6. 简述生产氧化铝的主要方法有哪些。
7. 简述针对高铁三水铝石型铝土矿铁、铝分离回收主要采用什么方法。
8. 简述我国铅锌矿产资源有什么特点。
9. 简述哪些因素影响铅锌矿石综合利用的程度。

参 考 文 献

[1] 刘亚川，丁其光，汪镜亮，等. 中国西部重要共、伴生矿产综合利用［M］. 北京：冶金工业出版社，2008.
[2] 胡应藻. 矿产综合利用工程［M］. 长沙：中南工业大学出版社，1995.
[3] 张佳. 矿产资源综合利用［M］. 北京：冶金工业出版社，2013.

5 非金属矿产资源的综合利用

❖ 本章提要

本章在介绍非金属矿产资源的特点及其在国民经济中的意义的基础上，对典型非金属矿产资源玄武岩、霞石正长岩资源综合利用进行了介绍，重点对非金属矿产资源在肥料中的应用进行了介绍。

5.1 概　　述

5.1.1 非金属矿产资源的特点

非金属矿产资源在性能、加工利用等方面均有其不同的特点。

（1）非金属矿产具有多用途和相互替代性。非金属矿产的多用途和相互替代性指一种非金属矿具有多种（甚至几十种和上百种）用途，而一种用途又可以使用多种非金属矿。如膨润土的用途多达上百种，而作为脱色剂可以被凹凸棒土、海泡石等代替；作为造纸填料的非金属矿，可以使用滑石、碳酸钙、绿泥石、皂石、白云石、石膏等。

（2）非金属矿产资源利用特点。非金属矿产少数是利用其化学元素、化合物，多数则是以其特有的物化性能利用整体矿物或岩石。由此，世界一些国家又称非金属矿产资源为“工业矿物与岩石”，二者定义基本相同，但所涉及的范围又有所不同，目前对这两个名词的范畴区别尚无严格的界定。

（3）非金属矿产资源加工特点。结构特性是非金属矿物的重要性能和应用特性之一，在加工中要尽量保护矿物的天然结晶特性和晶形结构。如鳞片石墨、云母的片晶要尽可能地少破坏，因为在一定纯度下，颗粒直径越大或径厚比越大，价值越高；硅灰石粉体的长径比越大，价值越高；海泡石和石棉纤维越长，价值越高等。

5.1.2 非金属矿产在国民经济中的意义

各种非金属矿产品具有多种独特的优异性能，是发展国民经济、改善人民生活、巩固国际的重要原料和配套产品，对国民经济具有重要意义。

（1）高技术和新材料产业与非金属矿密切相关。人类在进入 21 世纪后，以信息、生物、航空航天、海洋开发以及新材料和新能源为主的高技术和新材料产业将逐渐壮大，这些高技术和新材料产业与非金属矿物原料或矿物材料密切相关。如石墨、石英、金红石等在微电子、光电子及信息技术及其产业的应用；沸石、硅藻土等在生物技术及食品与药品产业的应用。

（2）传统产业的技术进步和产业升级与非金属矿物材料紧密相连。进入 21 世纪，化工、机械、能源、汽车、轻工、冶金、建材等传统产业将引入新技术和使用新材料，进行技术革新和产业升级。这些技术进步与产业升级与非金属矿深加工产品密切相关。

（3）环保产业和生态建设与非金属矿密切相关。环境保护和生态建设是人类21世纪面临的重大挑战之一。许多非金属矿，如硅藻土、沸石、膨润土、凹凸棒石、海泡石、电气石、麦饭石等经过加工具有选择性吸附有害及各种有机和无机污染物的功能，而且具有原料易得、单位处理成本低、本身不产生二次污染等优点，可以用来制备新型环境保护材料；膨润土、珍珠岩、蛭石等还可用于固沙和改良土壤。

5.2　玄武岩资源的综合利用

玄武岩过去是岩石（俗称石头），如今成为了新矿种、新矿产资源，在材料工业中有着十分广阔的前景。玄武岩作为一种资源，它不仅可以作水泥混合料之用，而且还是制造岩棉和铸石的原料。玄武岩还可以代替黏土质原料生产硅酸盐水泥，其经济效益也十分可观。

5.2.1　生产岩棉

岩棉是以玄武岩为主要原料，经配料、熔化（大于1450 ℃）、离心机喷丝而成的硅酸盐材料，它具有导热系数低、耐高温、质轻、不腐蚀和不燃等优点。

岩棉已广泛应用于石油、化工、纺织、交通、冶金、电力和建筑等行业的设备、管道、锅炉、罐塔及建筑屋面、墙体保温、吸声等方面。岩棉可直接用作保温隔热材料，也可以岩棉为原料，制成岩棉玻璃纤维缝毡、缝带、铁丝网缝带、岩棉沥青毡、岩棉树脂毡、岩棉保温膏、岩棉吸声吊顶板和隔热板等。

生产岩棉除以玄武岩为主要原料外，还配有一定数量的石灰石和白云石，其配比为玄武岩：石灰石：白云石＝70：20：10。河南某1000 t/a 的岩棉生产工厂所用玄武岩化学成分见表5-1。

表5-1　生产岩棉用玄武岩化学成分　（%）

成分	SiO_2	Al_2O_3	Fe_2O_3	CaO	MgO	FeO	K_2O	Na_2O	MnO	Cr_2O_3	P_2O_5
含量	48.93	15.12	6.09	9.44	2.23	6.09	2.38	3.44	0.14	0.02	0.60

5.2.2　生产铸石

铸石是以辉绿岩、玄武岩等岩石或某些工业废渣为主要原料，经熔化、铸型、结晶、退火而成的硅酸盐材料。它具有优良的耐磨、抗腐蚀性能。铸石制品已在我国冶金、化工、水电、轻工等部门普遍推广使用。

5.3　霞石正长岩资源的综合利用

霞石正长岩是一类火成岩而不是一种矿物，主要特点是硅不饱和，氧化铝含量高，钠和钾含量也较高。霞石正长岩矿床中含有80%～95%长石和（或）类长石矿物，与正长岩一起存在，故而得名。霞石正长岩中无游离 SiO_2 存在，但共生的附属矿物云母中含有较多铁，虽可通过强磁选除去相当部分，但残留的铁仍然较高，因而许多霞石正长岩矿床的开发受到一定制约。玻璃工业中用的霞石正长岩一般要求 Fe_2O_3 含量低于 0.35%，与之相比多数长石中 Fe_2O_3 低得多。

霞石正长岩的成分为铝硅酸盐，在玻璃和陶瓷中应用较为广泛，此外也可在塑料、油漆、涂料等部门用作填料。

5.3.1 生产玻璃

霞石正长岩在玻璃中的应用目前是最多的，其50%~60%用于玻璃工业，包括生产容器玻璃、平板玻璃、玻璃纤维、特种玻璃等。

霞石正长岩的氧化铝在玻璃生产中作为玻璃基质的形成剂。降低玻璃晶化趋势，起稳定剂作用，从而改进玻璃的耐久性、抗擦伤性、抗弯曲能力、抗破碎强度及抗热震性能。还可改善玻璃料的可加工性，使之适于压延加工。一般而言，容器玻璃和平板玻璃中由霞石正长岩提供的 Al_2O_3 含量为1.5%~2%，而在纤维玻璃中则要达到15%，玻璃中掺入霞石正长岩还能改善其制成品的加工性。因此使其适于冲压加工。霞石正长岩的碱金属含量更高一些，助熔能力更强，可显著降低玻璃生产综合能耗；而且可以降低苏打的用量，从而降低玻璃生产成本。

5.3.2 生产陶瓷

用霞石正长岩做陶瓷原料，显示出独特的性质。霞石正常岩与钾长石、钠长石有相似的化学作用，甚至比钠长石、钾长石的熔融性能都要强。就相对用量而言，钠长石中 Na_2O 含量为11.8%，钾长石中 K_2O 含量为16.9%，而霞石正长岩中 Na_2O+K_2O 含量为19%左右，$MgO+CaO$ 含量一般为1%~5%。霞石正长岩中不含或很少含游离石英，而且高温下能溶解石英使熔液黏度提高，因而制得的产品不易变形、热稳定性好。此外，霞石正长岩中 Al_2O_3 的含量比正长石高，一般在23%左右，故成瓷的机械强度有所提高，使坯体烧成时不易坍塌。陶瓷中配入20%~50%霞石正长岩，烧成温度可降低50~100 ℃。

5.3.3 用作填料和增补剂

近年来，霞石正长岩充当填料和增补剂用途的发展十分迅速。霞石正长岩的物理性质使其可以2 μm的细度充当塑料、涂料和橡胶的填料和增补剂。由于氧化硅尘粒会造成对健康有极大危害的硅肺病，因此许多国家已立法限制氧化硅细粒进入工作场所。而霞石正长岩不含游离氧化硅，则不会造成损害人体健康的硅肺病。

在涂料工业，霞石正长岩填料可用于内外墙涂料生产。这种填料不但适于高颜料含量的涂料，也适用于半透明着色剂和清漆。霞石正长岩在涂料和油漆中的有用性能包括：良好的分散性、化学惰性、稳定的pH值、提供良好的涂膜完整性、耐磨性、耐化学磨蚀和粉化（掉色）性能、很高的干燥白度或很低的着色强度、优良的色持久力、在高颜料加入量或低载体需要时具有低黏度。近年来，涂料生产出现了从溶剂型向水基型发展的趋势，也在向高加填量系统如粉末涂料产品方向发展，霞石正长岩特别适用于这种涂料类型。

塑料工业中，霞石正长岩的最大用途是作为填料用于塑料、聚氯乙烯、环氧树脂和聚酯，如聚酯微波器皿，繁忙交通地段的乙烯基铺地材料和建筑饰面材料。在塑料工业中，霞石正长岩具有的有用性能包括：良好的分散能力、化学惰性、稳定的 pH 值；抗污染、磨蚀和化学腐蚀性；高的干燥白度和低的着色强度；耐火系数接近通常使用的树脂，适于透明树脂的生产；霞石正长岩能透过紫外线和微波辐射以及优良的流动性能等。

在橡胶、密封剂和黏结剂工业中，霞石正长岩主要用作填料，其功能与涂料和塑料工业中相同。如霞石正长岩用于生产硅橡胶汽车配件、氯丁橡胶垫片和 PVA 黏结剂。在硅橡胶生产中，霞石正长岩具有与氧化硅相同的性质，但其成本低廉而且白度更高。

5.3.4 其他综合利用途径

霞石正长岩莫氏硬度 5.5 ~ 6.0，且具有棱角状端口，硬度中等，所以还可用作柔性研磨料。霞石正长岩的平面解理产生砂砾状、棱角尖锐的颗粒，所以也特别适用作除垢粉。

由于较高的氧化铝含量，霞石正长岩也被认为是与铝土矿竞争的潜在资源。近年来，挪威、俄罗斯、意大利、美国和加拿大进行了大量的试验。但是，利用铝土矿生产氧化铝的拜耳法工艺并不适用于霞石正长岩。目前只有俄罗斯利用霞石正长岩进行纯氧化铝的商业化生产。俄罗斯的主要工艺是霞石正长岩与石灰石一起煅烧后用碱浸出铝酸盐，再分离出碱金属碳酸盐，残渣用于生产水泥。后俄罗斯改进工艺为，采用碱溶液加压热浸出霞石正长岩。据报道，俄罗斯用煅烧法生产的氧化铝含 Al_2O_3 达 99.3%、钠碱含 Na_2CO_3 97%、钾碱含 K_2CO_3 98%。俄罗斯还用霞石正长岩与硫酸铝溶液反应生产了硫酸钠和硫酸钾。

霞石正长岩还可以少量用于电焊条的焊接助熔剂、冶金保护渣等。

我国长石消耗量大，资源面临着日趋紧缺的局面，霞石正长岩是我国优势资源，可直接代替长石使用，无须改变工艺设备，为玻璃、陶瓷企业实现节能、降耗起到十分重要的作用。随着科学技术的进步，霞石正长岩的应用领域也在不断扩大、提高。

5.4 非金属矿产在肥料中的应用

随着世界人口的不断增加，粮食问题已成为人类生存发展所面临的严峻问题之一。为此，除了要持续发展 N、P、K 等传统肥料外，非金属矿物和岩石在肥料中的应用值得特别重视。研究表明，开发非传统农用矿物岩石资源为原料的矿质肥料，不仅可以促进农作物生长、提高其产量、改善其品质，而且可以起到改良土壤、保水保肥和防止土壤结块等作用。

5.4.1 蛇纹岩

蛇纹岩是以蛇纹石为主要矿物的一种岩石，其主要组成元素是 Mg、Si，还有一些 Cr、Co、Ni、Ti、V 和 Mn 等微量元素。Mg 元素是构成叶绿素的组分，位于叶绿素分子结构的卟啉环中间，缺 Mg 时则叶片褪绿光合作用受到影响。Mn 元素参与叶绿素的形成、光合作用及维生素 C 的合成。Co 能促进根瘤菌的固氮作用。Si 也是农作物生长所需的元素，水稻摄取足够的 Si，可增强挺立度、防止稻瘟病，调节水分的蒸发量等。

传统是用蛇纹岩制成钙镁磷肥，现在则是将其岩粉直接施用于农田起“长效微肥”的作用。

5.4.2 含钾岩石和矿物

钾长石砂岩、长石砂岩、霞石正长岩及明矾石、杂卤石等含有钾元素。特别是钾长石，经煅烧、粉碎后便是钾肥粉，每亩耕地施数公斤，可使小麦增产5%左右。

5.4.3 含磷岩石和矿物

自然界含磷岩石和矿物主要有磷灰石、磷块岩、含磷灰岩和含磷硅质岩等，是制造过磷酸钙、磷酸铵及复合肥料的主要矿石。除此之外，还可粗加工成磷矿石粉，直接施用于农田，前苏联用含磷1%~3%的磷块岩与泥煤堆置1~2个月后的产物做肥料，其肥效接近过磷酸钙。

5.4.4 海绿石

海绿石含钾量可高达9.5%，还含微量元素Mg、B、Cu、Mo、Fe等，是一种综合性无机肥料，能起到使土壤营养均衡的作用。若将其煅烧到600 ℃，则其肥效更好。用海绿石作肥料不仅可提高农作物的产量，还能增强农作物抗病虫害的能力。

海绿石产于浅海沉积岩和近代海底沉积物中，海绿石砂岩有时与磷块岩伴生，可综合开发利用。

5.4.5 沸石

沸石具有阳离子交换性能、选择性吸附性能、催化性能和化学反应性能等一系列优良的物化性质，天然沸石粉中还含有数十种对植物有益的元素。沸石良好的物化性能对耕作土壤有保肥、保水、吸氮、固氮、保钾及改良土壤的作用，能提高土壤中阳离子交换能力、延长土壤肥效的持久性。

自然界中沸石矿产分布广泛，已成为重要的新型矿质肥料。日本结合本国土壤特性，将沸石用作土壤改良剂，使酸性土壤得到改良，使稻谷增产达6%、苹果增产13%~28%、胡萝卜增产高达60%。

5.4.6 蛭石

蛭石为云母族矿物的次生矿物，由金云母、黑云母等矿物经风化或热液蚀变而成，是一种含水的Fe、Mn质铝硅酸盐矿物。蛭石加热到150~950 ℃时，体积碰撞并弯曲如水蛭，一般可达原体积的18~25倍。利用蛭石这一特性，可将其制成含化肥或杀虫剂的延迟释放剂，用以改良土壤的结构及蓄水保墒、护根防碱。

用蛭石作泥炭土的湿润剂或泥土的调节剂，可使酸性土壤变成中性，还可以使土壤疏松、助肥、促进作物生长。

5.4.7 泥炭及泥炭兰铁矿

泥炭，又称草炭、草煤、泥煤，是成煤作用初级阶段产物，属延效性肥料，有较长的后效，可作为土壤改良剂，配置营养土。我国泥炭矿床产地5000余处，资源总量46.87亿吨，开发利用前景广阔。

泥炭兰铁矿是一种天然的矿质肥料，其中 P_2O_5 含量高达15%~28%，还含有氧化钙和有机物，用它作肥料其养分可被作物全部吸收，而目前使用的过磷酸钙肥料中的磷只能被吸收20%。因此，1 kg泥炭兰铁矿的肥效相当于5~7 kg过磷酸钙。试验表明，施用后水稻增产10%~14%，土豆增产15%~40%，且几年内仍有肥效。这在磷矿资源缺乏的我国北方广大地区解决磷肥不足具有重要意义。

5.4.8 应用注意事项

非金属矿物和岩石作为非传统农用矿质肥料可以直接利用，而且一般无须复杂的工艺加工，其工艺过程主要是烘干、粉碎、研磨，加工成本低，为廉价的代用肥料。非金属矿物和岩石可与其他肥料一起制成各种混合肥料、复合肥料和多元微量元素肥料，从而改变过去施肥单一、土壤养分不均衡的局面。

非金属矿物和岩石作为农用矿质肥料，不仅可以利用其有用化学成分，而且可以利用其特有的物理化学性能，如吸附性、膨胀性、阳离子交换、悬浮性和松散性能等，这样既改善了传统有机肥料和化学肥料的成分结构，又改善了肥料的效能，从而有利于农作物对肥料养分的吸收，还可以起到保水、保肥和防止土壤结块。

非金属矿质肥料，不仅可以非金属矿物的精矿或高品位矿石为原料，而且可以扩大到利用非金属矿床围岩、夹石以及加工后的矿渣和尾矿等。农作物除了需要大量营养元素N、P、K、Ca外，还需要多种微量元素如Fe、B、Mn、Cu、Zn、Mo等，而这些微量元素往往都能从矿渣、尾矿和围岩岩石中获得。

在推广应用非金属矿新型矿质肥料时，首先应特别注意开展农业地质背景的调查研究，如土壤类型、土壤肥力等，以利结合实际更好地应用；其次，还应对矿质肥料所含有害金属元素和放射性物质等进行专门性的测试与分析，并通过试验找出消除的方法，避免产生新的污染；最后，一定要注意开发当地的优势和有效的矿质肥料的矿产资源，以利就地就近利用，减少费用。

要切实加强非金属矿物和岩石用作肥料的增产机理研究，这是一项基础性研究工作，涉及地质、采选、化工、农业等部门，又是一项跨部门、跨学科的综合性研究工作。增强非金属矿物和岩石在肥料中的应用，加快我国农业发展具有重要意义。

习 题

1. 简述非金属矿产资源的特点是。
2. 简述非金属矿产资源在国民经济中的意义。
3. 简述当前玄武岩综合利用主要包括哪些。
4. 简述当前霞石正长岩的综合利用主要包括哪些。
5. 简述目前哪些非金属矿产可应用于肥料。
6. 简述非金属矿产应用于肥料领域需要注意什么。

参 考 文 献

［1］郑水林．非金属矿加工与应用［M］．第3版．北京：冶金工业出版社，2013．
［2］胡应藻．矿产综合利用工程［M］．长沙：中南工业大学出版社，1995．
［3］张佶．矿产资源综合利用［M］．北京：冶金工业出版社，2013．
［4］张启明，周玉林，王维清．非金属矿产加工与开发利用［M］．北京：地质出版社，2010．

6 煤系共（伴）生矿产资源的综合利用

❖ **本章提要**

本章在对煤系主要共伴生资源高岭土、耐火黏土、膨润土、硅藻土、石墨及硫等的资源分布、特点、储量等介绍的基础上，对其加工利用进行了重点介绍。

我国煤系中共生伴生矿产资源丰富，种类繁多，分布广泛。有的矿种是国家的优势矿产，开发利用好这些资源对国家经济发展具有重要意义。煤系共（伴）生矿物也是众多有益元素的重要来源之一，其组成中的化合物是重要化工原料来源，是重要工业矿物（非金属矿）来源。

6.1 高岭土（岩）资源的综合利用

高岭土是以高岭石为主要成分的软质黏土，而高岭岩是以高岭石为主要成分的硬质岩石。煤系高岭土有硬质和软质两种。硬质土以所谓的“燧石黏土”为代表，软质黏土以“木节土”为代表。煤系软质高岭土包括紫木节、白木节、黑木节等。矿石多呈灰、紫褐等杂色、土块状构造。矿物成分主要为高岭石，往往含有较多的杂质。软质高岭土具有良好的可塑性。

由于煤系高岭土常常含一些碳质，所以颜色往往较深。硬质高岭土矿石一般为灰、灰黑色，致密坚硬，块状结构，矿物成分相当简单，高岭石含量常常达95%以上，矿石的化学成分接近高岭石的理论值，硬质高岭土矿石无天然可塑性，但粉碎成细粉后的塑性较好。此种矿石的天然白度虽不高，但煅烧后白度高，有的煅烧白度达到90以上。

6.1.1 资源分布

煤系高岭土（岩）资源主要形成于晚石炭世，二叠纪，晚三叠世，早、中、晚侏罗世至早白垩世和第三纪时期。由于成矿条件不同，高岭土（岩）的特征也各不相同。其中以山西大同、山东新汶、陕西蒲白、内蒙古准格尔的优质硬质高岭土（高岭岩）；河北唐山、山西介休等地的木节土；河南、山东、安徽两淮地区和江西萍乡的焦宝石型“高岭岩”；山西阳泉和河南焦作等地的软质黏土最为著名。此外，在东北、新疆和广东等地也赋存有质量较好的高岭岩矿床。

6.1.2 矿床特点

煤系高岭土（岩）矿床规模大，矿床储量大都在数千万吨至数十亿吨以上，为超大型高岭岩矿床，并且矿石中的高岭石含量均较高。如内蒙古准格尔煤田，高岭岩矿石储量为57亿吨之多，安徽淮北煤田储量为数十亿吨，大同矿区的储量为2亿多吨，高岭石含量大多在95%以上。随着时代的变新，煤系地层中的高岭岩矿床的规模逐渐减小，如海南的长昌矿区，吉林舒兰矿务局的东富矿区的高岭土矿床储量，一般为数百万吨；最大的茂名高岭土矿床，其储量也仅约3亿吨。

高岭土（岩）矿床的矿石品位随时代的变新而降低。如华北石炭二叠纪煤系中的高岭岩，其中高岭石的含量大多在90%以上，有些矿区如山西大同和陕西蒲白，其中的高岭石的含量近100%，而较新时代形成的我国目前最大的沉积型砂质高岭土矿床（茂名矿），其中高岭石的含量大多只在16%~20%。

6.1.3 储量及利用前景

我国煤系地层中的共伴生高岭土（岩）资源巨大，全国煤系高岭土（岩）资源总量为497.6亿吨，其中探明储量28.9亿吨，预测可靠储量151.20亿吨，预测可能和推断资源量为317.5亿吨。煤系共伴生高岭土（岩）不仅资源可靠，同时还具有较大的经济价值优势。我国煤系高岭土（岩）主要为沉积形成，其矿石的矿物成分单一，主要为高岭石，其中相当一部分的化学成分接近高岭石的理论值。因此，煤系中相当数量的高岭土（岩）为优级土。煤系高岭土（岩）普遍含有一定量的有机碳，因而其颜色均较深，为浅灰~灰黑色，经煅烧后，白度可达到85°以上。非煤系的花岗岩风化淋滤型高岭土的自然白度虽然较高，但其矿物成分除高岭石外，往往还含有母岩风化残余岩屑及石英、长石和云母等少量矿物，SiO_2含量较高，而Al_2O_3偏低，其品位不如煤系中的优质高岭土（岩）高。因此煤系高岭土比非煤系高岭土有更强的市场竞争力。

我国煤系高岭土储量丰富，而且其中相当一部分属优质高岭土。对优质高岭土进行深加工可生产高附加值的产品。所以开发利用我国煤系高岭土资源，可获得很好的经济效益。

6.1.4 加工利用

根据原矿性质、产品用途和产品质量要求的不同，高岭土（岩）的加工工艺也不尽相同，总体来说，目前的高岭土（岩）加工技术包括选矿提纯、超细粉碎（剥片）、煅烧和表面处理改性等工艺。

6.1.4.1 选矿提纯

高岭土（岩）原矿中程度不同地存在石英、长石和云母以及铝的氧化物和氢氧化物、铁矿物（褐铁矿、白铁矿、磁铁矿、赤铁矿和菱铁矿）、铁的氧化物（钛铁矿、金红石等）以及有机物（植物纤维、有机泥炭及煤）等杂质。在要求较高的应用领域必须对其进行选矿提纯。

高岭土（岩）的选矿方法依据原矿中拟除去杂质的种类、赋存状态、嵌分布粒度及所要求的产品质量指标而不同。

（1）对于原矿杂质含量较少、白度较高、含铁杂质少、主要杂质为砂质（石英、长石等）的高岭土（岩），通常采用粉碎后风选分级的方法进行提纯，即干法选矿。

（2）对于杂质含量较多、白度较低、砂质矿物及铁质矿物含量较高的高岭土（岩），一般要采用重选（除砂）、强磁选或高梯度磁选（除铁、钛矿物）、化学漂白（除铁质矿物并将三价铁还原为二价铁）、浮选（与含铝矿物如明矾石分离或除去锐钛矿）等方法进行综合选矿。

高岭土的化学漂白工艺是：先在搅拌槽中用硫酸调整pH值至4~4.5，然后给入漂白反应罐内，加入还原剂连二亚硫酸钠、硫代硫酸钠或亚硫酸锌（$Na_2S_2O_4$ 或 ZnS_2O_4），目的是使高岭土中的三价铁还原为二价铁并溶于矿浆内，然后用清水洗涤使之与高岭土分离。还原的主要反应式如下：

$$Fe_2O_3 + Na_2S_2O_4 + 3H_2SO_4 \longrightarrow Na_2SO_4 + FeSO_4 + H_2O + SO_2$$

为了去除深色的有机质还可以用强氧化剂（过氧化氢、次氯酸钠等）进行漂白。工业上最常用的漂白剂是 $Na_2S_2O_4$ 和 ZnS_2O_4，但 $Na_2S_2O_4$ 很不稳定，ZnS_2O_4 虽然较为稳定一些，但排出的废水中锌离子浓度过高，污染环境。利用硼氢化钠漂白可以避免这种缺点。

具体加药顺序：在 pH = 7 ~ 10 的条件下，将一定量的硼氢化钠和氢氧化钠混合物（其量为能够生成所需的 $Na_2S_2O_4$），通入 SO_2 气体或用别的方法使 SO_2 气体与矿浆接触，调节 pH = 6 ~ 7，这时的 pH 值有利于在矿浆内生成最大量的 $Na_2S_2O_4$，再用亚硫酸（或 SO_2）调节 pH = 2.5 ~ 4，即可发生漂白反应。其基本原理如下：

$$2NaBH + 12NaOH + 12SO_2 \longrightarrow Na_2S_2O_4 + 2NaBO_2 + 2NaHSO_3 + 6H_2O$$

漂白工艺一般能显著提高高岭土产品的白度，但生产成本较高，而且要对漂白后的洗涤废水进行处理，否则将对环境造成一定的污染。

（3）对于有机质含量较高的高岭土（岩），除了前述方法之外，还要采用打浆后筛分（除植物纤维）和煅烧（除有机泥炭及煤质）等方法。

在部分硬质高岭土，尤其是我国储量极为丰富的煤层共（伴）生高岭岩中含有一定量的煤泥或碳质。这些碳质或煤泥严重影响高岭土的白度。目前去除这些碳质的主要工艺是煅烧。通过煅烧不仅可以有效去除碳质，显著提高煤系高岭土的白度，同时可以脱除高岭石中高达14%左右的结晶或结构水，变成一种新的功能粉体材料——煅烧高岭土。高岭土的煅烧工艺将在后面作专门介绍。

6.1.4.2 超细粉碎

除了白度、纯度等指标外，为了满足铜版纸、涂布纸及纸板以及高档油漆涂料、塑料和橡胶制品等对高岭土产品的技术要求，部分优质高岭土，粒度及其分布是至关重要的指标，部分优质高岭土，尤其是硬质高岭土或高岭岩还要进行超细粉碎加工。

高岭土的超细粉碎加工有干法和湿法两种。干法大多用于硬质高岭土或高岭岩的超细粉碎，特别是用于直接将高岭石加工成满足用户要求的超细粉，产品细度一般是 $d_{90} \leqslant 10\ \mu m$，加工设备大多采用高速机械冲击式的超细粉磨机、振动磨、高速离心式自磨机等。为了控制产品粒度分布，尤其是最大颗粒的含量，常需要配置精细分级设备，目前一般配置涡轮式的空气离心式分级机，如 LHB 型、ATP 型、MS 型及 MSS 型干式离心分级机。湿法大多用于软质和砂质高岭土除砂和除杂后的超细粉碎，特别是用于加工 $d_{80} \leqslant 2\ \mu m$ 或 $d_{90} \leqslant 2\ \mu m$ 的涂料级高岭土产品，也是工业上用硬质高岭土或高岭石加工 $d_{80} \leqslant 2\ \mu m$ 或 $d_{90} \leqslant 2\ \mu m$ 的涂料级高岭土产品所必须采用的超细粉碎方法。

由于高岭石为片状晶型，因此，高岭土的湿式超细粉碎又称为剥片，意即将较厚的叠层状的高岭土剥分成较薄的小薄片。

剥片的方法有湿法研磨、挤压和化学浸泡法。

研磨法是借助于研磨介质的相对运动，对高岭土颗粒产生剪切、冲击和磨剥作用，使其沿层间剥离成薄片状微细颗粒。常用的设备是研磨剥片机（如 MBP300 型、MBP500 型）、搅拌球磨机、砂磨机等。研磨介质常用玻璃珠、氧化铝珠、刚玉铝珠、氧化锆珠、天然石英砂等，粒径0.8～3 mm。

挤压法使用的设备为高压均浆机。其工作原理是：通过活塞泵使均浆器料筒内的高岭土料浆加压到20～60 MPa，高压料浆从均浆器的喷嘴（表面经过硬化处理的很窄的缝隙）以大于950 m/s的线速度相互磨挤喷出。由于压力突然急剧降低，从而使料浆内高岭土晶体叠层产生“松动”，高速喷出的料浆射到常压区的叶轮上，突然改变运动方向，产生很强的穴蚀效应。松动的晶体叠层在穴蚀作用下达到沿层间剥离。

化学浸泡法是利用化学药剂溶液对高岭土进行浸泡，当药剂浸入到晶体叠层以氢键结合的晶面间时，晶面间的结合力变弱，晶体叠层出现松懈现象，此时再施以较小的外力，即可使叠层的晶片剥离。化学浸泡法使用的药剂有尿素、联苯胺、乙酰胺等。

6.1.4.3 煅烧

煅烧是高岭土的重要的加工工艺之一，尤其是煤系高岭土。通过煅烧加工高岭土脱除了结构或结晶水、碳质及其他挥发性物质，变成偏高岭石，商品名称为“煅烧高岭土”。

煅烧高岭土具有白度高、容重小、比表面积和孔体积大、吸油性、遮盖性和耐磨性好，绝缘性和热稳定性高等特性，广泛应用于涂料、造纸、塑料、橡胶、化工、医药、环保、高级耐火材料等领域。因此煅烧加工已成为高岭土（岩）加工的专门技术。高岭土在不同煅烧温度下的化学反应如下：

$$\underset{\text{高岭石}}{Al_2O_3 \cdot 2SiO_2 \cdot 2H_2O} \xrightarrow{450\sim750\ ℃} \underset{\text{偏高岭石}}{Al_2O_3 \cdot 2SiO_2} + 2H_2O$$

$$2(\underset{\text{偏高岭石}}{Al_2O_3 \cdot 2SiO_2}) \xrightarrow{925\sim980\ ℃} \underset{\text{硅铝尖晶石}}{2Al_2O_3 \cdot 3SiO_2} + SiO_2$$

$$\underset{\text{硅铝尖晶石}}{2Al_2O_3 \cdot 3SiO_2} \xrightarrow{1050\ ℃} \underset{\text{似莫来石}}{2Al_2O_3 \cdot SiO_2} + 2SiO_2$$

从450 ℃开始，高岭土中的羟基以蒸气状态逸出，到750 ℃左右完成脱羟（不同类型的高岭土完成脱羟的温度略有不同），这时高岭石转变为偏高岭石，即由水合硅酸铝变成由三氧化铝和二氧化硅组成的物质；煅烧温度925 ℃左右，偏高岭石开始转变为无定形的硅铝尖晶石，至980 ℃左右完成硅铝尖晶石的转变；一般在1050 ℃左右，硅铝尖晶石向莫来石相转化；当煅烧温度达到1100 ℃以后，煅烧产品的莫来石特征已明显增强，其物理化学性能已发生变化；煅烧温度升至1500 ℃后，偏高岭石已经莫来石化，是一种烧结的耐火熟料或耐火材料。

高岭土煅烧的实质是Al_2O_3与SiO_2摩尔比的变化，即Al_2O_3与SiO_2的摩尔比由1∶2（高岭石）变化为2∶3（硅铝尖晶石），再提高到2∶1（似莫来石），从而生成耐火熟料或耐火材料。生产煅烧高岭土的关键技术是煅烧工艺和煅烧设备。在美国和英国等高岭土生产大国，一般采用大型动态立窑和隔焰式回转窑生产煅烧高岭土，原料一般是精选后的软质高岭土，产品白度85～95。

我国优质软质高岭土资源较少，但煤系共伴生高岭土质优量大。因此，我国大多用煤系高岭土为原料生产煅烧高岭土。主要生产设备有隔焰式回转窑（用柴油、煤气、天然气或电加热）、成型后煅烧的立窑、隧道窑和梭式窑等。其中隔焰式回转窑可以方便地调节气量，温度可控性好，物料受热均匀，产品白度高且质量稳定，操作简便，已成为我国煤系高岭土煅烧的主要设备。

6.2 耐火黏土资源的综合利用

耐火黏土系工业名称，泛指可用作耐火材料（耐火度>1580 ℃）的黏土和铝土矿。

6.2.1 资源分布

耐火黏土包括高铝黏土、硬质黏土和软质黏土。我国煤系耐火黏土资源丰富，分布广泛。其中高铝黏土集中在山西、河南及贵州；硬质黏土则多产于辽宁、内蒙古、河北、山东、河南、安徽；软质黏土主要分布于黑龙江、吉林、内蒙古、广东。

6.2.2 矿床特点

我国煤系的耐火黏土矿床主要产于石炭二叠纪以及侏罗纪的含煤岩系中，与煤层紧密共生，广泛分布于各地煤田中，属沉积型矿床。沉积型耐火黏土矿床规模大，质量好。矿床多呈层状结构，走向延长多达数公里，层厚可达10 m以上，多为大-中型矿床，储量在数亿吨以上。矿石组成以高岭石为主，Al_2O_3 含量大多数在30%~42%。

6.2.3 储量及利用前景

我国所有的耐火黏土材料几乎全部产于煤系地层中，保有储量为20.13亿吨，其中高铝黏土3亿吨，是耐火级高铝黏土储量第一大国，而且有很大一部分耐火黏土的含铁量较低，属优质高铝、低铁耐火黏土。

耐火黏土主要用于钢铁工业。随着我国钢铁工业的发展，对耐火黏土的需求量将不断增加。此外，由于耐火黏土是我国的优势资源，多年来我国的耐火黏土熟料一直备受外商的青睐，预计以后出口量将逐年增加。

6.2.4 加工利用

煤系耐火黏土是由于其形成的环境所决定的，但是就其本身的性质来讲与非煤系地层中的耐火黏土基本没有区别，因此其开发利用的工艺技术路线及产品是相通的。

耐火黏土矿石一般须经过矿石煅烧、破碎、筛分、配料、混炼、成型、干燥、烧成等工艺流程，才能制成各种耐火制品。近年来，国内外耐火材料加工，围绕着煅烧、高压成型、高温烧成等中心环节向前发展。

6.3 膨润土资源的综合利用

膨润土又名斑脱岩、膨土岩，是一种以蒙脱石为主要矿物组成的黏土岩。

6.3.1 资源分布

我国煤系地层储存有相当丰富的膨润土资源，绝大部分品质优良，矿床规模大，大部分为大型或超大型矿床。可在开采煤的同时进行开采，开采成本低廉，是煤系中又一宝藏。经过多年的大量研究工，获得了众多的研究成果。

我国煤系地层中探明的膨润土储量 8.88 亿吨，经过一定工程控制的远景储量 11.15 亿吨，而我国膨润土三宗储量为 18.39 亿吨。可见，我国煤系地层中膨润土的储量占我国膨润土总储量的绝大部分，将在我国和世界膨润土工业发展中，具有举足轻重的地位。

从成矿时代看，我国膨润土的主要成矿期正处于我国重要的聚煤期内，很多膨润土矿赋存于煤系地层中。聚煤盆地不但为膨润土的形成提供了良好的堆积场所，而且由于成煤有机质丰富，成煤介质为酸性，火山喷发物（火山岩和火山玻璃）进入聚煤盆地后 K^+、Na^+开始析出，使 pH 值升高（9～11），氧化硅分解、硅酸盐矿物骨架被破坏，元素重新组合，形成蒙脱石矿物。另外，煤层形成要有一个相对宁静的阶段，成煤期间，含煤盆地内火山活动极少，膨润土矿床的物质来源主要为周围的火山喷发物（特别是火山灰）或异地火山物质，甚至是膨润土经过搬运在盆地中沉积形成。因此，所形成的膨润土质量好。矿层呈层状，分布稳定，矿床规模大，大多数为煤层的顶底板或夹矸，便于与煤同时开采。

如吉林刘房子煤矿，为晚侏罗世沙河组煤系中的膨润土与煤共生，呈稳定层状，厚度一般 3～5 m，品位极高，蒙脱石含量为 80%，通常在 90% 以上，探明储量 207 万吨，预测远景储量 3000 万吨。类似的膨润土矿床还有很多。

6.3.2 矿床特点

膨润土矿床主要有三种类型，即火山-沉积型，热液蚀变型和风化壳型。煤系共生的膨润土矿床属火山-沉积型矿床。这种矿床规模较大，分布面积可达数十至数百平方公里。单个矿床的储量规模为数百万吨至亿吨以上。如广西宁明膨润土矿床共探明储量约 6 亿吨，其中钠基膨润土占 3 亿吨；吉林省刘房子煤矿，在 2 km^2 左右的范围内探明的钠基膨润土矿储量为 3000 万吨以上。

由于成矿时代不同，煤系中的膨润土矿床的质量也不一样。一般说来，膨润土矿层距煤层越近，其品位越高，远离煤层时其质量变差。在潮湿气候条件下，由于各类酸溶液和（或）Ca^{2+}的活动，膨润土常发生改性，潜水面以上往往表现为 Ca^{2+}和（或）H^+的增加和 Na^+的离出，而潜水面以下往往出现 Na^+增加的现象。因此，膨润土矿床往往近地表部分为钙基膨润土，往深部则变为钠基膨润土。如吉林刘房子煤矿其膨润土矿层为煤层的顶板或夹矸，膨润土中蒙脱石含量一般都在 90% 以上，且膨润土矿床类型为钠基膨润土矿。而吉林省长春石碑岭煤矿膨润土的形成时代与刘房子煤矿膨润土的时代相同，但因其处的层位距煤层较远，质量比刘房子明显变差，其中蒙脱石含量一般只有 70% 左右。

6.3.3 储量及利用前景

据有关资料汇总，目前世界膨润土资源总储量约为 25 亿吨，我国为 11 亿吨。膨润土和其中的钠基膨润土储量均居世界首位。赋存于煤系地层中的膨润土探明储量约为 9 亿吨，其中钠基膨润土在 5 亿吨以上。

与非煤系地层中的膨润土矿床相比，煤系地层中的膨润土具有储量大，分布稳定和品位高的特点。我国 31 个大型膨润土矿床，其中 80% 以上产于煤系地层中。在煤系地层中的膨润土矿，特别是靠近煤层的膨润土矿层，其品位相对于非煤系地层中的都普遍要高一些。再者，煤系地层中的膨润土矿大多在煤层顶、底板或夹矸、或距离煤层不远的地方，因此在采煤过程中顺便就能将膨润土资源开发出来，不需要新建矿井，故其生产成本低。

膨润土是一种非常有用的非金属矿产，被人们誉为万能矿物原料。随着人们生活水平的不断提高，环保意识的不断增强，膨润土在人们生活中的作用会越来越大。

6.3.4　加工利用

煤系膨润土是由于其形成的环境所决定的，但是就其本身的性质来讲与非煤系地层中的膨润土基本没有区别，因此其开发利用的工艺技术路线及产品是相通的。

膨润土矿的各种产品，对其蒙脱石的含量和属型都有要求，否则达不到产品质量标准。因此，对膨润土的分选提纯是其综合利用的基础。膨润土选矿提纯工艺分干法和湿法。干法主要采用风选，世界上90%以上的膨润土精矿均由风选获得。风选一般要求入料含蒙脱石量达80%以上。

为了充分利用蒙脱石含量小于80%的中低品位膨润土资源，采用湿法选矿工艺可获得高纯蒙脱石精矿。选择合适的分散剂，可在分选提纯蒙脱石的同时达到钠化改型的目的。湿法工艺以重选为主，用搅拌磨等磨矿设备超细磨，旋流器或离心机分级，磁选除掉磁性矿物。湿法工艺耗水量大，脱水干燥困难。

6.3.4.1　*选矿方法*

A　干法

干法是目前国内外主要的选矿方法，世界上90%以上的膨润土产量均由此法获得。该法适用于蒙脱石含量大于80%以上的膨润土，一般在采矿的同时直接选矿。其基本工艺流程为原矿→手选→初步干燥→初碎→干燥→粉磨→收尘→分级→包装。

(1) 初步干燥与初碎。一般天然膨润土原矿含水20%左右，硬质膨润土多数矿山用自然晾晒，自然风干，将原矿水分降低到15%以下。然后，经人工锤碎或用颚式破碎机碎成20 mm左右的碎块，运到堆场堆放，供下一步作业使用。

(2) 干燥。一般采用自然风干、干燥炕或炉烘干、气流干燥和流化态干燥。经干燥后，原料湿度下降为6%~10%，干燥作业温度和时间对产品质量有很大影响，干燥后原料含水过高或过低，均对产品质量不利。

(3) 粉磨。粉磨所采用的设备多为3R、4R、5R雷蒙磨和高边辊碾机式大型辊磨机，经粉磨后，产品为200目（0.074 mm）、150目（0.1 mm）、100目（0.149 mm）目粉矿。

(4) 包装。最后的膨润土产品以两种形式外运：袋装和散状。

干法选矿工艺过程简单，但产品质量不易控制。所以，每一道工序中，都应进行产品质量检验。由于空气污染严重，除尘一直是老大难问题。一般采用两种方法，一是密闭防尘，二是重点积尘或将旋风除尘器与布袋除尘器配为二级除尘或多级除尘，以使除尘效果更好。

B　湿法

湿法选矿是20世纪70年代发展起来的新办法，用来储量品位为30%~80%的低品位膨润土，经处理和提纯后的产品质量好、纯度高，开拓了膨润土的资源。湿法的工艺流程为原矿→制浆→除砂→分级→脱水→干燥→粉磨→包装。

湿法选矿的一般方法是：

（1）将原矿粉碎到小于 50 mm 的粒级制成乳液，然后，在水力分离器中进行分级，所获得的精矿在沉淀器中浓缩，然后在干燥器中干燥，再进行粉磨，便可获得适于钻井泥浆品级的产品。

（2）对含碳酸盐少的低品位膨润土，将原料破碎后，进行湿法表面活化，然后将这种表面活化了的原料送入水力分离器中进行分选。从富集的蒙脱石的乳液中分离出各种粒级的产物，加以干燥，得到各种粒级产品。

上述两种处理方法，不能将全部蒙脱石提出，只是将膨润土处理成高质量产品的一个过程，下面介绍两种较新的提出蒙脱石方法。

（1）水选法。将含碳酸盐的低品位的膨润土原矿在破碎机中破碎成小于 5 mm 的粒级，然后送入旋转分离器中加水搅拌成分散悬浮液，然后，再送到沉淀分离器中以 1250 r/min 的转速搅拌 2 min，35%的蒙脱石被分离出来，得到可用于矿山尾矿制砖成型的良好黏结材料的产品。剩余的悬浮液进入另一个旋转沉降分离器中，以 3000 r/min 转速旋转 2 min，可分离出 45%的蒙脱石，进入搅拌器中进行酸处理，得到具有很高的比表面积活化的漂白土产品。剩余的 20%蒙脱石悬乳液进入干燥器中干燥，得到粒度小于 5 μm、膨胀倍数为 20、几乎是完全纯的蒙脱石产品。此法是一种充分利用含 30%蒙脱石的低品位膨润土的湿选工艺。其优点是可以充分利用低品位膨润土资源，而得到性能良好、纯度很高的产品。缺点是需要大量的水和时间，并需进行废水处理工作，提纯费用较高。

（2）化学处理法。该法是将膨润土矿浆输入到含有工业用六偏磷酸钠的稀溶液中，使混合物沉淀片刻，再给以分离、过滤（或离心）、干燥制成纯粉状膨润土。具体工艺流程是将粉状原矿加水制浆（水与膨润土比为 1.5∶1～2∶1），在六偏磷酸钠浓度为 0.5%（水固比为 5∶1）的溶液中稀释、搅拌 3～5 min，倾析法将溶液与沉淀物分离，过滤收集清液中的膨润土，干燥制成较纯的粉状膨润土。这种方法是一种将天然膨润土中的各种杂质（除蒙脱石外）迅速清除的方法，处理的膨润土原矿品位为 60%。

方法的优点是只使用一种化学试剂，六偏磷酸钠清液可循环使用，不需任何化学处理，消耗的六偏磷酸钠很少，进入最终产品更少，用于食品工业、制药工业不会对人体产生不良影响。

6.4 硅藻土资源的综合利用

硅藻土是一种由水生单细胞藻类植物的硅藻化石骨架所组成的硅质沉积岩。现在人们通常认识的硅藻土的含义是那些质地较好、有一定规模和可采性的硅藻堆积物。

6.4.1 资源分布

我国的硅藻土资源主要分布于吉林省东部，山东临朐，浙江嵊州，云南腾冲、寻甸、临沧等县，黑龙江纳灌及林口，江西萍乡，四川米易，湖南常宁及广东，海南，西藏，福建，山西等地。

6.4.2　矿床特点

我国硅藻土矿床大多形成于第三纪或第四纪，且往往与玄武岩有较密切的共生关系，属于陆相淡水湖泊型矿床。煤系硅藻土矿床具有规模大、单层厚度大且分布稳定、储量高（可在数千万吨以上）的特点，如云南寻甸和腾冲，其储量都在亿吨以上。但煤系地层中的硅藻土中有机质含量相对较高，其烧失量较大，这是煤系中硅藻土的一个缺陷。我国各矿点硅藻土赋存较浅，露头很好，便于开采，而且水文地质条件简单，适于露天开采或坑采。此外，硅藻土多与褐煤共生，有的为褐煤的直接顶底板，煤炭和硅藻土综合开发比较有利，若仅开煤炭后会造成这一资源的严重破坏。

6.4.3　储量及利用前景

世界硅藻土储量粗略估计在20亿吨以上，主要分布在美国、加拿大、墨西哥、法国、丹麦和前苏联等国。我国已探明的硅藻土储量约4亿吨。美国探明储量为2.5亿吨，而我国探明储量为4亿吨，已经超过了美国的储量，成为世界硅藻土储量第一大国。我国煤系中硅藻土矿床在我国占有绝对优势，其硅藻土的探明储量为我国硅藻土总探明储量的71%。有些地区如吉林长白山和浑江地区，硅藻土矿床中 SiO_2 含量占80%以上，有的可高达94%，其质量可与美国加州硅藻土矿相媲美。

我国硅藻土资源具有一定的优势，但利用水平较低，加工利用技术与先进国家相比存在较大距离。未来一段时期，世界硅藻土需求将以较高速度增长。目前，我国硅藻土产品的出口与庞大的世界需求不成比例，因此，加快发展我国硅藻土的科研与生产对出口创汇具有重要意义。

6.4.4　加工利用

煤系硅藻土是由于其形成的环境所决定的，但是就其本身的性质来讲与非煤系地层中的硅藻土基本没有区别，因此其开发利用的工艺技术路线及产品是相通的。

天然高纯度的硅藻土矿很少见。多数硅藻土矿要进行选矿加工后才能满足应用领域的需要。硅藻土选矿的目的是除去石英、长石等碎屑矿物、氧化铁类矿物、黏土类矿物以及有机质，以富集硅藻。

选矿方法的选用以杂质矿物的种类、性质、产品的纯度要求而定。

对于主要含石英、长石类碎屑矿物、黏土含量很少、硅藻含量较高的硅藻原土，可采用简单的旋风分离法，即在干燥或中温煅烧和选择性粉碎后采用旋风分离器或空气离心分选机进行选别；也可以采用湿式重力沉降或离心沉降的方法进行选别，工艺流程是硅藻土原土→擦洗制浆→重力沉降或离心沉降→过滤→干燥。如果原土中含有铁质矿物，可在重力沉降或离心沉降后增设磁选除铁作业。

含黏土硅藻土和黏土质硅藻原土的选矿提纯是硅藻土选矿的重点和难点所在，重点在于绝大多数的硅藻土矿床属于含黏土硅藻土和黏土质硅藻土，难点在于硅藻与黏土颗粒的解离和分选。目前在工业上应用的工艺流程是擦洗制浆→稀释→沉淀分离→负压脱水→热风干燥→精细分级→硅藻精土。沉淀分离有两种工艺：一是重力沟槽沉降；二是离心沉降。

重力沉降工艺如下：首先用擦洗机将原土加水搅拌成浓矿浆，其矿浆浓度（固含量）为30%~45%；加水稀释矿浆至10%~20%的浓度后给入高速分散机内，同时按原土质量加入分散剂，茶碱0.003%~0.005%，模数大于3.2的水玻璃0.1%~0.2%；然后将矿浆以1~1.5 m/min的流速依次送入初分离器、二次分离器、精分离器中沉淀分离，矿浆在各分离器中的浓度依次为10%~20%、10%~18%和5%~10%；收集湿硅藻精土进行过滤干燥后即得硅藻精土。

该工艺稀释作业加入的水玻璃成分可用六偏磷酸钠代替，其加入量是0.02%~0.04%；沉淀分离为流动与静止交叉进行，以便使黏土和碎屑矿物与硅藻彻底分离，获取高纯度硅藻精土。沉淀分离设备由三级分离器组成，其中初分离器由其内设有控制板的沉降沟池以及沟池粗砂池构成；二次分离器由其内设有控制板、底部设计为曲凹面的多条平行沟池组合而成；精分离器由其内设有控制闸板，两端各设有放浆沟和排泥沟的带多个拐角的沉降沟池构成。

该工艺可对各种不同硅藻含量的含黏土硅藻土和黏土质低品位硅藻原土进行精选，精土硅藻含量可达到80%以上。但是，这种沟槽式沉降方式，不但占地面积和劳动强度大，产品质量不稳定，而且只适用于在终年不冻的部分南方地区生产。

离心沉降工艺：硅藻原土经擦洗机擦洗并加入pH调整剂和分散剂制浆与充分分散后，采用振动筛筛分除去石英、长石、碎屑等矿粒后采用层流离心选矿机或卧式螺旋离心机进行分选，选择合适的离心分离因素，硅藻颗粒因为粒度较大沉淀到离心机内壁，黏土颗粒因为粒径细小（小于5 μm）溢流而出；通过高压水或螺旋将沉淀的硅藻精土排出，进行过滤干燥，即得硅藻精土产品；溢流经固液分离后，清水回用，黏土固体物可以综合利用。这种工艺不仅可以生产硅藻含量85%以上的较高纯度硅藻精土，而且硅藻的回收率高，产品质量稳定；整个生产过程全部采用机械化连续生产和自动控制，占地面积小，生产效率高，无论南方还是北方地区均可适用。

上述两种选矿工艺均属于物理选矿方法，没有废水产生，对环境友好。

对于纯度要求很高的硅藻土，在用物理方法精选后还须采用化学方法进一步提纯。目前化学提纯主要采用酸浸法，一般使用硫酸，也可适量添加氢氟酸，加温反应一定时间，使硅藻土中含Al_2O_3、Fe_2O_3、CaO、MgO黏土矿物杂质与酸作用，生成可溶性盐类，然后压滤、洗涤并干燥，即得到较高纯度的硅藻土。酸浸法可将硅藻土的硅藻或无定形二氧化硅含量提高到90%以上，Al_2O_3降低到1%以下，Fe_2O_3、CaO、MgO均降低到0.5%以下。酸浸法的缺点是废酸液量较大，须经处理才能排放，因此，工业上规模化生产很少采用。

对于有机质含量较高的黏土质硅藻土，如我国云南寻甸硅藻土矿，采用煅烧工艺可以显著提高硅藻土的纯度。

6.5　石墨资源的综合利用

6.5.1　资源分布

我国石墨矿产资源丰富，分布广泛而又集中。全国20多个省区均有石墨产地。其中黑龙江、山东、内蒙古、山西和湖南的储量最多，已发现和探明有大、中型矿床甚至特大型矿床。尽管石墨矿床在世界上分布得相当广泛，但煤系石墨矿床的分布却相对局限得多。我国煤变质石墨矿床主要分布于湖南、广东、福建、北京、吉林和黑龙江等地。

6.5.2　矿床特点

依照石墨的结晶程度及成矿作用，我国的石墨矿床可分为三种类型，即区域变质型、岩浆热液型和接触变质型。煤系石墨矿床属接触变质型。矿体呈层状、似层状。矿床常由多个矿层构成，而单层厚度不大，一般仅数十厘米至2 m，但矿层延长可达数公里。石墨矿石外观呈土状、致密块状，以隐晶质石墨为主。品位一般大于60%，富矿可达80%以上，其规模为中、小型。

6.5.3　储量及利用前景

据资料汇总，世界煤变质成因石墨储量为1.25亿吨，我国已探明的储量约5000万吨。我国煤系中赋存的石墨资源不但数量上居世界之首，而质量之优在世界上也屈指可数。世界上几个煤系石墨生产大国中，墨西哥的石墨品位为60%~70%，奥地利的石墨平均品位亦在50%~70%。我国几个大型出口基地的石墨品位最低都在70%以上，平均在80%左右，生产出来的石墨基本不需经过选矿便能直接供出口，因此在国际市场上具有强大的竞争力。

6.5.4　加工利用

煤系石墨资源开发利用的工艺技术路线及产品与非煤系石墨资源是相通的。

6.5.4.1　*石墨选矿*

鳞片石墨可浮性好，多采用浮选法，浮选前要先将矿石进行破碎与磨矿。其主要选矿工序包括原矿石粗碎、细碎、粗磨、浮选、尾矿再磨再选、精矿脱水、干燥分级和包装等过程。无定形石墨晶体极小，石墨颗粒常常嵌布在粘土中，分离很困难，但由于品位很高（一般在60%~90%），所以国内外许多石墨矿山，将采出的矿石直接进行粉碎加工，出售石墨粉产品，其工艺流程为原矿→粗碎→中碎→烘干→磨矿→分级→包装。

鳞片石墨浮选，在不停地搅拌之下，石墨随泡沫和捕收剂浮于水面上，由刮板及时将捕收有石墨鳞片的泡沫刮出浮选槽，经洗涤、脱水、干燥即得石墨产品。在鳞片石墨的浮选过程中，为了保护大鳞片石墨，均要采用多次磨矿，多次浮选的方法，即浮选到一定时间后，将沿池底的尾矿重新磨矿、再次浮选，一般要重复浮选5~10次。

6.5.4.2　*石墨提纯*

某些应用领域要求石墨固定碳含量大于99%以上，因此对浮选得到的粗精矿需进一步提纯。石墨提纯方法有化学提纯法、高温物理提纯法和混合法，其中化学提纯法又可分为湿法和干法两种。

A　化学提纯

（1）湿法化学提纯。利用石墨耐酸、碱、抗腐蚀的性能，用酸、碱处理石墨粗精矿，使杂质溶解，然后用水洗涤除去，提高精矿品位，化学提纯可获品位为99%的高碳石墨。处理过程为：

$$SiO_2 + 2NaOH \xrightarrow{500\sim800\ ℃} Na_2SiO_3 + H_2O$$

$$Fe^{3+} + Cl^- + H^+ + OH^- \longrightarrow Fe(OH)_3 + HCl \longrightarrow FeCl_3 + H_2O$$

$$Al^{3+} + Cl^- + H^+ + OH^- \longrightarrow Al(OH)_3 + HCl \longrightarrow AlCl_3 + H_2O$$

$$Ca^{2+} + Cl^- + H^+ + OH^- \longrightarrow Ca(OH)_2 + HCl \longrightarrow CaCl_2 + H_2O$$

$$Mg^{2+} + Cl^- + H^+ + OH^- \longrightarrow Mg(OH)_2 + HCl \longrightarrow MgCl_2 + H_2O$$

HF 能溶解硅酸盐矿，生成水溶性反应物，经水洗涤即可除去。

（2）干法化学提纯。将活性气体（Cl_2）与石墨中的杂质反应，使杂质转为易挥发的物质从石墨中除去，提纯石墨产品。

B 物理提纯

利用石墨的耐高温性能，将其置于电炉中，隔绝空气加热至 2500 ℃，使杂质挥发掉（汽化），从而提高精矿品位，可达 99.9% 的高纯石墨。

6.6 煤炭中硫的综合利用

硫是煤中元素组成之一，也是一种有害的元素。具体体现在炼焦、气化、燃烧等煤的深加工工艺方面，其产物有 SO_2、H_2S 等。炼焦时，约 60% 的硫进入焦炭，会使钢铁产生热脆性而无法轧制成材；燃烧时，产生 SO_2 气体，不仅造成金属设备的腐蚀，而且还严重造成大气污染。

尽管硫对煤的深加工有各种不利影响，但硫又是一种重要的化工原料，可以用来生产硫酸、硫化橡胶、化肥硫酸铵、杀虫剂等。所以硫分是评价煤质的重要指标之一。为了合理利用煤炭资源，国内外对煤中硫分的成因、产状、形态、特性、反应性、含硫官能团、脱硫方法及其回收利用途径等，都进行过广泛的研究。不同形态的硫其洗选效果不同。

6.6.1 煤炭中硫的分类及性质

煤中硫分的赋存形态通常可分为有机硫和无机硫两大类，煤中各种形态的硫分的总和称为全硫（S_t），具体内容如下：

（1）有机硫（S_o）。它是指煤的有机质中所含的硫。一般煤中有机硫的含量较低，但组成很复杂，主要来自成煤植物和微生物的蛋白质。主要由硫醚或硫化物、二硫化物，硫醇、硫基化合物、噻吩类杂环硫化物及硫醌化合物等组分或官能团所构成。有机硫与煤的有机质结为一体，分布均匀，很难清除，用一般物理洗选方法不能脱除。一般低硫煤中以有机硫为主，经过洗选，精煤全硫因灰分减少而增高。

（2）无机硫。无机硫主要来自矿物质中各种含硫化合物。主要有硫化物硫、硫酸盐硫，有时也有微量的元素硫。硫化物硫与有机硫合称为可燃硫，硫酸盐硫则为不可燃硫。硫化物硫中绝大部分以黄铁矿硫形态存在，有时也有少量的白铁矿硫。它们的分子式都是 FeS_2，但黄铁矿是正方晶系晶体；白铁矿则是斜方晶系晶体，多呈放射状存在，它在显微镜下的反射率比黄铁矿低。硫化物硫清除的难易程度与矿物颗粒大小及分布状态有关，颗粒大的可利用黄铁矿与有机质比重不同洗选除去。但以极细颗粒均匀分布在煤中的黄铁矿则即使将煤细碎也难以除掉。例如，浸染在有机质中的黄铁矿，颗粒最小的只有

1 ~2 μm。当盐中全硫大于1%时，在多数情况下，是以硫化物硫为主，一般洗选后全硫会有不同程度的降低。选煤脱硫，回收黄铁矿硫。

硫化物硫在高硫煤的全硫中所占比重较大，它们一部分来源于造煤植物及其转化产物中的硫化物，另一部分则是由停滞缺氧水中的硫酸铁等盐类还原生成的。硫酸盐硫主要存在形态是石膏（$CaSO_4 \cdot 2H_2O$），也有少量绿矾（$FeSO_4 \cdot 7H_2O$）等。我国大部分煤中硫酸盐硫含量基本小于0.1%，部分煤为0.1%~0.3%。一般硫酸盐硫含量较高的煤，可能曾受过氧化。

6.6.2 煤炭中硫的脱除与利用

煤中硫的脱除方法根据煤的加工利用过程可分为燃烧前脱硫、炉内脱硫和烟气脱硫。通过处理得到含硫的化合物，用来生产硫酸、硫化橡胶、化肥硫酸铵、杀虫剂等。炉内脱硫和烟气脱硫在环保方面的书籍已有很多介绍，本书不再赘述，下面主要介绍煤的燃烧前脱硫。

燃烧前脱硫方法根据脱硫方法的原理不同又可分为物理法、化学法、生物法。

6.6.2.1 煤的物理法脱硫

物理法是煤燃烧前脱硫的一种最传统、最简单、最普遍的方法，是根据煤中硫的物理性质如密度、电性、磁性及可浮性与煤的不同而采取的处理手段。它包括重介质分选、重选（如跳汰、溜槽、摇床、旋流器等）、浮选、选择性絮凝、电选、磁选。该方法只能脱除煤中的无机硫（主要是黄铁矿）。

煤脱硫的物理法有湿法和干法。煤洗选脱硫即是将重选法与浮选法相结合进行湿法脱硫工艺之一。重介质旋流器可以实现低密度、高精度的分选，可以有效地排除未充分解离的中间密度的黄铁矿与煤的连生体，获得较高回收率的低灰低硫精煤。微泡浮选柱具有明显的脱硫降灰能力，而且对微米级的极细粒煤特别有效。重介质旋流器的有效分选粒度下限可以达到0.1 ~0.2 mm，而微泡浮选柱的有效分选粒度上限却达0.5 mm。两者配合可以实现全粒级高精度的洗选脱硫。该工艺流程简单可靠，通过能力大，经济效益好，是一种很实用的脱出煤中无机硫的有效方法。煤的干法物理脱硫主要包括煤的干式重选脱硫、静电干法脱硫和干式磁选工艺，这些方法对严重缺水地区具有广阔的应用前景。煤的干法物理脱硫由于没有昂贵的脱水操作过程，工艺简单，因此各国学者对此进行了大量的开发研究。

物理法脱硫的优点是过程比较简单，设备成本低，已有一定规模的生产应用。其缺点是不能去除其中大部分的有机硫，而且无机硫的晶体结构、大小及分布影响脱硫效果和产品回收，能耗损失大。

6.6.2.2 煤的化学法脱硫

化学法是采用某些化学物质在一定的条件下与煤中的硫进行化学反应从而脱除煤中硫的一种方法。该方法既可脱除无机硫也可脱除有机硫。

当前，开发的煤的化学脱硫方法已有许多种，如碱水溶液法、部分氧化法、氯解法。这些方法虽然都能脱除煤中几乎全部的无机硫及部分有机硫，但大都需要强酸、强碱和强氧化剂并在高温高压条件下操作，工艺条件苛刻，成本昂贵。而且有些化学法对煤的结构与性质破坏严重。例如，典型的熔融碱法，它可能是目前所有化学净化法中能同时脱灰脱硫的最有效方法。但由于高温、工艺操作成本昂贵、碱回收困难等问题，使其应用得很少。正由于此，新一代煤脱硫净化技术的研究与开发目标是降低反应强度、减少操作成本、高效、低廉、温和化的反应条件。近年来开发出许多新的净化方法，如硫净化方法。

（1）稀酸和稀碱联合作用，对物理洗选未能除去的剩余黄铁矿及煤中其他的无机硫进行脱除。

（2）液态溶剂对煤的高效净化，1988 年国外学者研究了利用一种可以回收的有效 NMP 在温和化条件下使煤净化的新方法。该方法在常压，相对温和的温度（202 ℃）下用 NMP 抽提煤 1 h 左右，被抽提的碳质材料可定量回收成固体，固体产品是一种干燥洁净、低灰的煤，几乎不含黄铁矿，且提取过程对煤性质无破坏。NMP 可用常规蒸馏方法回收，该工艺具有诱人的应用前景。

化学方法脱硫最大的优点是能脱除大部分无机硫（不受硫的晶体结构、大小和分布的影响）和相当部分的有机硫。其缺点是必须高温、高压，因此过程能耗大，设备复杂。到目前为止，因经济成本高，还没能大规模投入实际应用。

6.6.2.3 煤的生物法脱硫

生物法脱硫是指通过利用微生物进行有机硫或无机硫的氧化，去除煤中的硫元素，反应条件温和，有机硫和无机硫能同时去除，是一种极受欢迎的脱硫法。

早在 1947 年，人们就发现无机化能自氧菌——氧化亚铁硫杆菌能够分解煤中的黄铁矿，20 世纪 50 年代开始了微生物煤炭脱硫的可行性研究，20 世纪 80 年代开始了一些应用研究试验。1991 年意大利开始微生物浸出法脱硫的连续性试验研究和中间试验研究，这标志着煤炭微生物脱硫法进入实际应用阶段。

各国研究人员对微生物脱硫工艺也进行了大量的研究，通过试验研究结果，认为较为成熟、较有应用前景的工艺方法有：

（1）浸出脱硫法。该方法是利用微生物菌，采用浸出法工艺过程，对煤进行脱硫的一种处理手段。其存在的问题是浸出时间长；酸性液体的处理，设备腐蚀控制等。

（2）助浮脱硫法。该方法就是在选煤设备中，在其悬浊液下方吹进微生物气泡，微生物吸附在黄铁矿上，黄铁矿变成亲水性，从气泡脱落沉到底部，从而将煤和黄铁矿分开，时间短，同时除灰。微生物在这里既起生化作用又起抑制作用。

微生物脱硫方法存在的问题主要有：（1）微生物繁殖慢，反应时间长，一般需几天或几周，甚至可达几个月，难以保证脱硫工艺的稳定性；（2）酸性浸出废液的处理技术尚待开发，以解决环境保护及资源回收问题；（3）高效脱硫菌株的筛选和规模培养，以及在工业放大应用中数据的缺乏；（4）黄钾铁钒的生成严重影响脱硫效率，需开发有效方法，阻止其生成，或使其分离、脱除。

6.7 煤系其他资源

我国煤系地层中还伴生有油页岩、黄铁矿、膨胀岩、白云岩等矿物。

除上述煤系共生伴生矿外，还有很多伴生元素，如锗、钒、镓、钼、钕、镍、钛、银、铀等。充分发挥我国煤系地层中共伴生矿资源优势，开发研究适应不同产地、不同资源特点的产品，提高其深加工综合利用水平，对我国今后国民经济持续高速发展将发挥巨大作用。

习 题

1. 简述当前煤系共（伴）生高岭岩中碳质和煤泥主要采用什么方法去除？
2. 简述我国煤系耐火黏土、膨润土、硅藻土的储量和利用前景。
3. 简述我国煤系石墨资源有哪些特点。
4. 简述煤中硫可分为哪几类。
5. 简述煤中硫的脱除方法有哪些。

参 考 文 献

[1] 赵跃民. 煤炭资源综合利用手册［M］. 北京：科学出版社，2004.
[2] 任瑞晨. 徐志强. 煤炭资源综合开发利用［M］. 徐州：中国矿业大学出版社，2008.

7 二次资源的综合利用

❖ 本章提要

本章介绍了二次资源的定义及其分类，阐述了二次资源综合利用的意义，对矿山尾矿、高炉渣、炼钢渣、冶金尘泥、铁合金炉渣、煤矸石、粉煤灰、磷石膏、赤泥等典型二次矿产资源的组成、危害及综合利用进行了重点介绍。

7.1 二次资源的定义及分类

7.1.1 二次资源的定义

二次资源，通常是相对于自然资源或一次资源而言的。二次资源有时也称再生资源，即一般意义上的废弃物资源。它的基本定义为在社会的生产、流通、消费过程中产生的不再具有原使用价值并以各种形态存在，但可以通过某些技术，综合利用加工、回收等途径，使其重新获得使用价值的各种废弃物的总称。它包括工业生产中的废渣、粉尘、矿山尾矿、废水、废气、废旧金属等，农业生产的副产品（如农作物秸秆、家畜粪便等）以及生产生活中的废弃物（如橡胶、废纸、塑料、电子废物料等）。

7.1.2 二次资源的分类

二次资源，按其来源可分为生产性二次资源和生活性二次资源；按其物质属性，可分为有害物质和一般物质；按其化学成分则可分为有机物和无机物。通常情况下，人们习惯按形态将其分为固体二次资源和非固体二次资源。

7.1.2.1 固体二次资源

按来源不同，固体二次资源主要包括：

（1）矿业固体二次资源。矿业固体二次资源主要是指矿山尾矿和废石。矿山尾矿为原矿石经选矿后所产生的废渣，废石是矿山开采过程中剥离和掘进产生的无工业价值的围岩和岩石。

（2）钢铁冶金固体二次资源。钢铁冶金固体二次资源主要是指在炼铁、炼钢以及其他特殊钢铁冶金中产生的各类渣尘，如高炉渣、钢渣、铁合金渣、含铁尘泥及金属压延过程中产生的渣皮、铁屑等。

（3）有色冶炼固体二次资源。有色冶炼固体二次资源主要包括火法冶炼中形成的熔渣，如铜渣、赤泥、铅锌渣以及有色尘泥，另外还有其他有色冶炼渣，如镍渣、锡渣、锑渣、钼渣、钨渣等。

（4）化工固体二次资源。化工固体二次资源是指化工生产过程产生的固体、半固体或胶体状物质，也包括化工生产过程中的不合格产品、中间产品、副产品及相应的工艺废物等。典型的有硫酸渣、铬渣、磷渣等，这类废弃物占有全部工业固体废弃物的很大比例。

(5) 煤系固体二次资源。煤系固体二次资源主要是指煤炭开采、加工和利用中产生的各种废弃物，如煤矸石、粉煤灰、锅炉渣等，这类废弃物占有全部工业固体废弃物的很大比例。

(6) 其他固体二次资源。其他固体二次资源，泛指人类生活活动中产生的各类垃圾，如非金属、废纸、废塑料、废旧电池、电子废物等。

7.1.2.2 非固体二次资源

非固体二次资源包括二次水资源和二次气资源，具体如下：

(1) 二次水资源。二次水资源主要是指工业活动和居民生活所产生的各类废水，如矿山废水、钢铁工业废水、有色冶金废水、化工及轻工业废水、其他工业废水及生活废水等。这些废水中不仅存在各种重金属离子、有机物、无机物、微生物等有害成分，重要的是通过有效处理，可从中获取有用资源。

(2) 二次气资源。二次气资源主要是指各类工业热工艺过程如冶金、化工炉窑，以及日常生活过程中产生的各类废气，包括含无机化合物和含有机化合物的各类废气。对其处理或回收利用（如回收 SO_2、CO_2 等）不仅对环境有利，而且可获取某些重要有价气体资源。

7.1.3 二次资源综合利用的意义

二次资源综合利用是发展循环经济的需要。循环经济一词最初是由美国经济学家波尔丁在20世纪60年代提出的，是对物质闭环流动型经济的简称。循环经济本质上是一种可持续发展的生态经济，它以资源高效利用和循环利用为核心，以减量化（Reducing）、再利用（Reusing）、资源化（Recycling）为原则，以低消耗、低排放、高效率为基本特征。

二次资源综合利用是实施循环经济的重要举措，既是企业实现可持续发展的必然选择，也是我国国家发展战略的必然要求。

(1) 缓解资源短缺。资源短缺是全世界面临的难题。随着我国经济的快速增长和人口的不断增加，水、土地、能源、矿产等资源不足的矛盾越来越突出，国内资源供给不足，重要资源对外依存度不断上升。一些主要矿产资源的开采难度越来越大，开采成本增加，供给形势相当严峻。钢铁产业是能源、水资源、矿石资源消耗大的资源密集型产业，同时面临资源不足、环境污染的严重制约。

(2) 提高经济效益。目前，我国资源利用效率还较低，突出表现在资源产出率低、资源利用效率低、资源综合利用水平低、提高经济效益和市场竞争力的重要障碍，大力发展循环经济，提高资源利用效率，是人们面临的一项重要而紧迫的任务。工业固体废弃物资源通常被称为“放错地方的资源”，具有发展循环经济的极大潜力。

(3) 保护生态环境。当前，我国生态环境总体恶化的趋势尚未得到根本扭转，环境污染状况日益严重。矿业生产是资源、能源消耗和污染物排放的大户，生产流程中的每个环节都会消耗大量的资源和能源，同时也给生态环境带来严重污染，排放出的大量废水、废气和固体废弃物，严重威胁着人们赖以生存的自然环境。所以，实现废弃物的减量、资源化、无害化是保护生态环境的紧迫要求。

7.2 矿山尾矿资源的综合利用

尾矿就是选矿厂在特定技术经济条件下，将矿石磨细、选取“有用组分”后所排放的废弃物，也就是矿石经选别出精矿后剩余的固体废料。

到目前为止，全世界已发现的矿物有3300多种，其中有工业意义的1000多种，每年开采各种矿产150亿吨以上，包括废石在内则达1000亿吨以上。因矿石的品位普遍较低，多数为贫矿，需要经过选矿加工后才能作为冶炼原料，所以就产生出大量的尾矿。比如铁尾矿产出约占原矿石量的60%以上。

尾矿是目前我国产生量最大的固体废物，主要包括黑色金属尾矿、有色金属尾矿、稀贵金属尾矿和非金属尾矿。2010年，我国尾矿产生量约12.3亿吨，其中主要为铁尾矿和铜尾矿，分别占到40%和20%左右。为了管理好这些尾矿，就要上尾矿工程，包括尾矿库的修筑，需要耗费大量的人力、物力、财力，并要占用大量的农田、土地。随着尾矿量的增加，尾矿坝越堆越高，堆坝和管理工作量越来越大，越来越困难。还会对环境造成污染，细粒尾矿会对大气、土壤和水资源产生严重污染。尾矿库还有发生事故的危险，一旦发生，后果十分严重。

尾矿仍含有一定数量的有用金属和矿物，可视为一种“复合”的硅酸盐、碳酸盐等矿物材料。通常尾矿作为固体废料排入河沟或抛置于矿山附近筑有堤坝的尾矿库里。因此尾矿具有二次资源与环境污染双重特性。研究尾矿利用途径，就是将这些尾矿加以利用，变废为宝，化害为利，作为一种资源来保持。走出一条资源开发与环境保护相协调的矿业发展道路“绿色矿业”之路。

7.2.1 尾矿的特点、影响及危害

7.2.1.1 尾矿的特点

A 粒度细

尾矿是矿石经磨矿后进行选别，将有用矿物选出后所排弃的残渣，尾矿的矿物组成粒度一般较细。尤其一些有色金属矿山，大部分采用浮选工艺对矿石进行选别处理，粒度更细。我国甘肃金川镍矿石入选粒度要求 -200目（-0.074 mm）含量达80%以上。对这些尾矿进行回收和加工利用，通常不需要进行再磨矿处理，可以极大地节省能源。而且尾矿大多为露天堆存，适于露天开采，采矿成本低。

B 数量巨大

金属在日常生活中普遍可见，是现代工业中非常重要和应用最多的一类物质，金属矿产对国民经济发展有重要意义。随着现代工业的飞跃发展，社会对金属的需求量不断增长，而且伴随着富矿资源的日益枯竭，贫矿资源开采比重的不断增大，金属矿山产生排出的尾矿量与日俱增，在有些国家已堆积成山。世界各国矿业开发所产生的尾矿每年达50亿吨以上。有色金属矿山累计堆存的尾矿美国已达到80亿吨，前苏联为41亿立方米。我国黑色金属矿山年排废石3.2亿吨，尾矿5000万吨，有色矿山年排废石4000万吨，尾砂5000万吨，历年累计至1998年排黑色、有色矿山废石、尾砂总量140亿吨。

C 矿物组成复杂

不同工业类型的矿山尾矿矿物组成有差异，即使同一工业类型的矿山尾矿，矿物组成也因矿床的成因类型不同而异。如在我国铁矿山尾矿中，鞍山式铁尾矿、宁芜式铁尾矿、马钢型铁尾矿、邯郸型铁尾矿、酒钢型铁尾矿及大冶、攀枝花、白云鄂博等矿山尾矿矿物组成及共伴生元素也各不相同。鞍山式铁尾矿中90%是石英（玉髓）和绿泥石、角闪石、云母、长石、白云石和方解石等；马钢型铁尾矿以透辉石、阳起石、磷灰石、长石、石膏、高岭土、黄铁矿为主，含铝量较高；邯郸型铁尾矿以透辉石、角闪石、阳起石、硅灰石、蛇纹石、钴黄铁矿为主，钙、镁含量较高；酒钢型铁尾矿以石英、重晶石、碧玉为主，钙、镁、铝含量均较低；攀枝花铁尾矿以普通辉石、拉长石、中长石、橄榄石为主；白云鄂博尾矿主要矿物为钠辉石、钠闪石、方解石、白云石、重晶石、磷灰石等。

D 二次资源丰富

矿山尾矿也是丰富的潜在“二次资源”。由于当时经济、技术条件的限制，尾矿中往往含有相当可观的有价金属与矿物。如：云南锡业公司有28个尾矿库，储存1亿余吨尾矿，含20余万吨锡、铁等多种伴生金属；大冶铜绿山矿是一座大型铜、铁、金、银多金属矿山，年产矿石约115万吨，年排尾矿约60万吨，尾矿库中存放的730万立方米尾矿含铜、铁、金、银金属总量分别为4.68万吨、232万吨、3.72万吨、39.14万吨（朱维根，2004年）；塞尔维亚的Bor铜矿浮选尾矿中平均含铜0.2%，金0.3~0.6 g/t，银2.5 g/t。

7.2.1.2 尾矿的影响及危害

（1）占用大量土地、危害生态环境。矿业生产过程中产生的大量尾矿，通常都在地面进行堆存，占用大量土地。粗略统计，至2000年，我国尾矿废石破坏土地和堆存占地已达到1.87~2.47 km^2；美国、前苏联、加拿大、日本等国的尾矿堆存所占用的田地也相当惊人，如1965年美国选厂排出的尾矿就占地达200万英亩；而人口稠密、国土狭小的日本尾矿堆积场已达730多个，尾矿堆存购置土地已非常困难。

金属矿山尾矿中的重金属元素还会不断地向四周迁移扩散，通过植物、动物等生物链对人类产生危害。尤其金属硫化物矿物，当与水、空气和微生物等接触时会发生氧化反应向环境释放重金属离子等有毒元素，而且会产生酸性废水（AMD或ARD）而进一步促进更多的矿物发生风化氧化，由此而造成当地土壤、地表水和地下水的重金属污染、酸化，对当地生态环境造成危害。芬兰一个铜铁矿区的湿地植被，尾矿风化导致湿地有毒元素浓度显著增加，污染已经改变了植被组成，在污染最严重的地区，植物种类的减少甚至超过了50%。

（2）产生安全隐患。尾矿大量堆存，也是潜在的危险源。尤其在选矿过程中产生的尾矿砂，数量巨大，颗粒细小，大都建坝堆存。这些尾矿砂体重较小，表面积较大，沉积结构松散，堆存时易流动和塌漏，在雨季极易引起塌陷和滑坡。尾矿库溃坝，造成村庄淹没、田地毁坏，甚至死伤人畜，造成巨大的灾害损失。我国现有大大小小的尾矿库400多个，已发生大小事故数十起。1962年9月26日，云锡大谷尾矿库溃坝事故，368万吨尾矿和泥浆像泥石流一样向下游倾泻，掩埋万亩农田和村庄，伤亡近200人，1.39万人受灾，选矿厂停产3年之久；1985年8月25日，湖南柿竹园尾矿库溃坝，造成49人死亡；1986年4月30日，发生在安徽黄梅山铁矿尾矿库溃坝事故，造成19人死亡，千亩良田淹没，矿山停产一年多；2008 年9 月8 日，山西省襄汾县新塔矿业有限公司新塔矿区980 平硐尾矿库发生特别重大溃坝事故，泄容量26.8 万立方米，过泥面积30.2 万平方米，波及下游500 m 左右的矿区办公楼、集贸市场和部分民宅，造成277 人死亡、4 人失踪、33 人受伤，直接经济损失达9619.2 万元。

（3）浪费资源。矿山尾矿是选矿厂在特定经济技术条件下，将矿石磨细、选取“有用组分”后所排放的废弃物。由于当时经济、技术条件的限制，尾矿中通常还含有一定量的有价金属。在我国，多年来矿业的粗放型开发生产，技术、工艺、设备和管理落后，加之我国大多数矿山矿石品位低，矿物嵌布粒度细，大量共伴生矿产资源未能合理回收利用，有价资源进入废石和尾矿等矿山固体废弃物中，造成了资源的极大浪费。如我国云锡公司历年累积尾矿已达1 亿吨以上，损失金属锡达20 万吨以上；我国铁矿山尾矿年排出的铁尾矿量为1.3 亿吨，按平均含铁11%计，相当于有1410 万吨的金属铁损失于尾矿中。因此，加强尾矿资源的高效开发利用，可创造出相当可观的财富。

7.2.2 尾矿的成分及分类

7.2.2.1 尾矿的成分

尾矿的成分包括化学成分与矿物成分。

尾矿的化学成分常用全分析结果表示。尾矿的矿物成分，一般以各种矿物的质量百分数表示。无论何种类型的尾矿，其主要组成元素，不外乎 O、Si、Ti、Al、Fe、Mn、Mg、Ca、Na、K、P 等几种，但他们在不同类型的尾矿中，含量差别很大，矿物组成也有极大的不同。根据我国一些典型金属和非金属矿山的资料统计，各类型尾矿化学成分和矿物组成范围列入表7-1。

表7-1 尾矿化学成分和矿物组成

尾矿类型	矿物组成	质量分数/%	主要化学成分/%							
			SiO_2	Al_2O_3	Fe_2O_3	FeO	MgO	CaO	Na_2O	K_2O
镁铁硅酸盐型	镁铁橄榄石（蛇纹石） 辉石（绿泥石） 斜长石（绢云母）	25~75 25~75 ≤15	30.0~45.0	0.5~4.0	0.5~5.0	0.5~8.0	25.0~45.0	0.3~4.5	0.02~0.5	0.01~0.3
钙铝硅酸盐型	橄榄石（蛇纹石） 辉石（绿泥石） 斜长石（绍云母） 角闪石（绿帘石）	0~10 25~50 40~70 15~30	45.0~65.9	12.0~18.0	2.5~5.0	2.0~9.0	4.0~8.0	8.0~15.0	1.50~3.50	1.0~2.5
长英岩型	石英 钾长石（组云母） 碱斜长石（云母） 铁供矿物（绿泥石）	15~35 15~30 25~40 5~15	65.0~80.0	12.0~18.0	0.5~2.5	1.5~2.5	0.5~1.5	0.5~4.5	3.5~5.0	2.5~5.5
碱性硅酸盐型	霞石（沸石） 钾长石（胡云母） 钠长石（方佛行） 碱性暗色矿物	15~25 30~60 15~30 5~10	50.0~60.0	12.0~23.0	1.5~6.0	0.5~5.0	0.1~3.5	0.5~4.0	5.0~12.0	5.0~10.0

续表 7-1

尾矿类型	矿物组成	质量分数/%	主要化学成分/%							
			SiO_2	Al_2O_3	Fe_2O_3	FeO	MgO	CaO	Na_2O	K_2O
高铝硅酸盐型	高岭土石类黏土矿物 石英或方解石等 非黏土矿物 少量有机质、硫化物	≥75 ≤25	45.0 ~ 65.0	30.0 ~ 40.0	2.0 ~ 8.0	0.1 ~ 1.0	0.05 ~ 0.5	2.0 ~ 5.0	0.2 ~ 1.5	0.5 ~ 2.0
高钙硅酸盐型	大理石（硅灰石） 透辉石（绿帘石） 石榴子石（绿帘石、绿泥石等）	10 ~ 30 20 ~ 45 30 ~ 45	35.0 ~ 55. t	5.0 ~ 12.0	3.0 ~ 5.0	2.0 ~ 15.0	5.0 ~ 8.5	20.0 ~ 30.0	0.5 ~ 1.5	0.5 ~ 2.5

7.2.2.2 尾矿的分类

按选矿工艺类型分为：

（1）手选尾矿。因为手选主要适合于结构致密、品位高、与脉石界限明显的金属或非金属矿石，因此，尾矿一般呈大块的废石状，根据对原矿石的加工程度不同，又可进一步分为矿块状尾矿和碎石状尾矿，前者粒度差别较大，但多在 100 ~ 500 mm，后者多在 20 ~ 100 mm。

（2）重选尾矿。因为重选是利用有用矿物与脉石矿物的密度差和粒度差选别矿石粉碎，一般采用多段的工艺，致使尾矿的粒组范围比较宽，分别存放时，可得到单粒级尾矿，混合储存时，可得到符合一定级配要求的连续粒级尾矿。按照作用原理及选矿机械，还可进一步分为跳汰选矿尾矿、重介质选矿尾矿、摇床选矿尾矿、溜槽选矿尾矿等，其中，前两种尾矿粒级较粗，一般大于 2 mm；后两种尾矿粒级较细，一般小于 2 mm。

（3）磁选尾矿。磁选主要用于选别磁性较强的铁锰矿石，尾矿一般为含有一定量铁质的造岩矿物，粒度范围比较宽，一般 0.05 ~ 0.5 mm 不等。

（4）浮选尾矿。浮选是有色金属矿产的最常用的选矿方法，其尾矿的典型特点是粒级较细，通常在 0.5 ~ 0.05 mm，且小于 0.074 mm 的细粒级占绝大部分。

（5）化学选矿尾矿。由于化学药剂在浸出有用元素的同时，也对尾矿颗粒产生一定程度的腐蚀或改变其表面状态，一般能提高其反应活性。

（6）电选及光电选尾矿。目前这种选矿用得较少，通常用于分选砂矿床或尾矿中的贵重矿物，尾矿粒度一般小于 1 mm。

按照尾矿中主要组成矿物的组合搭配情况，可将尾矿分为以下 8 个岩石化学类型：

（1）镁铁硅酸盐型尾矿。该类尾矿的主要组成矿物为 $Mg_2[SiO_4]$-$Fe_2[SiO_4]$ 系列橄榄石和 $Mg_2[Si_2O_6]$-$Fe_2[Si_2O_6]$ 系列辉石，以及它们的含水蚀变矿物：蛇纹石、硅镁石、滑石、镁铁闪石、绿泥石等。其化学组成特点为，富镁、富铁、贫钙、贫铝，且一般镁大于铁，无石英。

（2）钙铝硅酸盐型尾矿。该类尾矿的主要组成矿物为 $CaMg[Si_2O_6]$-$CaFe[Si_2O_6]$ 系列辉石 $Ca_2Mg_5[Si_4O_{11}](OH)_2$-$Ca_2Fe_5[Si_4O_{11}](OH)_2$ 系列闪石、中基性斜长石，以及它们的蚀变、变质矿物：石榴子石、绿帘石、阳起石、绿泥石、绢云母等。与镁铁硅酸盐尾矿相比，其化学特点是：钙、铝进入硅酸盐晶格，含量增高；铁、镁含量降低，石英含量较小。

（3）长英岩型尾矿。该类尾矿主要由钾长石、酸性斜长石、石英及其它们的蚀变矿物：白云母、绢云母、绿泥石、高岭石、方解石等构成。它们在化学组成上具有高硅、中铝、贫钙、富碱的特点。

（4）碱性硅酸盐型尾矿。这类尾矿在矿物成分上以碱性硅酸盐矿物，如碱性长石、似长石、碱性辉石、碱性角闪石、云母以及它们的蚀变、变质矿物，如绢云母、方钠石、方沸石等为主。这类尾矿以富碱、贫硅、无石英为特征。

（5）高铝硅酸盐型尾矿。这类尾矿的主要矿物组成为云母类、黏土类、蜡石类等层状硅酸盐矿物，并常含有石英。化学成分上，表现为富铝、富硅、贫钙、贫镁，有时钾、钠含量较高。

（6）高钙硅酸型尾矿。这类尾矿主要矿物成分为透辉石、透闪石、硅灰石、钙铝榴石、绿帘石、绿泥石、阳起石等无水或含水的硅酸钙岩。化学成分上表现为高钙、低碱，SiO_2 一般不饱和，铝含量一般较低的特点。

（7）硅质岩型尾矿。这类尾矿的主要矿物成分为石英及其二氧化硅变体。包括石英岩、脉石英、石英砂岩、硅质页岩、石英砂、硅藻土以及二氧化碳含量较高的其他矿物和岩石。SiO_2 含量一般在 90% 以上，其他元素含量一般不足 10%。

（8）碳酸盐型尾矿。这类尾矿中，碳酸盐矿物占绝对多数，主要为方解石或白云石。

7.2.3　尾矿中有价组分二次回收

尾矿作为二次资源，再回收有价金属或有用矿物，精矿作为冶金原料是尾矿综合利用的一方面。

7.2.3.1　铁尾矿中有用金属与矿物二次回收

我国铁矿选矿厂尾矿具有数量大、粒度细、类型繁多、性质复杂的特点，尾矿量约占矿石量的 50%～80%。目前，我国堆存的铁尾矿占全部尾矿堆存总量的近 1/3，因此，铁尾矿再选已引起钢铁企业重视，并已采用磁选、浮选、酸浸、絮凝等工艺从铁尾矿中再回收铁，有的还补充回收金、铜等有色金属，经济效益更高。

铁尾矿再选的难题在于弱磁性铁矿物、共伴生金属矿物和非金属矿物的回收。弱磁性铁矿物、共伴生金属矿物的回收，除少数可用重选方法实现外，多数要靠强磁、浮选及重磁浮组成的联合流程，需要解决的关键问题是有效的设备和药剂。采用磁-浮联合流程回收弱磁性铁矿物，磁选的目的主要是进行有用矿物的预富集，以提高入选品位，减少入浮矿量并兼脱除微细矿泥的作用。为了降低基建和生产成本，要求采用磁选设备最好具有处理量大且造价低的特点。用浮选法回收共、伴生金属矿物，由于目的矿物含量低，为获得合格精矿和降低药剂消耗，除采用预富集作业外，也要求药剂本身具有较强的捕收能力和较高的选择性。因此今后的方向是在研究新型高效捕收剂的同时，可在已有的脂肪酸类、磺酸类药剂的配合使用上开展一些研究工作，以便取长补短，兼顾精矿品位和回收率。对于尾矿中非金属矿物的回收，多采用重浮或重磁浮联合流程，因此，研究具有低成本、大处理量、适应性强的选矿工艺、设备及药剂就更为重要。

A　铁尾矿中铁矿物的回收

武钢程潮铁矿属大冶式热液交代矽卡岩型磁铁矿床，选矿厂年处理矿石 200 万吨，生产铁精矿85.11万吨，排放尾矿的含铁品位一般在8%~9%，尾矿排放浓度20%~30%，尾矿中的金属矿物主要有磁铁矿、赤铁矿（镜铁矿、针铁矿）；次为菱铁矿、黄铁矿；少量及微量矿物有黄铜矿、磁黄铁矿等。脉石矿物主要有绿泥石、金云母、方解石、白云石、石膏、钠长石及绿帘石、透辉石等。尾矿多元素分析见表7-2，尾矿铁矿物分析见表7-3，尾矿粒度筛析结果见表7-4。

表7-2 尾矿多元素分析结果 （%）

元素	Fe	Cu	S	Co	K_2O	Ne_2O	CaO	MgO	Al_2O_3	SiO_2	P
含量	7.18	0.018	3.12	0.008	2.86	2.17	13.52	11.48	9.00	37.73	0.123

表7-3 尾矿铁物相分析 （%）

相态	磁性物之铁	碳酸盐之铁	赤褐铁矿之铁	硫化物之铁	难溶硅酸盐之铁	全铁
品位	1.75	0.45	3.75	1.20	0.03	7.18
占有率	24.37	6.27	52.23	16.71	0.42	100.00

表7-4 尾矿粒度筛析结果

粒度/mm	产率/%		品位(TFe)/%	回收率/%	
	部分	累计		部分	累计
+0.9	1.27	1.27	5.54	0.89	0.89
0.9~0.45	6.06	7.33	4.46	3.57	4.46
0.45~0.315	5.95	13.28	4.40	3.31	7.77
0.315~0.18	14.00	27.28	4.94	8.75	16.52
0.18~0.125	7.63	34.91	6.32	6.10	22.62
0.125~0.098	2.54	37.45	7.28	2.34	24.96
0.098~0.090	2.39	39.84	7.52	2.27	27.23
0.090~0.076	6.16	46	8.18	6.37	33.60
0.076~0.061	4.89	50.89	8.66	5.36	38.96
0.061~0.045	7.13	58.02	8.93	8.05	47.01
-0.045	41.98	100.00	9.98	52.99	100.00
	100.00		7.91	100.00	

程潮铁矿选矿厂尾矿中，磁性物的铁含量为1.75%，占全铁的24.37%；赤褐铁矿的铁含量为3.75%，占全铁的52.23%；而磁铁矿多为单体，其解离度大于85%，极少与黄铁矿、赤褐铁矿及脉石连生；赤褐铁矿多为富连生体，与脉石连生，其次是与磁铁矿连生，在尾矿中尚有一定数量的磁性铁矿物，它们大部分以细微和微细粒嵌布及连生体状态存在。

程潮铁矿选矿厂选用一台JHC120-40-12型矩环式永磁磁选机作为尾矿再选设备进行尾矿中铁的回收流程图如7-1所示。选矿厂利用现有的尾矿输送溜槽，在尾矿进入浓缩池前的尾矿溜槽上，将金属溜槽2节拆下来，以此为场地设计为JHC永磁磁选机槽体，安装一台JHC型矩环式永磁磁选机，使选矿厂的全部尾矿进行再选，再选后的粗精矿用渣浆泵输送到现有的选别系统继续进行选别，经过细筛-再磨、磁选作业程序，获得合格的铁精矿；再选后的尾矿经原有尾矿溜槽进入浓缩池，浓缩后的尾矿输送到尾矿库。

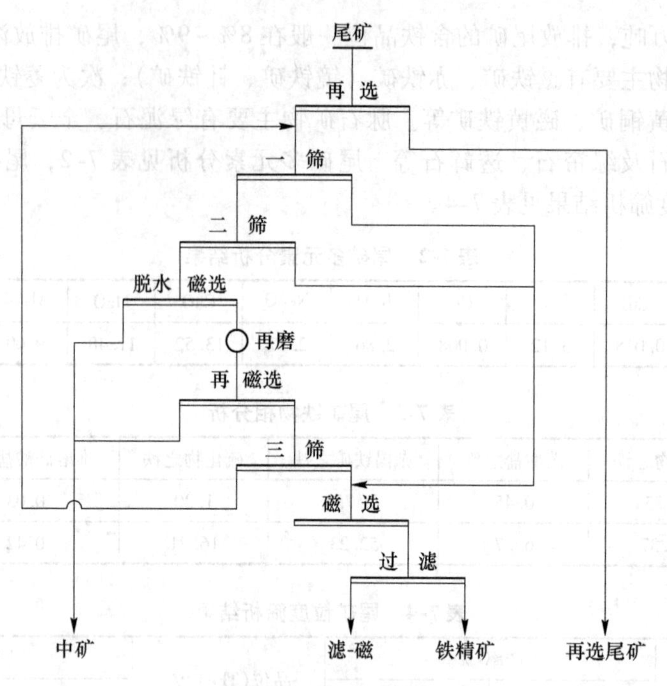

图 7-1 铁回收流程图

程潮铁矿选矿厂尾矿再选工程于 1997 年 2 月份正式投入生产，通过取样考察，结果表明，选厂尾矿再选后可使最终尾矿品位降低 1% 左右，金属理论回收率可达 20.23%，每月可创经济效益 10.8 万元，年经济效益可达 124.32 万元。

B 铁尾矿中其他有用矿物的综合回收

铁山河铁矿为白云岩水热交代磁铁矿床，可回收利用的矿物除磁铁矿外，还有含钴黄铁矿，由于建厂时伴生的含钴黄铁矿未考虑回收，选厂的磁选尾矿中含硫 3.6%、含钴 0.065%，钴绝大多数以类质同象形式存在于黄铁矿中，另一部分存在于褐铁矿、赤铁矿、磁赤铁矿中。黄铁矿中的钴约占 60%，铁矿物中的钴约占 15%，其他脉石中的钴约占 25%。纯黄铁矿单体中，钴含量最高者为 0.79%。一部分黄铁矿氧化为褐铁矿。光片下，在褐铁矿中尚有黄铁矿的残余。因此经研究考察后采用重磁重联合选别工艺流程回收磁选尾矿中的含钴黄铁矿（图 7-2）。先采用大处理量的 GL600 螺旋选矿机丢尾，再用磁选除去带磁性的磁铁矿和磁赤铁矿，以利于后续的摇床选别，同时减少铁精矿中夹杂的黄铁矿。按年处理 45000 t 磁选尾矿计，一年可产含钴大于 0.5% 的硫钴精矿 2500 t 以上，含钴金属 12.5 t 以上，年利税 100 万元以上。

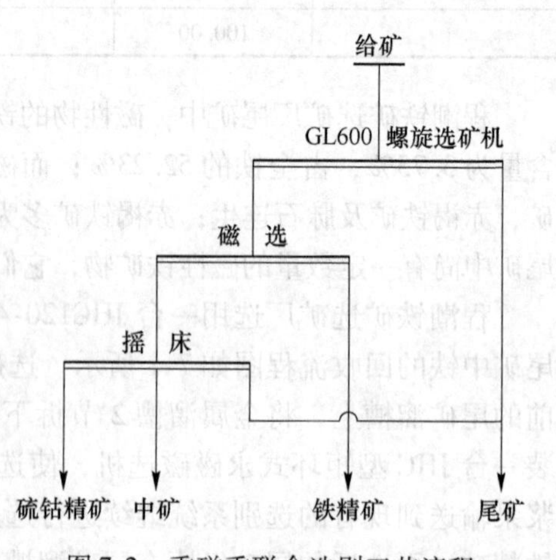

图 7-2 重磁重联合选别工艺流程

广西北部湾海滨钛铁矿矿砂矿床中伴生有锆英石、独居石、含铁金红石等可综合利用的有用矿物。钦州、防城等地的小型选矿厂采用干式磁选生产单一的钛铁矿产品，尾矿中仍含有大量的有用矿物：细粒级的钛铁矿 10%~20%，含铁金红石与锐钛矿 1%~3%，锆英石 7%~22%，独居石 1%~5%；其次尾矿砂中含有大量石英砂、极少量的电气石、白钛石、石榴子石、黑云母等矿物。对尾矿砂进行筛析表明，粒度大都在 -0.2 +0.05 mm，矿物的单体解离度十分理想，连生体仅偶见。为了达到综合利用的目的，选厂采用重-浮-磁的联合生产工艺流程对选钛尾矿进行分离回收，只在选厂原有的 PC3×600 型干式磁选机基础上，增加一台 6-S 型细砂摇床及一台 3A 单槽浮选机。

尾矿砂经摇床选别抛掉大部分脉石矿物，使重矿物得到富集，同时，经过摇床选别，包裹在重矿物上的黏土被排除，让矿物暴露出原来的新鲜表面，为后续的浮选作业提供条件。图 7-3 为尾矿砂选别工艺，浮选作业将锆英石、独居石一同混浮，作为下一步磁选给矿，钛铁矿和含铁金红石则基本被留在浮选尾矿中，入浮的粗精矿在粒度在 0.2 mm 以下，矿浆浓度按入浮品位高低控制在 50% 左右，浮选在常温下即可进行，正常的药剂制度为：pH 值调整剂碳酸钠 0.31 kg/t、市售肥皂（配制成 20% 的溶液）0.15~0.03 kg/t、捕收剂煤油 0.05~0.01 kg/t，浮选时间：搅拌 7 min、粗选 12 min、扫选 5 min。浮选尾矿与摇床中矿合并，进行第二次摇床选别，回收较粗粒的锆英石、独居石。晒干的混合精矿进入 PC3×600 型干式三盘磁选机进行磁选分离，经一次磁选可获得（ZrHf）O2 大于 60% 的锆英石合格精矿，而磁性产品经再一次磁选尾矿即为独居石产品（TR51%）。利用该工艺选别民采毛矿选钛后的尾砂中的重矿物，在获得合格锆英石精矿产品的同时，产出含钛产品和独居石两种副产品，而且锆英石精矿回收率高，技术指标较好，提高了矿石的综合利用率，明显地提高了选厂的经济效益。

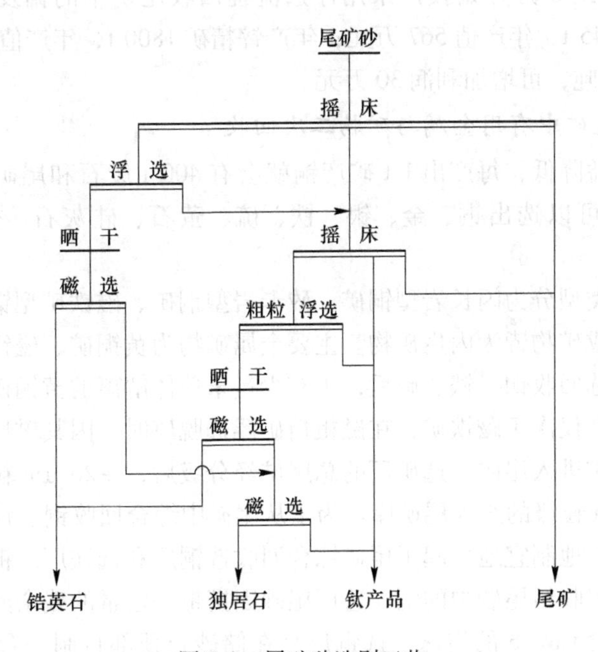

图 7-3 尾矿砂选别工艺

马钢南山铁矿属高温热液型矿床，矿石自然类型复杂，各类型矿石中含有不同程度的磷灰石、黄铁矿。南山选厂生产能力为年处理原矿量 500 万吨，每年尾矿排放量 290 万立方米，选厂建立了选磷厂采用浮选工艺回收尾矿中的硫磷资源。其中选磷工艺为一粗二精一扫，所得磷精矿含磷量14%~15%；选硫工艺为一粗二精，所得硫精矿含硫量为33%~34%。每年可从尾矿中回收磷精矿30万吨，硫精矿9万吨，相当于一个中型的磷、硫选厂的精矿产量。

包头铁矿是世界上罕见的大型多金属共生矿床，富含铁、稀土、铌、萤石等多种有价成分，稀土储量极为丰富。包钢选矿厂自投产以来主要回收该矿石中的铁矿物，其次回收部分稀土矿物，大部分稀土矿物作为尾矿排入尾矿坝中。为了加强稀土回收，包钢稀土三厂利用现有工艺、设备、人员，在1982年组建了新选矿车间，开始从包钢选矿厂总尾矿溜槽中回收稀土精矿的生产。近十几年来，生产工艺流程不断改进，大大地提高了稀土精矿选别指标，降低了生产成本，增加了产品种类，并能够根据市场需求灵活生产产品，所产的稀土精矿不仅能满足本厂需要，还可向市场提供部分商品精矿，获得了显著的经济效益。

四川攀枝花密地选矿厂每年可处理钒钛磁铁矿1350万吨，年产钒钛铁精矿588.3万吨。磁选尾矿中还含有有价元素铁13.82%、TiO_2 8.63%、硫0.609%、钴0.016%。为了综合回收利用磁选尾矿中的钛铁和硫钴，又采用粗选——包括隔渣筛分、水力分级、重选、浮选、弱磁选、脱水过滤等作业；还有精选——包括干燥分级、粗粒电选、细粒电选、包装等作业处理加工磁选尾矿，每年可获得钛精矿（TiO_2 46%~48%）5万吨，以及副产品硫钴精矿（硫品位30%，钴品位0.306%）6400 t。

潘洛铁矿为矽卡岩型铁矿床，矿石成分较为复杂，选铁尾矿含钼0.006%~0.02%。分别于2006年1月及8月开始投产采用浮选流程回收尾矿中的钼及锌硫，每年可生产42%品位的钼精矿45 t，年产值567万元；年产锌精矿1800 t，年产值1160万元；年硫精矿产量增加1.53万吨，可增加利润30万元。

7.2.3.2 铜尾矿中有用金属与矿物二次回收

铜矿石品位日益降低，每产出1 t矿产铜就会有400 t废石和尾矿产生。根据尾矿成分，从铜尾矿中，可以选出铜、金、银、铁、硫、萤石、硅灰石、重晶石等多种有用成分。

安庆铜矿矿石类型分为闪长岩型铜矿、矽卡岩型铜矿、磁铁矿型铜矿及矽卡岩型铁矿等四类，矿石的组成矿物皆为内生矿物。主要金属矿物为黄铜矿、磁铁矿、磁黄铁矿、黄铁矿，经浮选、磁选回收铜、铁、硫后，仍有少量未单体解离的黄铜矿进入总尾矿；磁黄铁矿含铁和硫，磁性仅次于磁铁矿，在磁粗精矿浮选脱硫时，因其磁性较强，不可避免地夹带一些细粒磁铁矿进入尾矿。选矿厂的总尾矿经分级后，+20 μm粒级的送到井下充填站储砂仓；-20 μm粒级的给入尾矿库。为了从尾矿中综合回收铜、铁资源，安庆铜矿充分利用闲置设备，因地制宜地建起了尾矿综合回收选铜厂和选铁厂。铜矿物主要富集于粗尾砂中，所以主要回收粗尾砂中的铜。选厂尾砂因携带一定量的残余药剂，所以造成在储矿仓顶部自然富集含Cu、S的泡沫。选铜厂是在储砂仓顶部自制一台工业型强力充气浮选机，浮选粗精矿再磨后，经一粗二精三扫的精选系统进行精选，最终可获得铜品位16.94%的合格铜精矿。因此，投资30万元在充填搅拌站院内，就近建成25 t/d的选铜厂。铁主要集中于细尾砂中，主要是细粒磁铁矿和磁黄铁矿。选铁厂是针对细尾砂中的细粒磁铁矿和磁黄铁矿，利用主系统技改换下来的 CTB718 型弱磁选机，投资 10 万元，在细尾砂进入浓缩前的位置，充分利用地形高差，建立了尾矿选铁厂，采用一粗一精的磁选流程进行回收铁，为了进一步回收选厂外溢的铁资源，又将矿区内各种含铁污水、污泥，以及尾矿选铜厂的精选尾矿通通汇集到综合选铁厂来。最终可获得铁品位为 63% 的铁精矿。选铜厂和选铁厂两厂年创产值 491.95 万元，估算每年利税 421.45 万元，取得了较好的企业经济效益和社会效益。

广东某铜矿由于历史技术原因，开采利用单一，矿石中可利用金属铜、铁只开发利用了铜，铜的利用也不彻底，导致尾矿中仍含有可回收的 Cu、Fe 等有价元素。该尾矿为 20 世纪存留的氯化离析—浮选尾矿，呈粉末状，颜色灰黑色；含泥重时呈湿状态，因泥质影响原料呈棕色、棕红色、棕黄色等。该尾矿离析前为铜铁共生矿，离析后铜大部分经过浮选被回收，而铁等其他矿物主要还是留在浮选尾矿中。尾矿中的金属矿物有磁铁矿、黄铁矿、褐铁矿、金属铜、赤铜矿、黑铜矿和黄铜矿，脉石矿物主要是长石、石英、铁染的长石、石英和黏土矿物，另有少量的焦炭渣等成分。尾矿矿样多元素化学及铜物相分析结果分别见表 7-5 和表 7-6。

表 7-5　尾矿化学多元素分析结果　　(%)

元素	Au	Fe	Al_2O_3	Ca	Mg	SiO_2	Pb	Zn	Mn	As	Au	Ag
含量	0.75	22.93	6.20	3.48	2.75	44.57	0.11	0.094	0.62	0.01	0.22	6.2

注：Au、Ag 含量单位为 g/t。

表 7-6　铜物相分析结果　　(%)

铜物相	硫化铜中铜	自由氧化铜中铜	结合氧化铜中铜	总铜
含量	0.02	0.42	0.31	0.75
占有率	2.67	56.00	41.33	100.00

由分析结果知，铜的含量是 0.75%，其中酸溶铜含量 0.42%，占总铜量的 56%，主要是氧化铜；酸不可溶铜的含量 0.33%，占总铜量的 44%，这部分酸不可溶铜主要是呈细粒包裹于脉石中的黄铜矿和与褐铁矿相混杂渗滤染色到脉石矿物中的赤铜矿、黑铜矿，即常说的脉石中的结合氧化铜，还有少量金属铜。试样经浸出工艺处理后，仍有一定的铜，主要是结合氧化铜和黄铜矿及少量金属铜未被浸出。以试验研究推荐的原则工艺流程为基础，参照国内外湿法铜生产实践经验，对尾矿有价金属的回收采用了浸出-萃取-电解化学处理方法提取铜，浸出渣采用磁选工艺选铁的工艺流程，尾矿中的有价金属 Cu 和 Fe 的回收率分别可以达到 55% 和 40%，电积铜品位可达到 99.9%，铁的品位为 55%。

铜金属生产工艺过程主要由搅拌浸出、固液分离、萃取、反萃取、电积等工序组成，生产工艺流程如图 7-4 所示。

尾矿中铁回收的选矿方法采用单一的磁选方法，其工艺流程为一次粗选，一次扫选，粗精矿再磨后再进行两次精选。由于尾矿砂含泥量较大，对选铁有很大的影响，所以在粗选前增加逆流洗矿作业。根据原尾矿粒度分析，铁主要分布在 -400 目（-0.0374 mm）的粒

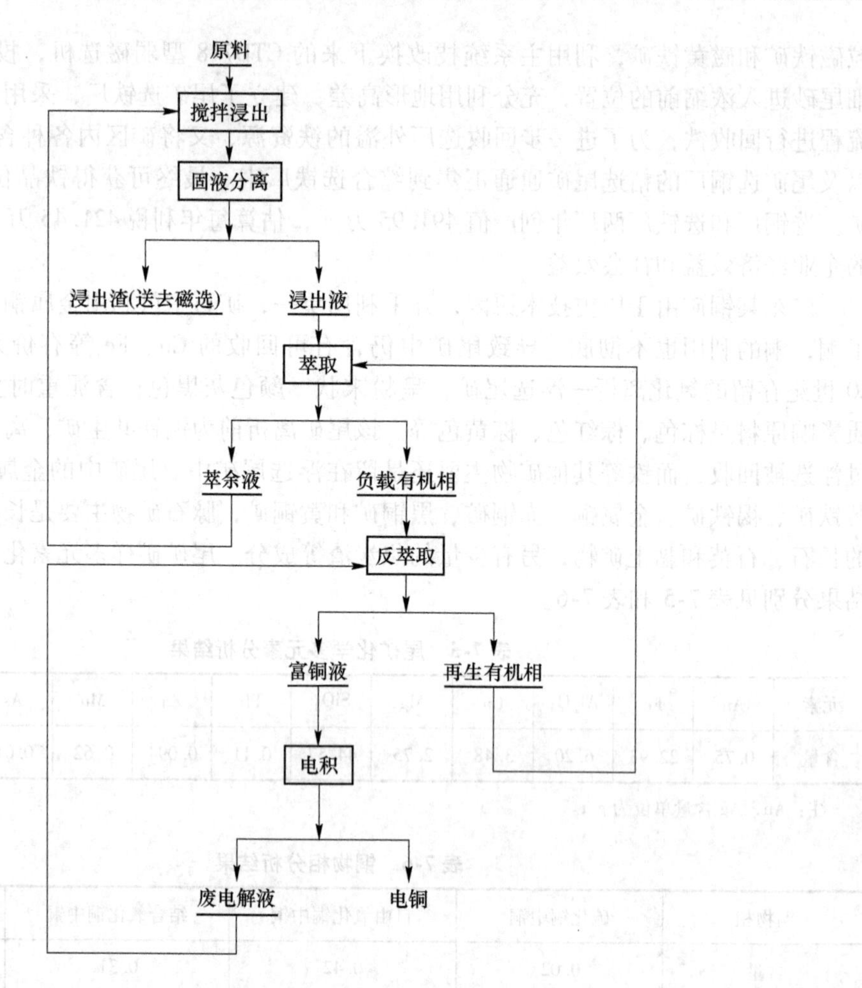

图 7-4　铜金属生产工艺过程

级中，根据工业生产的实际情况确定粗精矿再磨的磨矿细度为 -200 目（-0.074 mm）占90%。回收铁的工艺流程见图 7-5。

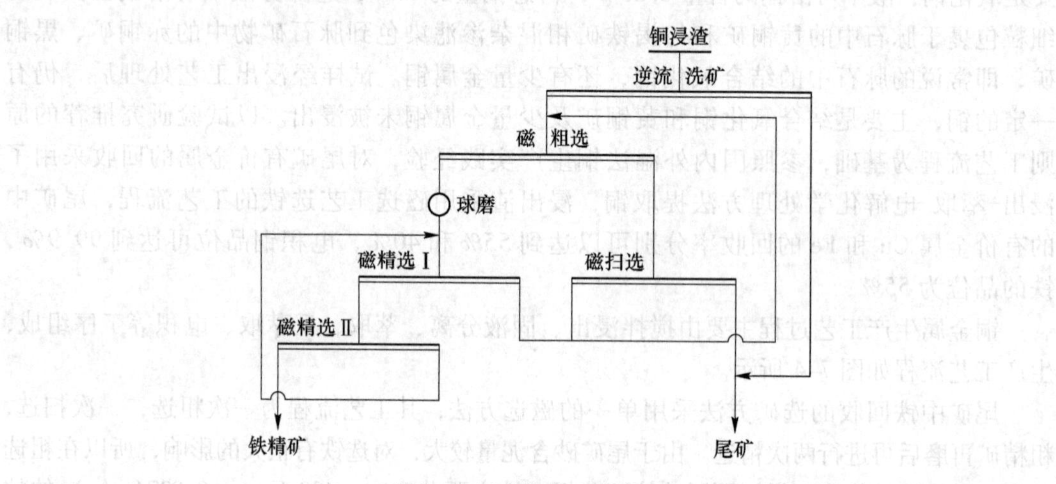

图 7-5　回收铁的工艺流程

武山铜矿属含黄铁矿型高硫矿床，原矿平均含硫25%以上，目前选矿厂处理的是次生富集带向原生带过渡的矿石。原矿中铜矿物以蓝辉铜矿、辉铜矿等次生硫化铜矿物为主（占55%~60%）。这些次生铜矿物容易过磨和氧化产生铜离子，强烈活化黄铁矿。虽经洗矿，但铜离子的脱除率一般只有50%左右，其余的随洗矿后的矿石和矿浆进入磨矿作业，给铜硫分离带来很大困难，直接影响选矿指标。在原设计和生产中，均采用抑硫浮铜的原则流程，为抑制被铜离子活化的黄铁矿，确保优先浮铜的精矿品位，在磨矿过程中添加15 kg/t的石灰，铜粗选pH值高达12，在强碱高钙的作用下，黄铁矿被强烈抑制（可浮性较差的铜矿物也受到不同程度的影响），加之A型浮选机搅拌效率不高，较粗粒级难选上来而损失于尾矿中，因此，铜、硫选别指标不高，浮选尾矿中仍含有22%~26%的硫。根据现场实际，通过小型试验、设备选型、工业试验和生产实践，选厂采用重选流程回收浮选尾矿中的硫铁矿。重选回收硫工作于1989年6月正式投产，每年可从选硫尾矿中回收1.6万~1.7万吨硫精矿，使硫的总回收率提高6.23%~12.24%，每年实际净增利税60.38万~105.03万元。

永平铜矿属含铜、硫为主，并伴生有钨、银及其他元素的多金属矿床。目前永平铜矿选厂日处理量达万吨，尾矿日排出量约7000 t，对尾矿中WO_3及S含量分析，月平均品位为0.064%及2.28%，其WO_3含量波动范围为0.041%~0.093%，每年约有2000多吨氧化钨损失于尾矿。永平铜尾矿中的钨主要为白钨矿，其次为含钨褐铁矿，钨华甚微，白钨矿含钨占总量的82.05%，褐铁矿含钨在0.14%~0.18%。白钨矿主要与石榴石、透辉石、褐（赤）铁矿、石英连生，粒度0.076~0.25 mm，石榴石中有小于6 μm的白钨矿，褐铁矿含钨是高度分散相钨。主要脉石矿物是石榴石和石英，矿物量分别占32%和36%，此外还含有重晶石和磷灰石，这两种矿物的可浮性与白钨矿相似，增加了浮选中分离的难度。白钨矿粒度细，单体分离较晚。呈粗细不均匀分布。0.076~0.04 mm粒级解离率才达69%，连生体中80%以上是贫连生体。尾矿的多元素分析及粒度分析分别见表7-7和表7-8。

表7-7　多元素分析　（%）

元素	WO_3	Cu	Mo	Bi	Sn	TFe	Mn	Ca	Au
含量	0.061	0.15	0.003	0.001	0.0082	7.71	0.098	6.99	<1 g/t
元素	Ag	S	P	SiO_2	Al_2O_3	Mg	K_2O	Na_2O	烧失量
含量	8 g/t	1.14	0.033	56.88	8.60	0.62	2.0	0.054	3.14

表7-8　粒度分析结果

粒度/mm	含量/%	WO_3/%	占有率/%	白钨矿单体分离检查				
				白钨矿单体	连生体①	连生体体积（D）分布		
						$D\geqslant3/4$	$3/4>D>1/4$	$D\leqslant1/4$
+0.076	41.07	0.034	21.67	29.09	70.91	6.91	2.55	61.45
-0.076+0.04	20.86	0.065	21.04	69.33	30.67	3.30	2.02	25.34
-0.04	38.07	0.097	57.30					
合计	100.00	0.064	100.00					

① 主要与石榴石、透辉石、褐铁矿、石英连生。

为综合回收尾矿中的白钨矿，选厂采用重选-磁选-重选-浮选-重选的工艺流程进行尾矿的再选，即首先采用高效的螺旋溜槽作为粗选段主要抛尾设备，抛弃91.25%的尾矿，进一步采用高效磁选设备脱除磁性矿物和石榴子石，使入选摇床尾矿量降至4%~5%，最大限度节省摇床台数。通过摇床只剩1%左右尾矿进入精选脱硫作业，最终获得WO_3含量66.83%、回收率18.01%的钨精矿，含硫42%、回收率15%的硫精矿以及石榴子石、重晶石等产品。按日处理7000 t，年330天计，年产白钨矿精矿339.3 t、硫精矿1584 t，年产值达664.8万元，年利润172.8万元。

江苏溧水区观山铜矿自投产以来，历年尾矿的产率为90%~95%，尾矿的主要矿物含量为菱铁矿54.61%、重晶石9.32%、黄铁矿3.26%、赤铁矿1.04%、石英30.99%。考虑到菱铁矿和重晶石两者可浮性相近的特点，采用强磁选回收菱铁矿和浮选回收重晶石，试验最终获得$BaSO_4$ 95.3%、回收率77.48%的优质重晶石精矿。

7.2.3.3 *铅锌尾矿中有用金属与矿物二次回收*

我国的铅锌矿的特点是贫矿多、富矿少，伴生有铜、银、金、铁、硫及萤石等，结构构造和矿物组成复杂，属于难选矿物类型，给选矿带来了困难。根据相关资料，银在铅锌矿中的共伴生储量占全国银矿总储量的60%，从铅锌矿中回收的银产量占全国银产量的70%。根据2010年卷《中国有色金属工业年鉴》，我国铅选矿回收率为83%，锌选矿回收率为89%。目前，我国大多数铅锌矿企业虽然对尾矿进行了综合利用，然而企业规模和技术水平不同，综合利用率差别很大。铅锌矿中的伴生金和银的选矿回收率为58%~75%，而其他金属和非金属资源的综合利用率很低，或者根本没有回收利用。总体来看，我国铅锌尾矿综合利用率低，仅为7%左右，与国外的60%的综合利用率相差甚远，产生了大量尾矿。据统计，我国铅锌矿原矿年处理量2223.2万吨/年，尾矿产率为74.74%，排放量1661.61万吨/年。从铅锌尾矿中综合回收多种有价金属和有用矿物，是提高铅锌多金属矿综合回收水平的重要举措。

7.2.4 尾矿在建材工业的应用

尾矿的主要成分与传统的建材、陶瓷、玻璃原料基本相近，因此可根据具体尾矿的成分来作为相应建材的替代品。此外，尾矿实际上是已加工成细粒的不完备混合料，加以调配即可用于生产，因此可以考虑进行整体利用。由于不需对这些原料再作粉碎和其他处理，制造出的产品往往节省能耗，成本较低，一些新型产品往往价值较高、经济效益十分显著。

各工业化国家在利用尾矿研制生产建筑材料方面已取得很大成果。俄罗斯、美国、日本和加拿大等国尤为突出，俄罗斯选矿厂尾矿用于建筑材料约占60%，除制造建筑微晶玻璃和耐化学腐蚀玻璃外，还研制生产各种矿物胶凝材料；美国除从废石中回收萤石、长石和石英等用于其他工业外，绝大部分用做混凝土骨料、地基及沥青路面材料；日本将尾矿与10%硅藻土混合成型，并在1150 ℃煅烧，研制出轻质骨料，其密度为1.77 g/cm³，抗压强度8.33 MPa。

7.2.4.1 *尾矿制砖*

砖可分为如下几类：

（1）按材质分：黏土砖、页岩砖、煤矸石砖、粉煤灰砖、灰砂砖、混凝土砖等。

（2）按孔洞率分：实心砖、多孔砖、空心砖。实心砖无孔洞或孔洞小于25%；多孔砖孔洞率等于或大于25%，孔的尺寸小而数量多，常用于承重部位，强度等级较高；空心砖孔洞率等于或大于40%，孔的尺寸大而数量少，常用于非承重部位，强度等级偏低。

（3）按生产工艺分：烧结砖（经焙烧而成的砖）、蒸压砖、蒸养砖。1）烧结砖属于烧结类建材，是以热力为形成动力的高温生成材料，它对尾矿成分的要求较低，只要尾矿的组成范围符合或者接近产品的设计成分，就可以作为烧结砖的主料或者配料使用。2）蒸压砖、蒸养砖属于水合型建材，一般的工艺过程是以细尾砂为主要原料，配入少量的骨料、钙质胶凝材料及外加剂，加入少量的水，均匀搅拌后在压力机上压制成型，脱模后标准养护。根据养护条件的不同分为蒸压砖、蒸养砖。3）蒸压砖是经高压蒸气养护硬化而成的砖，蒸养砖是在常压下经蒸汽养护硬化而成的砖。双免砖即免烧免蒸砖，此类建材属于胶结型建材，成型的原理与前两种有本质的差别，它是靠胶结剂在常温下或者低于100 ℃环境下结合为一个整体的。但是，由于此类建材强度和耐久性的产生，主要是依靠水泥的水化作用，需要保持一定的温度和湿度。因此，在养护阶段有时需要采用湿热养护的方法，这种养护方式分为蒸气养护和蒸压养护，从这一点看，这种建材制品并不是完全不用蒸养。

（4）按烧结与否分为：免烧砖（水泥砖）和烧结砖（红砖）。

根据建筑工程中使用部位的不同，砖分为砌墙砖、楼板砖、拱壳砖、地面砖、下水道砖和烟囱砖等。砌墙砖根据不同的建筑性能分为承重砖、非承重砖、工程砖、保温砖、吸声砖、饰面砖、花板砖等。

砖的必试项目为抗压强度。砖是建筑业用量最大的建材产品，而国家为了保护农业生产，制定了一系列保护农业耕地的措施，因此制砖的黏土资源将愈来愈显得紧张，利用尾矿制砖则不失为一条很好的途径。利用尾矿制砖应从砖体结构和加工工艺上开展研究，尽早生产出大宗用量、经济、耐用、轻质的产品。

A 尾矿制免蒸免烧砖

尾矿制免蒸免烧砖，是在常温下或不高于100 ℃的条件下，通过胶结材料将尾矿颗粒结合成整体，制成的有规则外形和满足使用条件的建筑材料或制品。在这类材料中，尾矿主要起骨料作用，一般不参与材料形成的化学反应，但其本身的形态、颗粒分布、表面状态、机械强度、化学稳定等性质，却对材料的技术性能有重要的影响。主要原理为各原料混合与水反应生成水化硅酸钙 CSH 和水化铝酸钙 CAH 等物质（C 为 CaO，S 为 SiO_2；A 为 Al_2O_3；H 为 H_2O），两种水化产物将尾矿颗粒胶结在一起，同时也是矿尾矿砖强度的主要来源。

马鞍山矿山研究院采用齐大山、歪头山铁矿的尾矿，成功地制成了免烧砖，工艺流程如图7-6所示。这种免烧墙体砖是以细尾砂（含 $SiO_2>70\%$）为主要原料，配入少量骨料、钙质胶凝材料及外加剂，加入适量的水，均匀搅拌后在60 t的压力机上以114.7～19.6 MPa的压力下模压成型，脱模后经标准养护（自然养护）28天，成为成品。

B 尾矿制耐火砖与红砖

耐火砖，也叫火砖。用耐火黏土或其他耐火原料烧制成的耐火材料。例如耐火黏土砖、高铝砖、硅砖、镁砖等。淡黄色或带褐色。能耐1580～1770 ℃的高温。可用作建筑

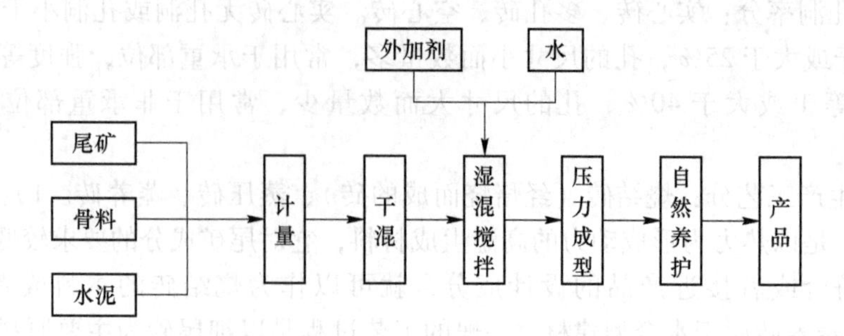

图 7-6 免烧砖制备工艺流程图

窑炉和各种热工设备的高温建筑材料和结构材料，并在高温下能经受各种物理化学变化和机械作用。红砖即普通烧结砖，是在氧化条件下，砖坯中的铁元素被氧化成三氧化二铁。由于三氧化二铁是红色的，所以也就会呈红色。湖南邵东铅锌选矿厂尾矿在利用分支浮选回收萤石的生产流程中，第一支浮选尾矿经水力旋流器分级的部分溢流的主要成分为二氧化硅和三氧化二铝，其耐火度为 1680 ℃。利用该溢流产品，再配加部分 8 目（2.36 mm）黏土熟料和夹泥，这些原料经混炼成型后自然风干，在 80 ℃和 120 ℃条件下烘干，然后在重烧炉中烧成即得到最终产品，其性能经测试可达到国家高炉用耐火砖标准。在回收萤石的浮选流程中精选产生的部分尾矿富含二氧化硅和氟化钙，若返回萤石浮选回路将会影响萤石精矿质量，故作为一部分单独尾矿产出。为使该部分尾矿得到合理应用，进行了烧制红砖试验。将尾矿与黏土按 3∶2 的比例进行混合，然后经烘干（120 ℃，4 h）、烧成（1000 ℃，3 h），即可得成品。

C　碳化尾矿砖

碳化尾矿砖是以尾矿砂和石灰为原料，经坯料制备，压制成型，利用石灰窑废气二氧化碳（CO_2）进行碳化而成的砌体材料。

a　原理

碳化灰砂砖的半成品系在生石灰水化硬固作用下，首先生成氢氧化钙结晶，再利用石灰窑废气二氧化碳（CO_2）进行碳化，最后生成碳酸钙晶体（$CaCO_3$），化学上的结合水从水化物中蒸发出，制品获得最终的碳化强度。其化学反应过程如下：

$$CaO + H_2O \longrightarrow Ca(OH)_2$$

$$Ca(OH)_2 + nH_2O + CO_2 \longrightarrow CaCO_3 + (n+1) \cdot H_2O$$

b　工艺

将 80%～85% 尾矿砂与 15%～20% 石灰粉按比例配合，加水 9% 左右搅拌溶解，然后，用八孔压砖机成型，入窑前烘干或自然干燥，含水率 4% 以下，再进入隧道进行碳化，碳化的二氧化碳含量 20%～40%，碳化的深度 60% 以上，出窑后即可得成品。

这种砖生产工艺简单，机器设备土洋皆可，不存在操作等技术问题，凡是有尾矿砂和石灰岩处，均可大量生产。

D　玻化尾矿砖

玻化（瓷）砖是由石英砂、泥按照一定比例烧制而成，然后经打磨光亮但不需要抛光，表面如玻璃镜面一样光滑透亮，是所有瓷砖中最硬的一种，其在吸水率、边直度、弯曲强度、耐酸碱性等方面都优于普通釉面砖、抛光砖及一般的大理石。玻化砖的诞生和发展，因为有市场所以才有大规模的生产，这符合我国消费者的追求和审美眼光。它不仅有豪华大气、富丽堂皇、大空间的视觉效果，在某种程度上也是身份与形象的代表。

制备玻化砖首先要求原矿 SiO_2 和 Al_2O_3 含量高，同时含有一定量的 K_2O、Na_2O、CaO、MgO 等低熔点物质，在对国内外的陶瓷玻化砖化学组成及我国几种典型铁矿尾矿的化学组成对比之后可以发现，鞍山式铁矿尾矿基本可以满足成分要求，而有些铁矿尾矿通过添加石英砂也可以达到要求。值得注意的是，铁尾矿中含有一定量的 Fe_2O_3，在经过不同工艺处理后可以使烧结坯体呈现棕、黄、红、黑等不同颜色，是制备彩色陶瓷玻化砖的天然着色剂。

北京科技大学开展利用大庙钒钛磁铁矿型尾矿制作玻化砖的试验研究，利用大庙铁矿的全尾矿制成了各项性能指标均符合商品玻化要求的实验室制品。

将尾矿按一定比例与黏土混合，混合物料磨至 -325 目（-0.043 mm）≥98%，再将烘干后的物料加入 5% 水造粒，将此粒料在 38 MPa 压力下制成湿坯，然后在 1145～1150 ℃煅烧，烧成的试样经抛光后即可得咖啡色玻化砖，经检测，其各项性能指标均符合商品玻化砖的要求。如在还原气氛下煅烧，即把砖坯与木炭粉放入同一匣钵中，密封起来，而砖坯与碳粉不直接接触，否则与碳粉直接接触的部分磁铁矿被还原成氧化铁和金属铁发生熔流现象。结果得到的是黑色坯体，抛光后具有高贵的黑颜色。

大庙铁矿的原尾矿可以制成质量符合商品玻化砖标准的咖啡色玻化砖和黑色玻化砖。从生坯强度和烧成温度范围看，可以进行扩大实验和工业实验。

早在 20 世纪末我国就开始探索利用铁尾矿制备陶瓷玻化砖的可行性。1997 年，倪文等最先利用大庙铁矿尾矿或者添加一定量的黏土制备出陶瓷玻化砖，抗压强度 162 MPa，抗折强度 62 MPa，吸水率小于 0.1。近年来随着尾矿资源化受到重视，同时建筑材料的市场需求不断提高，对铁尾矿制备玻化砖的研究越来越多。2007 年，湖南有色金属研究院以本钢尾矿为原料进行玻化砖工作实验，产品颜色为灰色，吸水率 0.68%，抗压强度 65.3 MPa，符合建材行业标准。2012 年，石棋乖利用攀钢铁尾矿制备了黑色玻化砖，吸水率 0.1%～0.4%，抗压强度 46.2～48.7 MPa，耐磨性 146～155 mm。2013 年，焦娟等对程潮铁尾矿制备通体砖及陶瓷玻化砖进行了试验，研究表明程潮铁尾矿可制备黑色陶瓷玻化砖。

虽然我国对铁尾矿生产陶瓷玻化砖的研究较早，但目前仍未实现铁尾矿大批量工业化生产陶瓷玻化砖，如要实现工业化规模生产仍需解决技术问题、产品的推广及市场开拓等一系列问题。

7.2.4.2 尾矿制备轻质隔热保温建筑材料

随着社会经济的快速发展，人们对住房品质的要求也越来越高，建筑是否保温隔热是众多购房者关心的问题之一。为了满足客户的需要，不少住房都采用了软木板等高价材料作为墙壁的隔热保温材料，这就无形中增加了房屋成本，同时，这些材料也不环保。所以，新型轻质隔热保温建筑材料的开发研究是当前社会的迫切要求。

对轻质隔热墙体材料的基本要求是：导热系数不大于 0.29 W/(m·K)，体积密度小于 1 g/cm^3，耐压强度大于 0.3 MPa。

王应灿等以马钢姑山铁矿尾矿、废旧聚苯乙烯泡沫为主要原料，42.5 级普通硅酸盐水泥为胶凝剂，进行了制备轻质隔热保温建筑材料的试验研究。经过预处理的尾矿和废旧聚苯乙烯泡沫与水泥、水按配比称量，于搅拌机搅拌混合均匀后注入模具、压实、振动、成型，在室内常温养护 48 h 脱模。通过试验确定的最适宜工艺条件为铁尾矿/(水泥 + 铁尾矿)为 40%，泡沫/(水泥 + 铁尾矿)为 4%，水/水泥为 0.48；该工艺条件下试块的各项性能参数为 2 d 抗压强度 0.94 MPa，28 d 抗压强度 1.05 MPa，干燥容重 740.6 kg/m^3，导热系数 0.109 W/(m·K)。制作的轻质隔热保温材料不仅有良好的保温性能，变废为宝，在创造经济效益的同时，还保护了环境。

尹洪峰等以邯郸铁矿尾矿为原料，采用淀粉糊化固化法进行了制备轻质隔热墙体材料的试验研究。淀粉糊化固化法利用淀粉作为造孔剂和结合剂，在合适的温度下，由于淀粉的糊化膨胀，混有淀粉的原料也随之涨大；烧结时，淀粉作为燃点低的有机物，在 300 ℃左右从坯体中被烧掉，从而使制品体中形成大量孔隙，成为轻质多孔隔热材料。制品制备过程为粉料混合→加水搅拌→浇注→糊化固化→脱模→干燥→烧成。试验结果表明，在淀粉含量分别为 20% 和 30%、加水量均为 33%、烧成温度均为 1100 ℃时，均可制备出体积密度不超过 0.85 g/cm^3、耐压强度大于 0.5 MPa、导热系数不超过 0.18 W/(m·K) 的轻质隔热墙体材料。

7.2.4.3　尾矿制备陶粒

陶粒，即陶质的颗粒，其表面是一层坚硬的、呈陶质或釉质的外壳，内部具有大量的封闭型微孔。陶粒不仅质轻、隔热保温、吸水率低，而且具有良好的耐火性、抗震性、抗渗性、抗冻性、耐久性和抗碱集料反应能力等性能。所以，陶粒被广泛应用于建筑、石油、化工、农业、填料和滤料等领域。传统的陶粒原料为黏土、页岩等天然矿物，然而，黏土、页岩等天然矿物的大量使用会破坏耕地和生态环境。近年来随着环境问题的日益严峻和环保观念的深入人心，国家出台相关政策来限制黏土、页岩等天然矿物的开采利用。因此，开发环境友好型陶粒，利用尾矿烧制陶粒来替代传统的黏土陶粒和页岩陶粒，成为近年来的研究热点。

A　尾矿烧制陶粒的可行性

陶粒内部具有大量的封闭型微孔，封闭型微孔结构是由生料球在高温条件下发生的一系列物化学反应而形成的。一方面，原料中的发气物质在高温条件下释放出 CO、CO_2、SO_2、H_2O 等气体，使料球体积发生膨胀；另一方面，料球高温熔融时具有一定的黏性，产生表面张力。只有料球中气体膨胀力和料球自身表面张力达到平衡状态时，才会形成良好的封闭型微孔结构，从而烧制出质轻高强的陶粒。

为了达到上述条件，原料的化学成分、矿物组成和物理性能都必须满足一定的要求，具体如下：

(1) 化学成分要求。烧制超轻、普通和高强陶粒对原料的化学成分要求有所不同。烧制超轻陶粒时，一般化学成分范围如下：SiO_2 48%~65%，Al_2O_3 14%~20%，Fe_2O_3 2%~9%，CaO + MgO 3%~8%，$Na_2O + K_2O$ 1%~5%，烧失量 4%~13%；烧制普通陶粒和高强陶粒时，Al_2O_3 可分别增至 28% 和 36%，其他化学成分要求基本相同。

(2) 矿物组成要求。原料的矿物组成以伊利石、水云母、蒙脱石、绿泥石、沸石等黏土矿物为主，总含量要大于 40%，否则无法烧胀。

（3）物理性质要求。1）粒度：粒度越小越好；但随着粒度的减小，破碎、磨细等环节所消耗的能量将增大。一般要求原料 0.08 mm 方孔筛筛余小于 5% 即可。2）可塑性：塑性指数一般应不小于 8。3）耐火度：耐火度一般以 1100～1230 ℃为宜，耐火度过高，则料球黏性太大，致使料球膨胀性差甚至破裂；反之料球易于黏结。4）软化温度范围：越大越有利于烧胀。

据资料研究表明，镁铁硅酸盐型、钙铝硅酸盐型、长英岩型、碱性硅酸盐型、高铝硅酸盐型、高钙硅酸盐型尾矿以黏土矿物为主，均可作为烧制陶粒的主要原料；钙质碳酸盐型、镁质碳酸盐型、硅质岩型尾矿只含有少量或微量黏土矿物，故可作为辅助原料来调节物料的化学成分等，其效果有待进一步研究，而且在尾矿大宗利用方面，用钙质碳酸盐型、镁质碳酸盐型、硅质岩型尾矿烧制陶粒不具有现实意义。据文献资料统计，在化学成分方面，与陶粒原料的适宜化学成分相比，上述大部分尾矿除在 Al_2O_3、MgO、CaO、NaO、K_2O、Fe_2O_3 等化学成分含量偏差较大外，其他化学成分均与陶粒原料的适宜化学成分很接近或完全符合，因此加入辅助原料（如黏土、页岩、粉煤灰等）稍作调整即可。其中只有硅质岩型、钙质碳酸盐型和镁质碳酸盐型尾矿的化学成分与陶粒原料的适宜化学成分差异较大，只能用作辅助原料。

B 尾矿烧制陶粒发展现状

目前我国在利用页岩、黏土等天然矿物和利用粉煤灰做陶粒的研究上已形成成熟技术，但利用各类尾矿烧制陶粒的研究仍尚处于起步阶段。目前已有研究者利用珍珠岩尾矿、萤石矿尾矿、磷石灰尾矿、铜尾矿、铁尾矿、钨尾矿、银尾矿等尾矿研制陶粒，并得到了比较理想的试验结果，烧制出符合 GB/T 17431.1—1998 要求的陶粒。

1973 年，沈阳市第一建筑工程公司和辽宁工业建筑研究院采用沈阳某地铁尾矿粉和煤矸石，不断改变原料配比，分别使用回转窑法和烧结机法在不同焙烧工艺条件下烧制出一系列满足国家标准的铁尾矿陶粒。北京大学环境科学与工程学院，杜芳等以铁尾矿为原料，粉煤灰、城市污水处理厂剩余污泥为添加剂，进行了烧制建筑陶粒的研究。以陶粒吸水率和堆积密度为评价指标来确定最佳的原料配比和烧制工艺，研究表明，铁尾矿、粉煤灰、污泥的最佳配比为铁尾矿 40.3%，粉煤灰 44.7%，污泥 15%，在最佳烧结工艺下，可以烧制出满足国家标准 GB/T 17431.1—1998 的 700 级轻粗集料。

王德民等以某低硅铁尾矿为主要原料，对铁尾矿陶粒的配方进行了研究，并考察了尾矿陶粒作为轻质混凝土骨料的应用效果。结果表明：低硅铁尾矿陶粒原料铁尾矿、工业粉状废物与 KD 的适宜质量比为 75：18：5，成品陶粒用量为 920 kg/m^3、水泥用量为 220 kg/m^3、水灰比为 0.37（不含预湿陶粒用水）情况下的铁尾矿陶粒混凝土密度等级为 1200、抗压强度等级为 LC5.0，满足《JGJ51—2002 轻骨料混凝土技术规程》中结构保温轻骨料混凝土的要求，产品保温性能良好。山东科技大学与山东恒远利废发展有限公司合作，以鞍山式铁尾矿为主要原料，当铁尾矿：粉煤灰：造纸污泥为 40%：30%：30% 时，采用公司自行研发的可有效处理多种工业固体废弃物的瀑落式回转窑，在适宜条件下，制得密度等级为 700 级的合格铁尾矿陶粒。武汉科技大学金立虎采用低硅铁尾矿，在添加黏土、造孔剂的条件下烧制出可以用于建筑和水处理的多功能陶粒。鞍钢集团采用细粒高硅铁尾矿，在添加煤矸石、粉煤灰、赤泥的条件下，制得符合国标的铁尾矿陶粒，并申请专利。

7.2.4.4 尾矿生产加气混凝土

加气混凝土是以硅质材料和钙质材料为主要原料，添加发气剂及其他助剂，加水搅拌、浇注成型，经预养切割、蒸压养护等工艺制得的微细孔硅酸盐轻质人造石材，是集保温、防火、隔声、施工方便等优点于一体的新型轻质墙体材料。用于生产加气混凝土的砂，一般要求 SiO_2 含量大于 70%，并要求石英含量大于 40%。目前生产的此类产品多属于水合型建材和胶结型建材，其硬化原理同尾矿砖基本相同。

A 铁尾矿生产加气混凝土

利用铁尾矿生产加气混凝土，主要原料为铁尾矿、水淬矿渣和水泥，此外还有发气剂（铝粉）、气泡稳定剂和调节剂等。生产加气混凝土对铁尾矿的要求如下：$SiO_2>65\%$，游离 $SiO_2>40\%$，$Na_2O<1.5\%\sim2\%$，$K_2O<3\%\sim3.5\%$，$Fe_2O_3<18\%$，烧失量小于 5%，黏土含量小于 10%。铁尾矿中 SiO_2 有一部分以石英状态存在，称为游离 SiO_2，它在蒸压养护条件下与有效氧化钙反应。还有一部分 SiO_2 是以长石或其他矿物组分存在，这种化合 SiO_2 不能参加与有效氧化钙的有效反应。因此，对铁尾矿中 SiO_2 含量的要求主要是石英部分的含量。

用铁尾矿制作加气混凝土，并生产加气混凝土砌块、楼板、屋面板、墙板、保温块等材料，在工业上获得了成功的应用。鞍钢矿渣砖厂利用大孤山选矿厂尾矿配入水泥、石灰等原料，制成加气混凝土，其产品重量轻、保湿性能好，该厂年产 10 万立方米的加气混凝土车间，尾矿用量约 3 万吨/年。其原料配比为尾矿 66%、生石灰 25%、水泥 8%、石膏 1%、铝膏 0.08%~0.12%。

2013 年 8 月 13 日，山西代县明利铁矿投资 1.8 亿元建设的新兴产业转型项目——尾矿砂加气混凝土砌块标砖投入试生产，可年处理尾矿砂 120 万立方米，提供就业岗位 150~200 个，年产 1.2 亿块铁矿尾矿砂标砖和 30 万立方米尾矿砂加气混凝土砌块，产值上亿元，实现利税 3000 多万元。

王砚等对武汉钢铁公司程潮铁矿尾矿进行制备加气混凝土的试验研究。经对尾矿成分分析知，尾矿中的 SiO_2 含量约 50% 左右，而且主要以长石形式存在，石英含量小于 10%，并含有约 10% 石膏类矿物。由于该尾矿中的 SiO_2 含量较低且石英含量较少，而石膏含量较高，决定加入水泥（425 号普通硅酸盐水泥）来提高硅质材料的含量，钙质材料采用石灰（有效 CaO 85%）。而尾矿中石膏含量较高，在研制加气混凝土时可以不必添加石膏。钙质材料采用石灰（有效 CaO 85%）。经试验验证，所用原料最佳配比为：外加硅质材料 11%~20%，钙质材料与硅质材料之比为 3∶7，铝粉用量为 0.8‰，可生产 600 级的加气混凝土，其平均抗压强度约为 3.5 MPa，最小为 2.8 MPa，符合国家标准要求。

B 金尾矿生产加气混凝土

山东金洲矿业集团有限公司经多方考察论证后，投资 3000 多万元建设尾矿综合利用项目。该项目包括尾矿堆浸生产线、15 万立方米加气混凝土砌块生产线和 6000 万块蒸压砖生产线。先采用堆浸技术回收提取尾矿中的金、银，回收后的尾矿再用于制造加气混凝土砌块和蒸压砖，年利用尾矿量达到15万吨，年增加效益1300万元。生产加气混凝土砌块主要的原材料质量配比为 m(尾砂)：m(水泥)：m(生石灰)：m(石膏)：m(铝粉膏) = 68：8：22：2：0.07，水料比为0.6；制品养护采用高温高压饱和水蒸气介质，蒸压养护制度为抽真空：0 ~ −0.06 MPa，0.5 h；升温升压：−0.06 ~ 1.3 MPa，1.5 h；恒温恒压：1.3 MPa，8.0 h；降温降压：1.3 ~ 0 MPa，1.5 h。生产的加气混凝土砌块性能达到GB 11968—2006《蒸压加气混凝土砌块》规定的质量要求。2008年山东金洲矿业集团有限公司利用黄金尾矿生产加气混凝土砌块、蒸压砖工程获"山东省循环经济十大示范工程"称号。

C　铜尾矿生产加气混凝土

钱嘉伟等进行了利用低硅铜尾矿生产加气混凝土的试验研究。所用铜尾矿为河北省承德市寿王坟铜矿尾矿，原尾矿磨到细度 −200 目（−0.075 mm）占98.9%；因铜尾矿中 SiO_2 含量约为44%，而且石英态的 SiO_2 极少，未达到生产加气混凝土对原料中SiO含量的一般要求（用于生产加气混凝土的砂，一般要求 SiO_2 含量大于70%，并要求石英含量大于40%），因此，选用 SiO_2 含量80%以上的硅砂以提供一部分硅质材料；钙质材料选用石灰和水泥（P·O 42.5 水泥）；发气剂为亲水发气铝粉，调节剂为天然石膏。工艺条件为50 ℃热水搅拌（料浆浇注温度44 ℃左右），45 ℃恒温养护。

通过试验研究制备加气混凝土的原料最优配合比为：铜尾矿32%、硅砂34%、石灰20%、水泥8%、天然石膏6%、铝粉0.057%，水料比0.53。按上述最优配合比制备的成型加气试件（100 mm × 100 mm × 100 mm）经测试，平均密度为619.1 kg/m^3，平均抗压强度为4.5 MPa，符合GB 11968—2006《蒸压加气混凝土砌块》规定的A3.5、B06级加气混凝土合格品的要求。

7.2.4.5　尾矿生产水泥

水泥是最重要的建筑材料之一，它和钢材、木材是基本建设的三大材料。水泥的品种很多，一般可分为硅酸盐类、铝酸盐类、硫酸盐类、磷酸盐类、硫铝酸盐类、铁铝酸盐类、氟铝酸盐类等。在建筑工程中应用最多的是硅酸盐类水泥。硅酸盐水泥：指以硅酸钙为主要成分的各种水泥的总称，国外通称为波特兰水泥。表7-9为硅酸盐水泥熟料主要矿物及其含量。

表7-9　硅酸盐水泥熟料主要矿物及其含量

矿　物	化学成分	缩　写	含量/%
硅酸三钙	$3CaO \cdot SiO_2$	C_3S	44 ~ 62
硅酸二钙	$2CaO \cdot SiO_2$	C_2S	18 ~ 30
铝酸三钙	$3CaO \cdot Al_2O_3$	C_3A	5 ~ 12
铁铝酸四钙	$4CaO \cdot Al_2O_3 \cdot Fe_2O_3$	C_4AF	10 ~ 18

水泥是上述几种熟料矿物，另加石膏的混合物，改变熟料之间的比例，水泥的性质将会发生相应的变化。如提高 C_3S、C_3A 的含量，可制成快硬高强水泥；降低 C_3S、C_3A 的含量，适当提高 C_2S 含量，则可制得水化热小的大坝水泥。简单来说，水泥是经过二磨一

烧工艺制成的。

水泥质量及强度的高低取决于熟料烧成情况及熟料中的矿物组成。对水泥早期强度起作用的是 C_3S、C_3A；后期强度起作用的是 C_2S、C_4AF 和 C_3S。C_3S 是水泥熟料中的主要矿物（约占40%~60%）。尾矿用于生产水泥，就是利用尾矿中的某些微量元素影响熟料的形成和矿物的组成。由于尾矿一般已经经过一定程度的磨细，也可以与正常的生产工艺有所不同。

一般来说，低硅尾矿比较适合生产水泥，因为石英含量高会导致大量使用校正原料，达不到大量使用废物的目的。

A 利用铁尾矿生产水泥

辽宁工源水泥集团2500 t/d 新型干法熟料线上使用铁尾矿作为硅质原料，每年可利用铁尾矿约10万吨。2004年底2500 t/d 新型干法熟料生产线进入试生产调试，生产初期按照事先设计的四组分进行配料，即石灰石、铁尾矿、粉煤灰、硫酸渣。当铁尾矿的氧化铁含量比较高时，可以去掉原有的铁质校正原料——硫酸渣，采用石灰石、铁尾矿、粉煤灰三组分配料。试验证明采取适当的措施，预分解窑完全可用铁尾矿替代传统的硅质、铁质材料生产出质量较好的熟料，可以稳定生产普通52.5级等高标号水泥，并且可以大幅度降低原材料成本。使用时需注意铁尾矿粉含水量大，应采取强制喂料保证下料顺畅；铁尾矿配料可能会有轻微结皮，预分解系统需加强防堵措施，多设空气炮，稳定煅烧制度；冬季生产用铁尾矿废石效果更佳。

王金忠等进行了利用铁尾矿作原料煅烧普通硅酸盐水泥的试验研究，其水泥生料热分析表明，适量的铁尾矿，使碳酸盐分解温度降低10~30 ℃，熟料矿物开始结晶温度提前10~25 ℃。并且适量铁尾矿和矿化剂复掺可使烧成温度控制在1350~1450 ℃。

B 利用钼铁尾矿生产水泥

杭州市闲林埠钼铁矿研究了用钼铁尾矿代替部分水泥原料烧制水泥的生产技术，并在余杭区和睦水泥厂的工业性生产中一次试验成功，收到了明显的经济效益。按该厂年产水泥3.5万吨计，每年仅降低生产成本一项就可节约资金24.8万元，还可多增产水泥4600多吨。

钼铁尾矿中含有一定比例的微量元素钼，在用该尾矿配料烧制水泥时，引入的微量元素钼促进了水泥熟料的形成，其作用机理为：能促进碳酸钙分解，使碳酸钙开始分解温度和吸热谷温度分别提前了10 ℃和20 ℃；通过改变迷熔体中的质点迁移速度，促进 Ca_3Al 形成及 C_2S 吸收 CaO 生成 C_3S 的反应，使熟料易于形成。

C 利用铜、铅、锌尾矿生产水泥

掺加铜、铅、锌尾矿煅烧水泥，主要是利用尾矿中的微量元素来改善熟料煅烧过程中硅酸盐矿物及熔剂矿物的形成条件，加快硅酸三钙的晶体发育成长，稳定硅酸二钙多型晶体的结构转型，从而降低液相产生的温度，形成少量早强矿物，致使熟料质量尤其是早期强度的明显提高。

对于铜、铅、锌尾矿，当尾矿中 CaO 含量较高，而 MgO 含量又较低时，则可用作水泥的原料，具体要求为：

当尾矿的矿物成分主要是由石英、方解石组成，钙硅比 $CaO/SiO_2>0.5\sim0.7$，其中 $CaO>18\%\sim25\%$、$Al_2O_3>5\%$、$MgO<3\%$、$S<1.5\%\sim3\%$ 时可烧制低标水泥，当 CaO 含量小于 18%，而 CaO/SiO_2 小于 0.5 时，可采用外配石灰或加石灰石的方案，以调节生料中 CaO 含量，满足上述技术要求。

尾矿中氧化铁 Fe_2O_3 是水泥的有益成分，适量的 Fe_2O_3 能降低熟料的烧制温度，而 MgO、TiO_2、K_2O、Na_2O 等化学成分则是水泥原料中的有害成分，其含量应控制在 $MgO<3\%$、$TiO_2<3\%$、$K_2O+Na_2O<4\%$、$S<1\%$。

经试验，对满足上述技术要求的尾矿用来作水泥的混合材料时，其用量可达 15%～55%，当掺入 15% 的尾矿熟料作混合材料时，水泥标号可达 600 号，掺入 30% 时，水泥标号可达 500 号，掺入 50% 时，水泥标号可达 400 号，且水泥性能良好，凝结、安全性正常。

我国凡口铅锌矿，1978 年利用方解石、石灰石为主的尾矿生产水泥，年产 15 万吨水泥，水泥性能良好，其标号可达 600 号。

7.2.4.6 尾矿生产人造石

人造石是 20 世纪 60 年代在美国首先出现的。它是用不饱和聚酯树脂加入填料，颜料以及少量引发剂，经一定的加工程序制成的。这种产品不仅合成方法简便，生产周期短，成本低廉，而且性能优良。这种产品具有足够的强度、刚度、耐水、耐老化、耐腐蚀等性能，已经广泛应用于各种建筑装饰。

由北京矿冶研究总院研制的尾矿人造石是一种以尾矿为主要骨料，以 $5Mg(OH)_2\cdot MgCl_2\cdot 8H_2O$（简称 518 相）为黏合剂，内掺增水剂、活性剂等，在常温常压下先合成石材制品，然后根据石材制品的种类、性能和要求，选用外涂憎水剂对其表面进行处理后，获得的具有不同特性的石材制品。为了使镁质胶凝材料生成 518 相，也为了不使 518 相在水中或湿度大的环境中发生相变，一般需按照 $MgO/MgCl_2>4.27$、$H_2O/MgCl_2>4.98$ 配制样品。内掺一定的增水剂，降低 518 相遇水或水蒸气时的相变速度，外涂憎水剂，进一步降低 518 相遇水或水蒸气时的相变程度，以提高石材的耐水性和质量。经测试尾矿人造石的各项主要性能耐水性、耐碱性等均达到合格，而且无论什么样的尾矿都能合成尾矿人造石，合成工艺简单，无三废，成本低，无毒、无味、强度高、造型随意，适宜作内外墙仿石装饰材料。

中国民航大学理学院侯艳艳以不饱和聚酯树脂和山西大同晋银矿业有限责任公司的尾矿为主要原料，在常温常压下浇铸制备了光泽度、力学性能符合行业标准的人造云英石板。

7.2.4.7 尾矿生产饰面玻璃

饰面玻璃是用作建筑装饰玻璃的统称，属于新型建筑装饰材料，具有色调丰富的优点。

A 铁铝型尾矿生产饰面玻璃

同济大学以南京某高铁铝型尾矿为主要原料进行了熔制饰面玻璃的试验研究。

主要原料：铁尾矿，其颜色为浅粉红色，粉状，细度小于 28 目（0.6 mm）。主要矿物是石英、长石、硫化矿，含铁和氧化铝较高，各种氧化物含量见表 7-10。铁尾矿在晒干后无须加工，可直接应用。

表 7-10　铁尾矿的化学成分

成 分	SiO_2	Al_2O_3	CaO	MgO	TFe	S
含量/%	30.28	10.80	9.59	2.51	15.76	1.43

辅助原料：砂岩、石灰石、白云石，将砂岩、石灰石、白云石磨成细粉，粒径小于28 目（0.6 mm），也可用石英砂或硅石代替砂岩。

工艺流程：原料制备→熔制→退火→玻璃。

采用高温加料方式在 1000 ~ 1200 ℃将制备的配合料加满坩埚，剩余的配合料分期分批加入，加料间隔以坩埚中的配合料烧去为准。加完料后，将炉温升至 1400 ~ 1450 ℃，并保温。在保温过程中，通过炉前观测、挑料、拉丝等方式来确定坩埚中配合料的熔化情况。当挑料、拉丝发现坩埚中的配合料已完全熔融、玻化，且无浮渣、未融砂粒、气泡后，再将炉温下降 100 ~ 250 ℃，并保持 10 ~ 20 min 后取出坩埚浇注成型。

通过反复试验，确定了铁尾矿玻璃的化学成分，其化学成分范围为 SiO_2 48% ~ 62%、Al_2O_3 9% ~ 10%、CaO 8% ~ 19%、MgO 2% ~ 3%、Fe_2O_3 18% ~ 20%。铁尾矿玻璃的主要工艺参数为铁尾矿用量（占配合料质量）：70%；辅助原料用量：砂岩 10% ~ 30%；石灰石 5% ~ 25%；配合料熔成率大于 70%；玻化温度 1400 ~ 1450 ℃；成型温度 1000 ~ 1200 ℃；退火温度 520 ~ 620 ℃。

经退火后的铁尾矿玻璃漆黑光亮，均匀一致无色差，无气泡无疵点。表面可磨抛加工，磨抛后平整如镜，其表面光泽度不小于 115（不抛光的自然光泽度为 110）。与天然大理石花岗岩相比（光泽度为 78 ~ 90），这种尾矿饰面玻璃更加庄重典雅。其理化性能甚至有的优于同类材料。经初步成本分析，铁尾矿饰面玻璃有较好的经济效益，附加值高，有开发应用前景。

B　*铜尾矿生产饰面玻璃*

同济大学以吉林地区高铝铁硫铜矿尾矿为主原料，在实验室的基础上，用某玻璃器皿厂的坩埚窑完成了铜尾矿饰面玻璃工业性扩大试验。

原料：铜尾矿饰面玻璃的主要原料为铜尾矿，其矿物组成主要是石英、长石和硫化矿，外观灰色，粒度 -28 目（-0.6 mm）100%，化学成分见表 7-11。熔体急冷后，成为充满气泡、浮渣、未熔砂粒的铸石相和玻璃相的混合体，颜色为黑色。辅助原料为硅砂、方解石。

表 7-11　铜尾矿的化学成分　（%）

成分	SiO_2	Al_2O_3	CaO	MgO	K_2O	Na_2O	Fe_2O_3	FeO	TiO_2	SO_3
含量	60.40	13.24	3.79	1.18	2.40	2.48	6.00	2.46	3.90	4.50

工艺流程：原料制备→加料→坩埚熔制→浇铸、压制、吹制成型→室式退火炉退火→切割磨抛。其中的配料比例为 60% 左右的铜尾矿与 40% 左右的辅助料混合。主要工艺参数见表 7-12。

表 7-12 铜尾玻璃熔制的主要工艺参数

配 料	熔成率/%	熔化温度/℃	成型温度/℃	析晶温度/℃	退火温度/℃
铜尾矿：60%左右 辅助原料：40%左右	70	1350~1450	1100~1300	860~1000	580~640

铜尾矿饰面玻璃漆黑光亮，无杂质、气泡，可进行切割、磨抛等加工，磨抛后其表面光泽度不小于100，与天然大理石相比，颜色更黑，而且均匀一致，具有高贵典雅、庄重大方的装饰效果；其理化性能均能满足有关饰面材料的技术性能要求，外观装饰效果优于天然大理石。经初步成本分析，生产铜尾矿饰面玻璃有较好的经济效益，附加值较高。

7.2.5 尾矿生产陶瓷材料

陶瓷瓷坯的化学成分一般为 SiO_2 59.57%~72.5%、Al_2O_3 21.5%~32.53%、CaO 0.18%~1.98%、MgO 1.16%~1.89%、Fe_2O_3 0.11%~1.11%、TiO_2 0.01%~0.11%、K_2O 1.21%~3.78%、Na_2O 0.47%~2.04%。建筑陶瓷种类很多，根据化学组成可以分为钙质陶瓷和镁质陶瓷。由于组成尾矿的常见造岩矿物，大都具备作为陶瓷坯体瘠性原料或熔剂原料的基础条件。因此，只要针对不同的生产工艺和产品进行合理的设计就能够制出性能较好的陶瓷。

A 利用钨、稀土尾矿烧制陶瓷

南方冶金学院（现江西理工大学）进行了用稀土尾矿配以钨尾矿制作陶瓷的试验，所用钨尾矿为赣南某尾矿，尾矿中钨金属矿物占的比例很少，大部分为非金属矿物，主要为石英、长石，还有萤石、石榴石等，SiO_2 含量较高；所用稀土尾矿为赣南地区的稀土尾矿，尾矿中 SiO_2 及 Al_2O_3 的含量均较高，两种尾矿的主要化学成分与陶瓷瓷坯的化学成分十分相似，可以通过加工制作成性能优良的陶瓷原料。

以稀土尾矿65%~70%、钨尾矿30%~35%为配方烧制陶瓷。工艺中的烧成温度为1100~1130 ℃，烧成率在90%以上，烧制成的瓷坯坯体产品表面光滑，有较强的玻璃光泽，颜色为暗红色，声音清脆，强度较大，充分利用了钨尾矿及稀土尾矿在成分上的互补性及稀土尾矿中某种元素的着色效果，烧成率也较高。该工艺为尾矿的开发和利用提供了一条有效的途径。

B 利用金尾矿生产窑变色釉陶瓷

福建省陶瓷产业技术开发基地陈瑞文等进行了利用福建省双旗山金矿尾矿生产窑变色釉陶瓷的工艺研究。黄金尾矿生产色釉陶瓷，其核心技术是色釉的配方及生产工艺流程。陶瓷色釉的原料是以精选后的黄金尾矿（长石含量达36%~37%，高岭土15%~17%，石英24%~26%，白云石14%~16%，氧化铁5%~6%）为主，并添加适量显色矿物（如 Fe_2O_3、MnO_2）或直接以矿物原有的氧化铁、锰钛铁矿、金、银、钨等微量元素作为着色（发色）矿。为了使坯料、釉料浆料的物理性能稳定，选用永安黏土、大坪山瓷土淘洗泥、漳州黑泥等原料辅助使用。其中，在每100重量份色釉中所含的各金属氧化物原料的质量份之比是 Fe_2O_3 为4~6.5，K_2O+Na_2O 为3~5，CaO+MgO 为7~11，尾矿在坯料中的加入量可达20%~30%，釉料中更可高达50%~85%。其烧成温度范围是为1100~1250 ℃，不同的烧成气氛可获得不同颜色的釉面效果。

坯料工艺流程：黄金尾矿筛选→陈腐→配料→湿法球磨→过筛→除铁→入泥浆池→双缸泥浆泵→过筛→除铁→陈腐→注浆成形→干燥修坯（待用）。

釉料工艺流程：黄金尾矿筛选(325 目（0.044 mm））→陈腐→配料→球磨→过筛→施釉→烧成→产品。

坯料工艺参数：泥浆细度过 200 目（0.6 mm）筛余 1.0%~1.8%；总收缩（干燥+烧成）12.5%~13.5%；干燥强度 2.45 MPa。釉浆工艺参数：釉浆细度万孔筛余 0.05~0.1%；釉浆相对密度 1.70~1.75；施釉方法为喷釉和浸釉；釉烧温度为（1210±10）℃；施釉厚度：0.7~1.0 mm。

烧成制度：烧成采用宽断面节能隧道窑，烧成温度 1200~1230 ℃，因原料中含有较多有机物、碳酸盐等，升温前期宜较慢，接近釉料熔化温度宜较长时间保温，以保证高亮度效果的釉面。

利用黄金尾矿研制的各种窑变色釉陶瓷，色彩丰富绚丽，釉面光亮平整，完全能够生产出艺术水平较高的窑变色釉艺术瓷。因为黄金尾矿具有促进烧结的作用，使得窑变色釉陶瓷产品比传统烧成温度降低了 50~80 ℃，减少了陶瓷产品的生产能耗，具有较好的经济和社会效益。

7.2.6 尾矿生产微晶玻璃

微晶玻璃是由基础玻璃经控制晶化行为而制成的微晶体和玻璃相均匀分布的材料，具有较低的热膨胀系数、较高的机械强度、显著的耐腐蚀、抗风化能力和良好的抗震性能，广泛地应用于建筑、生物医学、机械工程、电磁等应用领域。建筑微晶玻璃最主要的组分是 SiO_2，而金属尾矿中 SiO_2 的含量一般都在60%以上，其他成分也都在玻璃形成范围内，均能满足化学成分的要求。

尾矿微晶玻璃的开发应用研究在国外早在 20 世纪 20 年代就已开始，20 世纪 50 年代以来，欧洲及美、日、苏等国成功地实现了尾矿在玻璃工业中的广泛应用。我国从 20 世纪 80 年代以来也开始加入尾矿微晶玻璃的研究行列，90 年代初步入了工业化试验阶段，在材料学研究方面领先的高等院校是其中的代表。在借鉴国外先进经验的基础上，我国的微晶玻璃装饰板生产技术取得了突破性进展，已成功地解决了基础玻璃的成分设计、玻璃的熔制、玻璃的粒化及玻璃颗粒析晶能力的控制等多项难题，掌握了采用各种尾矿生产微晶玻璃的关键技术，并在天津、广东、内蒙古以及河北等地实现了工业化生产。

尾矿微晶玻璃生产工艺有熔融法和烧结法，国内较多采用成熟度较高的烧结法，将玻璃、陶瓷、石材工艺相结合。该法制备微晶玻璃不需经过玻璃成形阶段，可不使用晶核剂，生产的产品成品率高、晶化时间短、节能、产品厚度可调，可方便地生产出异型板材和各种曲面板，并具有类似天然石材的花纹，更适于工业化生产。具体工艺流程为原料加工→配料混匀→熔制玻璃→水淬成粒→过筛→铺料装模→烧结流平→晶化成型→抛磨→切割→成品检验。熔制工艺与玻璃熔制相似；水淬、晶化是借鉴陶瓷的工艺方法；研磨抛光和切割与石材工艺相同。助熔剂、着色剂、烧结剂等辅助化工原料，均采用化学纯试剂，直接使用。尾矿微晶玻璃常用晶核剂为 ZnO、TiO_2、Cr_2O_3 等；碱金属氧化物 Na_2O、K_2O、Li_2O 是十分有效的助熔剂，有些晶核剂本身也具有助熔作用，如 TiO_2 等；着色剂可根据所需颜色选用不同的无机物或金属氧化物；为提高烧结速度、降低烧结温度，亦可适当添加少量卤化物或多种无机混合物等作为烧结剂。

7.2.6.1 铁矿尾矿制取微晶玻璃

根据铁尾矿成分，尾矿微晶玻璃一般属 $CaO-MgO-Al_2O_3-SiO_2$（简称 CMAS）和 $CaO-Al_2O_3-SiO_2$（简称 CAS）体系。不同的硅氧比可以得到不同的晶相，当 SiO_2、Al_2O_3 含量低时，一般易形成硅氧比小的硅酸盐（如硅灰石），当 SiO_2、Al_2O_3 含量高时，易生成架状硅酸盐（如长石），玻璃结构稳定，难于实现晶化。为了使铁尾矿制备的微晶玻璃具有较高的机械强度、良好的耐磨性、化学稳定性和热稳定性，一般选择透辉石（$CaMg(SiO_3)_2$）或硅灰石（β-$CaSiO_3$）为所研制的微晶玻璃的主晶相。

我国目前对于铁尾矿只能制成深颜色的微晶玻璃，限制了使用范围；对于高铁含量的铁尾矿微晶玻璃的研究开发还处于实验室开发阶段，只有建筑装饰用铁尾矿装饰玻璃进入工业性试验；对铁尾矿的研究范围也很有限，基本上停留在高硅区，应该拓宽到中低硅区，以期开拓新的应用领域。

北京科技大学以大庙铁尾矿和废石为主要原料制成了尾矿微晶玻璃花岗岩（微晶玻璃的一种）。其抗压强度、抗折强度、光泽度、耐酸碱性等性能均达到或超过天然花岗石材，可制成异形、花纹美丽，颜色可按市场需要人为调配，尤其是可配出自然界没有的蓝色等。

7.2.6.2 钨尾矿制取微晶玻璃

中南工业大学（现中南大学）与中国地质大学合作，经试验研制出了一种新型钨尾矿微晶玻璃，工艺简单，成本低廉。主要原料为钨尾矿，另外采用长石和石灰石作为辅助原料。将配料混合均匀装入玉坩埚，在硅钼棒电阻炉中进行熔制。采用 1% Sb_2O_3（质量分数，下同）和 4% NH_4NO_3 作为澄清剂，加料温度 1200 ℃，熔制温度 1550 ℃，保温 2.5 h 后 1580 ℃澄清 1.5 h。玻璃液淬入水中制成玻璃粒料，然后在耐火材料模具中自然摊平。为了易于脱模，模具内表面涂有石英砂和高岭土泥浆，装模成型后送入炉中微晶化。按以上工艺可制得 100 mm×100 mm×10 mm 的淡黄色微晶玻璃样品，其结构较致密均匀，且气孔极少，外观平整光亮无变形现象，表面呈现出类似天然大理石的花纹。经检测，该微晶玻璃的抗折、抗压、抗冲击强度以及抗化学腐蚀等性能指标均好，优于天然大理石和花岗岩。

匡敬忠等以钨尾矿为主要原料，用量为 55%~75%，不添加晶核剂，采用浇注成型晶化法制备出钨尾矿微晶玻璃，其主晶相为 β-硅灰石，其核化析晶机理属于表面成核析晶，工艺简单，成本低廉。王承遇等以钨尾矿、长石、石灰石、芒硝和纯碱为主要原料，以萤石和磷矿石为晶核剂，采用熔融法制备了乳白色钨尾矿微晶玻璃，最佳核化温度为 680~700 ℃，晶化温度为 900~950 ℃，晶相为硅灰石和磷灰石。

7.2.6.3 金尾矿制备微晶玻璃

山东省地质科学实验研究院刘瑄等利用以焦家金矿尾矿为基本原料，采用烧结法生产微晶玻璃，工艺技术简单易控，中试配方的尾矿最大利用率可达 60%。所用原料主要为金尾矿、石灰石、石英岩。其工艺流程为原料加工→配料混匀→熔制玻璃→水淬成粒→过筛→铺料装模→烧结流平→晶化成型→抛磨→切割→成品检验。最终产品规格为 60~90 mm^2，其外观颜色显色正常、花纹明显、呈浅黄色，样品表面无密集开口气孔。经理化性能及耐酸、碱等检测，样品各项指标均符合“建筑装饰用微晶玻璃”行业标准。

7.2.6.4　其他尾矿制备微晶玻璃

钼、镍、铜等其他尾矿均有制备微晶玻璃的研究与试验，效果较好。

7.2.7　尾矿在公路工程中的应用

公路工程施工中基层骨料大部分采用河床砂砾或机制碎石。随着河床砂砾资源匮乏和机制碎石加工成本的增加，造成了在施工过程中原材料供应的困难，并且挖采河床砂砾和开采山石对周边环境造成极大破坏，不利于生态发展。若把铁尾矿料用在路面混凝土、路面基层和路基回填上，可以大量消耗铁尾矿料，为现有尾矿料库腾出库容，减少周围环境的污染和少征用土地；还可以降低公路工程造价，实现其自身价值；并可以大量减少河砂和土石方的消耗量，避免破坏土地和环境。经测算，每利用1000 m^3 尾矿砂，可减少路基填筑取土（取土深1.5 m）用地1亩（666.67 m^2），可减少尾矿砂占地（尾矿砂堆积高度3 m）0.5亩（333.33 m^2），代替石屑作基层可节约矿山资源920 m^3，可降低工程造价2万元以上，社会效益和经济效益十分显著，在地方道路及乡村道路大有推广应用前景。

目前尾矿作为道路建筑材料用于道路工程中的研究处于起步阶段，还没有大规模应用，但从尾矿的物理力学性质、颗粒组成、化学成分分析和已做过的有关成功试验和理论推理来看，尾矿在公路工程中的应用前景广泛，是今后利用废物修筑公路的较好材料。

7.2.7.1　*尾矿砂作为路面基层材料*

公路工程中，水泥稳定碎石基层需要使用大量的碎石填料。尾矿料与机械轧制的碎石集料具有相似性，因此可以应用磁选尾碎石、尾矿砂代替碎石来配制水泥稳定尾矿料混合料。

A　材料要求

采用石灰、粉煤灰或水泥稳定尾矿砂基层施工时，各种材料质量应符合《公路路面基层施工技术规范》的要求。白灰要符合Ⅲ级以上消石灰技术指标要求，并尽量缩短白灰的存放时间，如存放时间较长，则应采取覆盖封存措施，尽量现使现进。

（1）粉煤灰：灰中 SiO_2、Al_2O_3 和 Fe_2O_3 的总量应大于70%，粉煤灰的烧失量不应超过20%；粉煤灰的比表面积宜大于2500 m^2/kg（或90%通过0.3 mm筛孔，70%通过0.075 mm筛孔）。

（2）水泥：水泥应选用初凝时间在3 h以上的强度等级32.5级的普通硅酸盐水泥、矿渣硅酸盐水泥和火山灰质硅酸盐水泥。不应选用快硬水泥、早强水泥和已受潮变质水泥。

（3）尾矿砂：尾矿砂在公路中应用一般选用硬矿所选出的弃料，应洁净无杂质。用于二灰稳定时，小于0.075 mm颗粒含量不大于7%，用于水泥稳定时，小于0.075 mm颗粒含量不大于5%。

（4）水：采用饮用水。

（5）材料组成配比：材料组成配比除符合《公路路面基层施工技术规范》规定的颗粒组成范围要求外，水泥稳定碎石尾矿砂时，宜可参考水泥砼材料组成设计方法即尾矿砂按砂率方法确定掺加比例（或参考贫水泥砼的设计方法）。石灰、粉煤灰稳定碎石、尾矿砂，7 天无侧限抗压强度底基层、基层按二级公路标准控制在 0.6 MPa 以上。水泥稳定碎石、尾矿砂做路面基层 7 天无侧限抗压强度控制在 3.0 MPa 以上。

B 施工工艺及控制

a 拌合

采用具有电子计量装置的专用稳定土拌合设备集中厂拌，拌合时要符合下列要求。各种进场材料要和配合比组成设计时提供的材料相一致；厂拌设备所有计量装置要通过计量检测标定合格后方可使用；按施工配合比进行试拌校正，分别计量确定各料仓出料比例；严格控制含水量，使混合料运到现场摊铺后碾压时的含水量接近最佳含水量；拌合料要均匀，第一盘混合料应弃掉回收；雨季施工时，应采取措施保护集料不受雨淋，混合料运输车要加强覆盖；多风、干燥、气温高的天气施工时，及时调整含水量；混合料运输车辆要与拌合设备生产能力相匹配。

b 摊铺及碾压

采用稳定土摊铺机摊铺混合料；摊铺前对下承层进行清扫、放线，为有效控制宽度，可先在基层两侧按虚铺厚度培槽，宽度 30 ~ 50 cm；按间距 5 m 测量高程，按虚铺厚度打桩挂钢绞线；摊铺宽度单机不大于 7 m，宜整路幅双机呈阶梯一次摊铺成型；摊铺速度一般控制在 2 ~ 4 m/min，摊铺机前应有足够的运输车辆，确保摊铺速度均匀，不间断；碾压宜采用 18T 以上振动压路机和胶轮压路机，压路机数量及碾压遍数应通过铺筑试验段确定，一般不低于 3 台压路机；碾压按初压、复压和终压三个阶段配备压路机，初压时采用静压，压路机紧随摊铺机后“S”形碾压停、倒车，碾压重叠 1/2 轮宽，压完路面全宽时即为一遍。一般需碾压 6 ~ 8 遍，路肩和基层同步碾压。碾压速度一般控制在 1.5 ~ 2.5 km/h；复压宜采用胶轮压路机进行碾压；严禁压路机在已完成的或正在碾压的路段上调头或急刹车，并严格控制初压、复压、终压区段，严禁在已成型并超过终凝时间的路段重叠振动碾压。

c 养生及交通管制

每一碾压区碾压结束经压实度检测合格后，即可保湿养生；白灰、粉煤灰或水泥稳定尾矿砂基层碾压完成检测合格后，用钢丝刷或其他工具将基层表面刷毛，即可养生，宜采用湿砂养生，养生期内保持砂处于湿润状态，养生 7 天结束后，将覆盖物全部清除干净；石灰、粉煤灰或水泥稳定碎石、尾矿砂，可采用洒水车进行洒水养生，养生期间保持基层表面湿润，保湿养生 7 天。如面层为沥青砼面层，则在洒水养生之前，将基层光滑表面采用刷毛办法进行处理，使其表面层具有一定粗糙度，利于浇洒透层油的渗入以及基层和面层之衔接，防止路面推移；为确保透层油渗透效果，宜在养生 3 ~ 4 天后浇洒透层油进行养护，并在养生期结束后进行面层施工，减少由于基层长时间暴晒造成基层干缩裂缝；养生期内，除洒水车外，严禁载重车辆通行。

C 应用效果

2009 年，河北省承德市隆化县交通局在韩郭线大修公路工程施工中，采用隆化县金谷矿业铁矿尾矿作为水稳基层碎石主要原料，实现了尾矿在公路基层施工中的成功利用。

施工单位首先对尾矿进行了筛分试验和无侧限抗压强度试验，试验结果表明，尾矿颗粒粒径及水泥稳定碎石无侧限抗压强度等指标均符合现行公路工程标准规定的要求，尾矿料可满足公路基层用稳定材料。又通过试验最终确定水泥稳定碎石最佳含水量 5.0%，最大干密度2.53 g/cm^3。韩郭线大修工程中，每吨水泥稳定碎石基层配合比采用水泥：尾矿料：水=45：905：50。混合料基层到达养护期后，进行了现场检测和钻芯取样试验，各项检测结果均满足基层施工规范要求，其中7天强度均值为3152 MPa，最高值为5120 MPa，最低值为3143 MPa。公路运营后，没有发生路面病害，运行状况良好，并且通过了省市质量监督部门的抽检，达到了规范要求。

本次工程使用尾矿料32000多吨，通过使用尾矿料节省材料费40余万元。

7.2.7.2 尾矿砂填筑路基

尾矿砂可以作为路基填料，施工采用包边培槽方法，即在路基两侧各培宽1.5～2.0 m土路基，高度不超过30 cm，和每层尾矿砂填筑路基高度相同，并顺路基纵向每间隔20 m预留一宽度30 cm泄水孔，内填透水材料，碾压同尾矿砂路基同步进行。在路槽内填筑尾矿砂，尾矿砂填筑路基表面层稍有扰动可呈松散状，每层路基填筑前，要先洒水湿润，填筑采用逆向施工法。尾矿砂采用推土机、平地机或装载机等机械整平稳压，振动压路机碾压。碾压时要严格控制含水量，含水量一般控制在大于最佳含水量1～2个百分点，含水量过小时压路机无法行走碾压。尾矿砂由于矿石含量和硬度不同，对尾矿砂路基压实方法也不同，对粉尘含量较多、含泥量较大的尾矿砂，可直接采用压路机进行碾压；对粉尘含量少、含泥量小的尾矿砂可采用水沉的方法，压路机配合达到压实效果。尾矿砂填至距路基顶面15～20 cm时，采用黏性较大的土质进行封层碾压成型。检测，一般将表面松散部分尾矿砂刮除，露出平整密实表面，采用灌砂法或水袋法检测压实度。

7.2.7.3 铁尾矿替代河砂用于水泥混凝土路面

水泥混凝土是我国目前大量采用的两种主要路面材料之一，具有强度高、稳定性好、耐久性好、有利于夜间行车等优点，在我国南方地区大量采用。水泥混凝土路面中需要消耗大量的河砂。若铁尾矿能替代河砂用于混凝土中，将是我国工业废渣（废料）利用的一个重大突破。

2006年鞍钢集团矿业设计院和鞍钢建设公司预制厂联合进行了铁尾矿替代普通河砂的混凝土试块试验。铁尾矿原料取自风水沟尾矿库，碎石为当地采场碎石，水泥为C32.5普通矿渣水泥，水泥、碎石、铁尾矿、水的质量比1：2.82：1.26：0.45，经过机械搅拌后，做成两组100 mm×100 mm×100 mm C25混凝土标准试块（每组各3块），经过实验室标准养护28天后，混凝土强度已达到C35以上。

7.2.8 尾矿在农业领域的应用

7.2.8.1 尾矿生产多元素矿质肥

尾矿中往往含有Zn、Mn、Cu、Mo、V、B、P等维持植物生长和发育的必需微量元素，可用作微量元素肥料。

钼选矿尾砂制多元素矿质肥料技术是代表我国环境学科发展的一项集矿山尾矿综合处理和清洁生产为一体的新技术。该技术通过类似于水泥生产的简单工艺，将钼尾矿加工为含有对农作物生长所必需的钾、硅等多元素矿质肥。钼尾矿砂制多元素矿质肥料不仅能够为土壤补充大量元素钾和硅、钙、镁、硫等中量营养元素，而且也能有效补充铜、铁、锌、锰、钼等农作物必需的微量元素。利用这种矿质肥，还能有效促进氮、磷、钾化肥的吸收能力，提高化肥利用率，增强农作物抗灾能力，改善农作物品质、修复土壤肥力，保持和提高土地的可持续生产力。

钼尾矿多元素矿质肥料的生产工艺为以钼尾矿和白云石或高镁石灰石为原料，在立窑或回转窑中煅烧生产。具体生产方法是：检验并计算出钼尾矿、白云石或高镁石灰石和无烟煤或白煤中酸性氧化物和碱性氧化物各自的总当量数；按照立窑水泥配热方法计算出不小于1200 ℃窑温所需的配煤量；按酸性氧化物：碱性氧化物≈1.1～1.2计算钼尾矿和白云石或高镁石灰石的配入量，与煤混合，得到生料原则配方，用回转窑煅烧不加入煤粉成分；加入含碱金属离子煅烧助剂，碱金属离子占配料总量的0.2%～1%；将配料研磨成80目（0.178 mm）以上的细粉，加入回转窑中，在1200～1350 ℃的温度下煅烧成硅肥熟料；或加入成球机中，加水成球；成球物料在不小于1200 ℃的温度下在立窑中煅烧成硅肥熟料；经冷淬后进行粉碎，即成为多元素硅肥。

这种技术以清洁生产方式为主导，把矿山冶金“三废”治理与农业土壤肥力修复进行统筹分析和研究，形成了用钼矿尾砂制造富含多种中微量元素矿质肥料的创新技术和工艺。通过采用煅烧工艺，避免了化学提取工艺生产肥料方式中的高能耗、高成本与高污染，从而实现无“三废”的清洁生产。

2007年沈宏集团涞源矿业公司以大湾钼尾矿为主要原料，完成1000 t级矿质肥料（多元硅肥）的工业试验，产品以钙、镁、硅为主，同时含钾及铁、铜、锌、钼等微量元素，在黑龙江省获得“多元硅肥”肥料登记。在黑、吉、辽、冀、豫的水稻、玉米、冬小麦、果树、大棚蔬菜、大豆、花生多种作物表现增产、抗逆、抗病虫、提高品质的功效。2008年通过环境科学学会技术鉴定，并由中国科学技术协会发布为2009年全国推广的新技术。经过近3年的多种作物、300多个点次的田间试验结果表明，该肥料对农作物具备增产、提高品质以及抗病虫害和抗旱涝低温等良好肥效。目前，利用该技术生产的肥料还取得了在黑龙江省生产和推广销售的许可。据相关开发人员介绍，根据试生产的成本核算，对于一个年排放30万吨钼尾矿的企业而言，如果将其加工为50万吨多元素矿质肥，可实现年利润5000万元，此外还可以节约每年500万元的尾矿库建设、维护和植被修复等费用。相当于钼中等价位时钼矿山的采选矿利润，钼尾矿制肥等于再造了一个钼矿。

2012年3月26—27日，工业和信息化部、中国工程院在河南开封联合主办“金属尾矿无害化农用研讨会”，由河南煤业化工集团有限责任公司和北京海达华尾矿资源利用技术有限公司共同完成的“南泥湖钼尾矿无害化农用产业项目工艺技术报告”通过专家论证。专家介绍，金属尾矿无害化农用，是指通过相关关键技术和设备，对金属尾矿进行无害化处理（再选回收有价元素或组分；消除有毒有害重金属和选矿添加剂危害；脱除水溶性钠盐），活化中、微量元素等，使其成为优质大宗农用产品原料，生产可控缓释肥料、土壤调理剂、栽培基质等新型农用产品，用于改善土壤理化性质，提高土壤质量和耕地等级，满足作物生长营养需求，保障粮食安全。“钼尾矿无害化农用产业项目”是河南煤业化工集团建设我国第一个特大型“有色金属（钼）循环经济新兴工业化基地”项目中的重点工程。钼尾矿无害化农用产业及其配套项目投资就达91.5亿元，整个项目建设投产后，预计将消纳并综合利用钼尾矿2000万吨/年，销售收入达250亿元/年以上，实现利税达85亿元/年以上，解决就业达5500人左右。

7.2.8.2 尾矿用作磁化复合肥

尾矿中的磁铁矿具有载磁性能，加入土壤可提高土壤的磁性引起土壤中磁团粒结构的活化，尤其是导致“磁活性”粒级和土壤中铁磁性物质的活化，使土壤的结构、孔隙度和透气性能有所改善。

“七五”期间，马鞍山矿山研究院在国内率先进行了利用磁化铁尾矿作为土壤改良剂的研究工作，于1984年开始，利用南山铁矿磁选尾矿进行研究，用特定设计的磁化机对磁选厂铁尾矿进行磁化处理，生产出磁化尾矿。以马钢南山铁矿磁化铁尾矿为土壤改良剂的试验，经历了对多种农作物的盆苗、田间小区试验和大田示范试验以及不同类型土壤的试验。试验结果表明，土壤中施入磁化尾矿后，农作物增产效果十分显著，早稻平均增产12.63%，中稻平均增产11.06%，大豆增产15.5%。

1985年起，该院先后与马钢矿山公司和马钢综合利用公司合作，进一步开展了磁化肥料在农业上应用的试验研究。将磁选厂铁尾矿与农用化肥按一定的比例混合，经过磁化、制粒等工序，制成了磁化复合肥，并在当涂太仓生态村建成一座年产1万吨的磁化复合肥厂，以加磁后的尾矿代膨润土作复合肥的黏结剂，既降低了成本，又增加了肥效，深受当地农民欢迎。

7.2.8.3 尾矿用作土壤改良剂

尾矿主要用于改良土壤的物理、化学和生物性质，使其更适宜于植物生长，而不是主要提供植物养分的物料，都称为土壤改良剂。如利用含钙尾矿施于酸性土壤中，对酸性土壤进行钙化中和处理。目前用作土壤改良剂的矿物或岩石主要有膨润土、沸石、硅藻土、蛇纹岩、珍珠岩等。

邵玉翠等人利用10种不同天然矿物作为土壤改良剂，对矿化度4～5 g/L的微咸水灌溉农田土壤进行改良效果试验。结果表明：改良剂1即100%膨润土施用量2500 kg/hm^2，能够降低土壤容重12.23%，提高土壤肥力12.28%；参试的改良剂均能够降低0～5 cm土壤全盐量，最大降幅72.5%，并能降低0～40 cm土壤CO_3^{2-}和HCO_3^-离子，最大降幅达100%；改良剂4即100%磷石膏施用量2250 kg/hm^2，能够增加土壤中的Ca^{2+}、Mg^{2+}离子、降低土壤中的K^+、Na^+离子。

安徽凹山选厂除对尾矿进行再选回收硫磷等有价元素外，还对未脱磷的磁选尾矿用来进行改良土壤的试验，试验表明：经添加尾矿的土壤对作物增产有显著的效果，能使水稻增产10%～15%。油菜增产5%左右，对小麦和大豆等农作物的生长均有所改善。

中国科学院地质与地球物理研究所的科研人员经过十多年的努力，自主研制出了一种能有效提高土壤综合肥力的新型微孔矿物肥料，其普适性和低成本使得大面积改善我国土壤肥力成为可能。

2010年广东万方集团以白石嶂钼尾矿为主要原料完成500 t级工业试验，制造成功用于酸性红壤的土壤调理剂，在水稻、蔬菜、热带水果、烟草等作物表现增加产量、提高品质、改良土壤等效果。以此为基础，正在与华南农业大学、广东省农业科学院土肥所等院校合作，进一步开发适合南方酸性红壤区各种作物的专用肥料。

2011 年北京海达华公司与河南煤业化工集团进行了钼尾矿无害化农业再利用产业项目，利用南泥湖钼尾矿研发钼尾矿全价可控缓释肥和钼尾矿沙化土壤调理剂，经山东农业大学小麦田间肥效试验与河南省农科院植物营养与资源环境所中、低产类沙化土壤改良定位试验中，分别增产 27% 和 41%，增产效果显著。

7.2.9　尾矿在污水处理中的应用

7.2.9.1　尾矿制备生物陶粒

冯秀娟以江西大余下垄钨矿的尾砂为原料，炉渣、粉煤灰、黏土为辅料，采用焙烧法进行了制备多孔生物陶粒滤料的试验研究。其他辅助材料为浓盐酸、炉渣、粉煤灰、黏土、造孔材料（木屑或泡沫塑料）、黏结剂（改性淀粉）、丙烯酸树脂型白色涂料、二甲苯溶剂等。钨尾矿主要化学成分见表 7-13。

表 7-13　钨尾矿主要化学成分

成分	SiO_2	Fe_2O_3	Al_2O_3	CaO	MgO	K_2O	Na_2O
含量	79.6	8.5	0.11	1.43	1.02	1.75	6.31

用 20% 的盐酸溶液对尾砂进行改性处理，使其具有大量的孔洞。将改性尾砂与炉渣、粉煤灰、黏土按一定比例混合搅拌均匀并添加少量造孔材料和黏结剂，在造粒机上制成球形陶粒生料。将陶粒生料放入电热恒温干燥箱于 120 ℃下烘 1 h，然后转入马弗炉，在 1 h 内逐渐升温至 500 ℃，恒温 10 min，再将温度调至 800 ~1200 ℃焙烧 30 min，出炉自然冷却至常温。将焙烧产品置于球磨机中以自磨方式打磨表面后，用喷枪喷涂经二甲苯稀释的丙烯酸酯型白色涂料，常温干燥后即得最终生物陶粒产品。喷涂丙烯酸酯型白色涂料时空压机压力为 0.2 ~0.5 MPa，喷枪雾化角度为 30° ~50°，喷枪口离陶粒距离为 15 ~50 cm，常温干燥时间为 0.5 ~1.5 h，涂层干膜厚度为 20 ~30 μm。试验结果表明，在钨尾砂、炉渣、粉煤灰、黏土的体积比为 4：1.5：1.5：1，焙烧温度为 1100 ℃条件下，制备出的生物陶粒粒子密度为 1.61 g/cm^3、堆积密度为 1.10 g/cm^3、比表面积为 9.7 m^2/g、酸可溶率为 0.17%、碱可溶率为 0.33%、筒压强度为 8.1 MPa。用该生物陶粒处理 COD 为 817 mg/L 的实际污水，挂膜速度快，微生物附着量大，易反冲洗，20 天 COD 下降率达到 93% 以上。

唐山学院张学董等以铁尾矿为主要原料，通过掺加炉渣、粉煤灰、石灰石、外加剂等辅料，进行了铁尾矿生物陶粒滤料的研究制备。

铁尾矿取自唐山迁安某铁矿的铁尾矿砂，是陶粒的主要原料，提供强度并可做黏结剂；炉渣取自燃煤锅炉废渣，可提供部分热值，也是陶粒的造孔剂；粉煤灰取自唐山发电厂，可改善成球性；石灰石为造孔剂，也可煅烧过程中提高陶粒强度；外加剂主要成分为有机物，是造孔剂和黏结剂。主要原料的化学成分如表 7-14 所示。

按照一定的配比准确称取各原料于水泥净浆搅拌机中，加入 27% 的自来水搅拌均匀，采用手工成球的方式制得3~5 mm的生料球，在（105±5）℃下烘干3 h以去除自由水，然后置于高温电阻炉中，按设定升温程序升温至1100 ℃煅烧30 min，陶粒产品在室温下自然冷却即得铁尾矿生物陶粒。

表7-14　陶粒原料的主要化学成分　（%）

名称	附着水	烧失量	SiO_2	Al_2O_3	Fe_2O_3	CaO	MgO	K_2O	Na_2O
铁尾矿	4.32	2.85	57.56	10.77	13.73	4.43	4.10	2.58	2.11
炉渣	1.56	0.16	4.04	15.47	19.93	38.21	11.60	0.74	1.05
粉煤灰	3.93	1.58	52.33	32.52	4.96	3.65	1.42	0.96	0.34
石灰石	0.80	42.12	2.15	0.42	0.27	53.04	1.32	0.20	0.19

通过污水处理试验，确定原料配比为铁尾矿86%、炉渣7%、粉煤灰5%、石灰石1%、外加剂1%，在煅烧温度1100 ℃的条件下，可制得表面粗糙、粒径3~5 mm、吸水率14.01%、孔隙率31.07%、堆积密度1.12 kg/m^3、表观密度为1.92 kg/m^3 的陶粒，30 h对生活污水的浊度去除率为64.02%，COD去除率高达79.48%，效果显著。

武汉科技大学王德民等以某低硅铁尾矿为主要原料制备出了尾矿添加量达77%的多孔陶粒，并通过实验室曝气生物滤柱考察了所制备陶粒对模拟生活污水的处理效果，结果表明：该陶粒表面粗糙，内部多孔，表观密度、显气孔率和平均孔径分别为1.33 g/cm^3、54%和19.80 μm，重金属浸出试验浸出液中的重金属浓度符合国家地表水环境质量标准。以该陶粒为滤料的曝气生物滤柱对模拟污水的处理效果良好，CODCr、NH_4^+-N、TN的去除率分别为84.26%、84.01%和25.87%；滤柱内陶粒上附着的微生物种类丰富，进水端单位质量陶粒上的生物脂磷总量可达371.63 mmol/g，陶粒表面和内部分别占90.79%和9.21%。

河海大学汪顺才等以铅锌矿浮选尾矿为原料，水玻璃和木质素作为添加剂，通过高温焙烧，制备了水处理陶粒，并用其对选矿废水进行了吸附处理实验研究。实验中所用尾矿为南京银茂铅锌矿业有限公司的浮选尾矿。该尾矿中主要矿物为硅酸盐类矿物，还含有部分Fe、Mn和Al等氧化物，其烧失量为18.93%。陶粒的制备过程为称取30 g全尾矿置入烧杯中，量取一定体积的蒸馏水，搅拌均匀。利用圆盘造粒机将其制成小球直径为5~10 mm，放入电热鼓风干燥箱在105 ℃下烘2 h，再放入高温箱式电炉控制箱，在一定的温度下焙烧2 h，关闭高温箱式电炉控制箱使陶粒在炉内冷却12 h，取出陶粒。

试验结果表明，利用全尾矿在800 ℃下焙烧制备的陶粒对选矿废水的COD吸附效果较好，其最佳吸附时间是30 min，温度是常温，最佳投加量是2 g/100 mL，最佳pH值为8左右，COD去除率和吸附容量分别可达到87.1%和17.85 mg/g；为了减少尾矿的脱落，增加陶粒的强度，又进行了添加黏结剂的试验。通过不同黏结剂对吸附效果的影响试验，确定加入的黏结剂为水玻璃和木质素，加入量为水玻璃+木质素(各2.5 g)/30 g尾矿，在800 ℃下焙烧时间2 h后制成的水处理陶粒，在强度上不易被水流冲刷脱落，且其吸附容量达到了22.84 mg/g。

7.2.9.2　尾矿制备高效絮凝剂

A　硫铁尾矿制备聚合氯化铝铁（PAFC）

成都理工大学李智等进行了硫铁尾矿制备聚合氯化铝铁（PAFC）的试验研究，试验中以川南矿业有限责任公司选除硫铁矿后的尾矿(高岭土为主)为原料，进行煅烧后，再用酸溶出原高岭石结构内的 Fe_2O_3 和 Al_2O_3，从溶液中回收铝盐和铁盐，通过聚合反应可制得聚合氯化铝铁混合净水剂，而铁含量大大降低的滤渣则可作为制造微晶玻璃的原料。

将制得的聚合氯化铝铁（PAFC）用于去除废水浊度，表明它是一种新型高效絮凝剂。与絮凝剂 PAC 相比，PAFC 在凝聚-絮凝净水过程中，具有絮凝体形成快、致密、絮团粗大，而且沉降速度快的特点。水中的泥沙及其他物质被粗大的絮凝体吸附而一起沉降，使水质立即澄清，特别适用于高浊度原水快速除浊应用。PAFC 应用于处理废水，不但处理效果好，易于操作，而且用药量少，絮体沉降性能好，净水中残余铝的比率低，是一种优越的无机高分子絮凝剂。

B　赤铁矿尾矿制备聚合磷硫酸铁（PFPS）

武汉理工大学李军以赤铁矿尾矿作为原料，进行了制备新型高分子絮凝剂聚合磷硫酸铁的过程研究。以武钢恩施赤铁矿磁选后的尾矿作为研究对象，通过酸浸、还原、聚合等一系列工艺，制备出高盐基度的聚合磷硫酸铁（PFPS），并利用制备出的聚合磷硫酸铁对模拟高岭土废水进行了处理。

通过试验确定了酸浸过程的较佳条件为温度 90 ℃，搅拌时间 1.5 h，搅拌速度 400 r/min，酸过量系数 1.5；在还原试验过程中，还原过程的较佳条件为 2 h，温度 50 ℃，铁屑过量系数为 1.4；PFPS 的聚合条件为 $n(NaClO):n(Fe^{2+})=0.16$，$n(Na_3PO_4):n(Fe^{2+})=0.075$，聚合温度 75 ℃，聚合时间 30 min。对高岭土模拟水样中投加自制 PFPS、PFS 和 PAC 等絮凝剂进行絮凝试验，考察了 pH 值、絮凝剂用量以及沉降时间对余浊和透光率的影响，结果显示，在絮凝试验中，自制 PFPS 的絮凝性能远优于 PFS 和 PAC。

7.2.10　尾矿在充填采矿法中的应用

近十多年来，尾矿在充填采矿法中得到较多应用。矿山充填技术是为了满足采矿工业的需要发展起来的。矿山充填虽然已达数百年的历史，但早期的充填是从矿工排弃地下废料开始的，那时并不是矿山开采计划的一个组成部分。有计划地进行矿山充填并有记载，则是近百年之内的事。然而，真正在矿山充填方面取得较大的进展，在国外是近 60 年以来的事，而在我国则是近 40 年以来的事。

7.2.10.1　矿山充填的目的

充填采矿工艺通过矿山充填能有效地充填采空区，充分回采资源，并通过固体废料充填技术将矿山废料作为内部资源被重新利用，因而可以实现资源与环境、安全、经济协调发展的综合目标。

(1) 在矿床开采全过程直到闭坑后，井下采空区得到有效处理，采动岩层得到有效支撑，地表开裂和变形下沉等指标可以控制在相关规范以内，使矿区地表得到有效保护，地面不塌陷、各类水体及植被等自然生态不被破坏，矿址不存在安全及生态环境隐患。

(2) 采矿回收率可以达到 90% 以上，矿石资源得到充分回收利用，矿石中伴生有用成分和远景资源可以得到有效保护。

（3）实现矿山固体废料减量排放或零排放，尾砂或赤泥及掘进废石等固体废料实现资源化利用，不建设尾砂库及废石堆场，不存在尾废堆场垮塌及泥石流等地质灾害事故隐患。

7.2.10.2 *矿山充填发展过程*

国内外矿山充填技术的发展均经历了4个发展阶段。

第一阶段：国外在20世纪40年代以前，以处理废弃物为目的，在完全不了解充填物料性质和使用效果的情况下，将矿山废料送入井下采空区。如澳大利亚的塔斯马尼亚芒特莱尔矿和北莱尔矿在20世纪初进行的废石干式充填，以及加拿大诺兰达公司霍恩矿在20世纪30年代将粒状炉渣加磁黄铁矿充入采空区。国内在20世纪50年代以前，均是以处理废弃物为目的的废石干式充填工艺。废石干式充填采矿法曾在50年代初期成为我国主要的采矿方法之一，1955年在有色金属矿床地下开采中占38.2%，在黑色金属矿床地下开采中竟达到了54.8%。但废石干式充填因其效率低、生产能力小和劳动强度大，满足不了采矿工业发展的需要。因而，自20世纪50年代后期以来，随着效率较高的崩落采矿与其他采矿技术的发展，国内干式充填采矿法所占比重逐年下降，到1963年在有色矿山担负的产量仅占0.7%，几乎处于被淘汰的地位。

第二阶段：20世纪40—50年代，澳大利亚和加拿大等国的一些矿山开发并应用了水砂充填技术。从此真正开始将矿山充填纳入采矿计划，成为采矿系统的一个组成部分，并且对充填料及其充填工艺开展了研究。这一阶段主要是借助水力将尾砂充入井下采空区，其充填料的输送浓度较低，一般在60%~70%，需要在采场大量脱水。因而，必须脱除尾砂中的细泥部分以控制渗透速度，并确定了以100 mm/h的渗透速度作为工业标准。应用水砂充填的矿山已较多，如澳大利亚的布罗肯希尔矿和加拿大的一些矿山均广泛应用了这一工艺。国内矿山从20世纪60年代才开始应用水砂充填工艺。1965年在锡矿山南矿首次采用了尾砂水力充填采空区工艺，有效地减缓了地表下沉。湘潭锰矿也从1960年开始采用碎石水力充填工艺，并取得了较好的效果。20世纪70年代在铜录山铜铁矿、招远金矿和凡口铅锌矿等矿山应用了尾砂水力充填工艺，80年代则已在国内60余座有色、黑色和黄金等金属矿山的开采中广泛应用了水砂充填。

第三阶段：20世纪60—70年代，开始应用尾砂胶结充填技术。由于非胶结充填体无自立能力，难以满足采矿工艺高回采率和低贫化率的需要，因而在水砂充填工艺得以发展并推广应用后，开始发展采用胶结充填技术。代表矿山有澳大利亚的芒特艾萨矿，于60年代采用尾砂胶结充填工艺回采底柱，其水泥添加量为12%。随着胶结充填技术的发展，在这一阶段已开始深入研究充填料的性质、充填料与围岩的相互作用、充填体的稳定性和矿山充填胶凝材料。国内初期的胶结充填均为传统的混凝土充填，即完全按建筑混凝土的要求工艺制备和输送胶结充填料。其中凡口铅锌矿从1964年开始采用压气缸风力输送混凝土进行胶结充填，充填体水泥单耗为240 kg/m^3；金川龙首镍矿也于1965年开始应用戈壁料作为充填集料的胶结充填工艺，并采用电耙接力输送，其充填体水泥单耗量为200 kg/m^3。这种传统的粗集料胶结充填的输送工艺复杂，对物料组配的要求较高，因而一直未获得大规模推广使用。在20世纪70—80年代，几乎被细砂胶结充填完全取代。细砂胶结充填于20世纪70年代开始在凡口铅锌矿、招远金矿和焦家金矿等矿山获得应用。这一时期的细砂胶结充填以尾砂、天然砂和棒磨砂等材料作为充填集料，胶结剂为水泥。

集料与胶结剂通过搅拌制备成料浆后，以两相流管输方式输入采场进行充填。因细砂胶结充填兼有胶结强度和适于管道水力输送的特点，因而于80年代得到广泛推广应用。目前，以分级尾砂、天然砂和棒磨砂等材料作为集料的细砂胶结充填工艺与技术已臻成熟，并已在凡口铅锌矿、小铁山铅锌矿、康家湾铅锌矿、黄沙坪铅锌矿、南京铅锌矿、铜录山铜铁矿、丰山铜矿北缘、武山铜矿、安庆铜矿、凤凰山铜矿、建德铜矿、金川二矿、锡矿山南矿与北矿、张马屯铁矿、鸡笼山金矿、鸡冠嘴金矿、岭南金矿、招远金矿、牟平金矿等20多座矿山应用细砂胶结充填。其中鸡冠嘴金矿为江砂充填，招远金矿为海砂加尾砂充填，金川二矿和建德铜矿为棒磨砂充填，其他均为分级尾砂胶结充填。

第四阶段：20世纪80—90年代，随着采矿工业的发展，原充填工艺已不能满足回采工艺的要求和进一步降低采矿成本或环境保护的需要。因而发展了高浓度充填、膏体充填、废石胶结充填和全尾砂胶结充填等新技术。国外有澳大利亚的坎宁顿矿，加拿大的基德克里克矿、洛维考特矿、金巨人矿和奇莫太矿，德国的格隆德矿，以及南非、美国和俄罗斯的一些地下矿山都在近年来应用了这些新的充填工艺与技术。国内则分别在凡口铅锌矿、南京铅锌矿、张马屯铁矿、大厂铜坑锡矿、丰山铜矿和铜录山铜矿等矿山投产应用。

高浓度充填是指充填料到达采场后，虽有多余水分渗出，但需要渗出的水量较少、渗透速度很低、浓度变化较慢的一种充填方式。制作高浓度的物料包括天然集料、废石料和选矿尾砂。膏体充填是指充填料浆的稠度增高，呈膏状，在采场不脱水，其胶结充填体具有良好的强度特性。

7.2.11 尾矿复垦

尾矿复垦是指在尾矿库上复垦或利用尾矿在适宜地点充填造地等与尾矿有关的土地复垦工作。主要包括以下方面的内容：(1) 仍在使用的尾矿库复垦，如种植草藤和灌木，但不种植乔木；(2) 已满或局部干涸的尾矿库复垦；(3) 尾矿砂直接用于复垦。

尾矿复垦利用方向包括：(1) 农业复垦，即将土地恢复供农业使用；(2) 林业复垦，即恢复专门用于营造人工林、用材林的土地；(3) 牧业复垦，即将土地恢复供种植牧草和植被绿化，恢复生态平衡；(4) 其他用途，如可将采场改造成水库养鱼池或者尾矿池，以及恢复土地供建筑和其他生产用途。

尾矿复垦后土地利用方向的确定是复垦规划的关键。它受到当地的社会、经济、自然条件的制约，一般而言，均应因地制宜选择合适的利用目标，并以获取最大的社会、经济和环境效益为准则。影响复垦土地利用方向的主要因素是当地气候、地形地貌、土壤性质及水文条件、尾矿砂理论特性和需要状况等五大因素，其中需要状况主要是指当地土地利用总体规划、市场需要和土地使用者的愿望。对尾矿复垦土地利用方向的选择正是要基于深入分析和调查这些影响因素，并从森林用地、牧草地、农田用地、娱乐用地、建筑用地、水利及水产养殖等土地利用类型中通过多方案对比分析而最优地确定。

7.3 高炉渣资源的综合利用

7.3.1 高炉渣的产生

在高炉冶炼过程中，从炉顶加入的铁矿石、熔剂和焦炭经加热、还原、熔融，成为铁水和炉渣。渣相浮在铁水之上，从渣口排出，经冷却凝固成为固态高炉渣，也称高炉矿渣，它由铁矿中的脉石、燃料中的灰分和熔剂（一般是石灰石）中的非挥发组分组成。高炉炼铁流程图如图7-7所示。

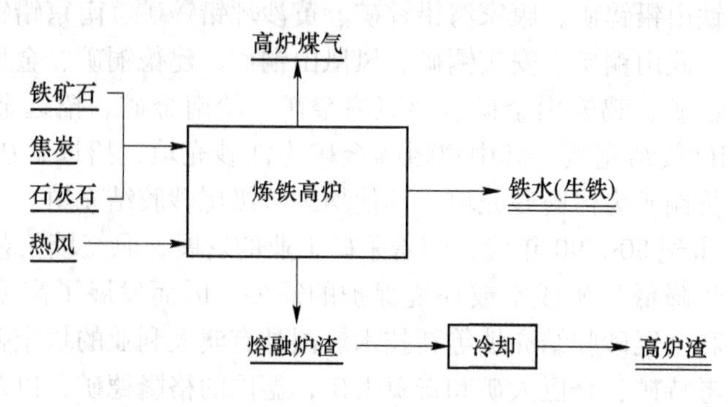

图7-7 高炉炼铁流程图

高炉渣的产生量与铁精矿的品位、焦炭中的灰分以及石灰石、白云石的用量有关，也与冶炼工艺有关。近代选矿和炼铁技术的提高，使每吨生铁产生的高炉渣量大大下降。例如，鞍钢高炉渣比为290~320 kg/t，平均为305 kg/t，年产高炉水渣约670万吨。近年来，随着我国钢铁工业的迅猛发展，高炉渣的排放量随之增加，对高炉渣的综合利用已引起高度重视。目前，探求高炉渣资源化利用新途径和开发高附加值产品，使之成为钢铁企业新的经济增长点，已成为国内外研究的热点之一。

7.3.2 高炉渣的组成

7.3.2.1 化学组成

高炉渣含有15种以上化学成分，普通高炉渣的主要成分是CaO、MgO、Al_2O_3、SiO_2，它们约占高炉渣总质量的95%。高炉渣中的SiO_2和Al_2O_3主要来自矿石中的脉石和焦炭中的灰分，CaO和MgO主要来自助熔剂石灰石等。由于矿石品种以及冶炼生铁的种类不同，高炉渣的化学成分波动较大。但在冶炼炉料组成固定和冶炼工艺正常时，高炉渣的化学成分变化不大。

高炉渣属于硅酸盐质材料，它的化学组成与天然岩石和硅酸盐水泥相似。因此，其可代替天然岩石和作为水泥生产原料等使用。通常，高炉渣中的主要碱性氧化物之和与酸性氧化物之和的比值称为高炉渣的碱度，用R表示，即：

$$R=\frac{w(\mathrm{CaO})+w(\mathrm{MgO})}{w(\mathrm{SiO_2})+w(\mathrm{Al_2O_3})}$$

高炉渣按其碱度大小可分为碱性渣，$R>1$；中性渣，$R=1$；酸性渣，$R<1$。我国高炉渣大部分接近中性渣（$R=0.99\sim1.08$），高碱性及酸性高炉渣数量较少。按碱度分类是高炉渣最常用的一种分类方法，它比较直观地反映了高炉渣中碱性氧化物和酸性氧化物含量的关系。

7.3.2.2 矿物组成

高炉渣中的各种氧化物以各种硅酸钙或铝酸钙矿物形式存在。碱性高炉渣中最主要的矿物有黄长石、硅酸二钙、橄榄石、硅钙石、硅辉石和尖晶石。黄长石是由钙铝黄长石（$2CaO \cdot Al_2O_3 \cdot SiO_2$）和钙镁黄长石（$2CaO \cdot MgO \cdot SiO_2$）所组成的复杂固溶体。硅酸二钙（$2CaO \cdot SiO_2$）的含量仅次于黄长石。其次为假硅灰石（$CaO \cdot SiO_2$）、钙长石（$CaO \cdot Al_2O_3 \cdot 2SiO_2$）、钙镁橄榄石（$CaO \cdot MgO \cdot SiO_2$）、镁蔷薇辉石（$3CaO \cdot MgO \cdot 2SiO_2$）以及镁方柱石（$2CaO \cdot MgO \cdot 2SiO_2$）等。

酸性高炉矿渣由于其冷却的速度不同，形成的矿物也不一样。当快速冷却时，全部凝结成玻璃体；当缓慢冷却时（特别是弱酸性的高炉渣）则往往出现结晶的矿物相，如黄长石、假硅灰、辉石和斜长石等。

高钛高炉渣的矿物成分中几乎都含有钛，其主要矿物有钙钛矿（$CaO \cdot TiO_2$）、安诺石（$TiO_2 \cdot Ti_2O_3$）、尖晶石（$TiFe_2O_4$）、钛辉石（$7CaO \cdot 7MgO \cdot TiO_2 \cdot 7/2Al_2O_3 \cdot 27/2SiO_2$）。锰铁渣中的主要矿物是锰橄榄石。精铁矿渣中的主要矿物是蔷薇辉石（$MnO \cdot SiO_2$）。高炉矿渣中的主要矿物是铝酸一钙、三铝酸五钙、二铝酸钙（$CaO \cdot 2Al_2O_3$）等。

7.3.3 高炉渣的分类及性质

熔融高炉渣常用的冷却方法有急冷（也称水淬）、半急冷和慢冷（又称热泼）三种，其对应的成品渣分别称为水渣、膨胀渣（膨珠）和重矿渣。由于冷却方式的不同，所得到的高炉渣性能也不同。

7.3.3.1 水渣

水渣是高炉熔渣在大量冷却水的作用下急冷形成的海绵状浮石类物质。在急冷过程中，熔渣中的绝大部分化合物来不及形成稳定化合物，而以玻璃体状态将热能转化成化学能封存其内，从而构成了潜在的化学活性。

水渣的化学活性主要取决于其化学成分和矿物结构，其活性大小通常用水淬渣活性率（M_c）或水淬渣质量系数（k）表示，即：

$$M_c = \frac{w(Al_2O_3)}{w(SiO_2)}$$

$$k = \frac{w(CaO) + w(MgO) + w(Al_2O_3)}{w(SiO_2) + w(MnO)}$$

$M_c \geq 0.25$ 时为高活性矿渣，$M_c < 0.25$ 时为低活性矿渣；$k > 1.9$ 时为高活性矿渣，$k = 1.6 \sim 1.9$ 时是中活性矿渣，$k < 1.6$ 时为低活性矿渣。

不同化学成分、不同矿物结构的水渣，其化学活性具有一定差异。碱性水渣含大量的硅酸二钙，因而具有良好的活性。酸性水渣中 Al_2O_3 含量高，其在水淬急冷过程中极利于形成玻璃体，因而酸性水渣也具有良好的活性。MgO 能降低矿渣的黏度，在急冷过程中易进入玻璃体，对水渣活性有利；而 MnO 对玻璃体的形成不利，因而对水渣活性有不利影响。

水渣具有潜在的水硬胶凝性能，在水泥熟料、石灰、石膏等激发剂作用下可显示出水硬胶凝性能。

7.3.3.2 重矿渣

重矿渣是高温熔渣在空气中自然冷却或淋少量水慢速冷却而形成的致密块渣。重矿渣的物理性质与天然碎石相近，其块渣容重大多在 1900 kg/m^3 以上，其抗压强度、稳定性、耐磨性、抗冻性、抗冲击能力(韧性)均符合工程要求，可以代替碎石用于各种建筑工程中。

重矿渣是缓慢冷却形成的结晶相，绝大多数矿物不具备活性。但是，重矿渣中的多晶型硅酸二钙、硫化物和石灰会出现晶型变化及发生化学反应，当其含量较高时，会导致矿渣结构破坏，这种现象称为重矿渣分解。因此，在使用重矿渣，特别是将其作为混凝土骨料使用时，必须认真分析和检验重矿渣的组成，防止重矿渣分解现象的出现。

由于硅酸二钙晶型转变、体积膨胀所导致的重矿渣自动碎裂或粉化的现象，称为硅酸盐分解。图 7-8 为硅酸二钙晶型随温度的变化曲线。

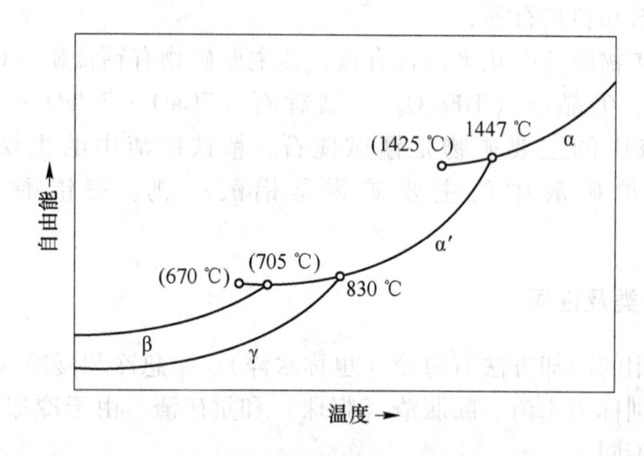

图 7-8　硅酸二钙晶型随温度的变化曲线

(括号内的温度为过冷极限；o为对应的温度点)

由图 7-8 可见，硅酸二钙在不同温度下有α、α′、β、γ四种存在状态。其中，前三种有活性，只有γ型无活性。当加热温度在 780～830 ℃时，γ型缓慢变成α′型。当温度为1447 ℃时，α′型变成α型。冷却时，α型在1425 ℃时变为α′型。α′型在670 ℃时变为β型。β型在525 ℃时变为γ型。由于β型硅酸二钙与γ型硅酸二钙的密度差别较大，当β型硅酸二钙转变为γ型硅酸二钙时，密度变小导致体积增大10%左右，致使已凝固的重矿渣中产生内应力，当内应力超过重矿渣本身的结合力时就会导致重矿渣开裂、酥碎，甚至粉化。按英国、法国、德国、日本等国家的重矿渣使用标准，含有较多硅酸二钙的重矿渣不得用作混凝土骨料和道路碎石。

重矿渣中当含有 FeS 与 MnS 等硫化物时，便会在水解作用下生成相应氢氧化物，体积相应增大38%和24%，导致块渣开裂和粉化，这种现象称为铁、锰硫化物分解。我国重矿渣含 Fe 与 Mn 的硫化物较少。若采用重矿渣作混凝土骨料和碎石，可按《混凝土用高炉重矿渣碎石技术条件》（YBJ 205—1984）中的规定要求执行。若重矿渣中含有石灰颗粒，遇水消解，也能产生体积膨胀，导致重矿渣碎裂。

7. 3. 3. 3　膨珠

膨珠是高温熔渣进入流槽后经喷水急冷，又经高速旋转的滚筒击碎、抛碎并继续冷却而形成，膨珠大多呈球形，其粒度与生产工艺和生产设备密切相关。膨珠表面有釉化玻璃质光泽，珠内有微孔，孔径大的为 350～400 μm，小的为 80～100 μm，其堆积密度为 400～1200 kg/m^3。膨珠呈现由灰白到黑的颜色，颜色越浅，玻璃体含量越高，灰白色膨珠的玻璃体含量可达95%。膨珠除孔洞外，其他部分是玻璃体，松散容重大于陶粒、浮石等轻骨料，粒度大小不一，强度随容重的增加而增大，自然级配的膨珠强度均在3.5 MPa以上，其微孔互不连通，吸水率低。

由于膨珠是由半急冷作用所形成的，珠内存有气体和化学能，除了具有与水淬渣相同的化学活性外，还具有隔热、保温、质轻、吸水率低、抗压强度和弹性模量高等优点，因而是一种很好的建筑用轻骨料和生产水泥的原料，也可作为防火隔热材料。

7.3.4 水渣的利用

7.3.4.1 生产水泥

利用粒化高炉渣生产水泥是国内外普遍采用的技术。在前苏联和日本，50%的高炉渣用于水泥生产。我国约有3/4的水泥中掺有粒状高炉渣。在水泥生产中，高炉渣已成为改进性能、扩大品种、调节标号、增加产量和保证水泥安定性合格的重要原材料。目前，我国利用高炉渣生产的水泥主要有矿渣硅酸盐水泥、普通硅酸盐水泥、石膏矿渣水泥、石灰矿渣水泥和钢渣矿渣水泥五种。

A 矿渣硅酸盐水泥

矿渣硅酸盐水泥简称矿渣水泥，是我国水泥产量最大的水泥品种。它是由硅酸盐水泥熟料和粒化高炉渣加3%~5%的石膏，经混合、磨细或分别磨，细后再加以混合均匀制成的水硬性胶凝材料，其生产工艺流程如图7-9所示。水渣的加入量应根据所生产的水泥标号而定，一般为20%~70%（质量分数）。由于这种水泥配渣量大，被广泛采用。目前，我国大多数水泥厂采用1 t水渣与1 t水泥熟料加适量石膏来生产400号以上的矿渣硅酸盐水泥。矿渣硅酸盐水泥与普通水泥相比具有如下特点：

（1）具有较强的抗溶出性和抗硫酸盐侵蚀性能，故能适用于水上工程、海港及地下工程等，但在酸性水及含镁盐的水中，矿渣水泥的抗侵蚀性比普通水泥差；

（2）水化热较低，适合于浇筑大体积混凝土；

（3）耐热性较强，使用在高温车间及高炉基础等容易受热的地方比普通水泥好；

（4）早期强度低，而后期强度增长率高，所以在施工时应注意早期养护；

（5）在循环受干湿或冻融作用条件下，其抗冻性不如硅酸盐水泥，所以不适宜用在水位时常变动的水工混凝土建筑中。

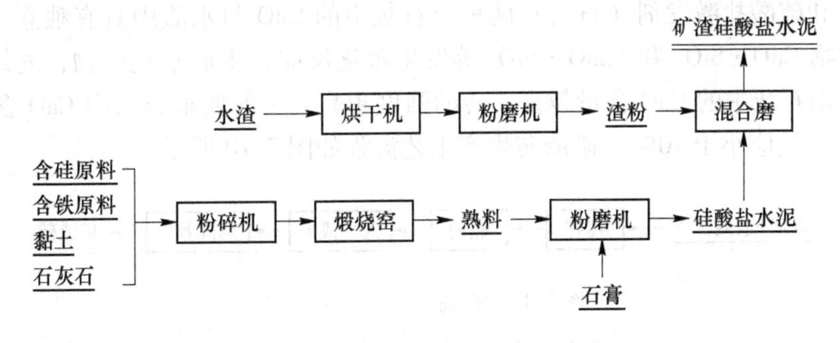

图7-9 矿渣硅酸盐水泥生产工艺流程

B 普通硅酸盐水泥

普通硅酸盐水泥是由硅酸盐水泥熟料、少量高炉水渣和3%~5%的石膏共同磨制而成的一种水硬性胶凝材料。高炉水渣的掺量按质量百分比计不超过15%。符合国标规定的水渣可作为活性混合材。这种水泥质量好、用途广。

C 石膏矿渣水泥

石膏矿渣水泥是一种将干燥的水渣和石膏、硅酸盐水泥熟料或石灰，按照一定的比例混合磨细或者分别磨细后再混合均匀所得到的水硬性胶凝材料，也称为硫酸盐水泥。在配制石膏矿渣水泥时，高炉水渣是主要的原料，一般配入量可高达80%左右。石膏在石膏矿渣水泥中属于硫酸盐激发剂，它的作用在于提供水化时所需要的硫酸钙成分，激发矿渣中的活性。一般石膏的加入量以15%为宜。少量硅酸盐水泥熟料或石灰则属于碱性激发剂，对矿渣起碱性活化作用，能促进铝酸钙和硅酸钙的水化。在一般情况下，如用石灰作碱性激发剂，其掺入量宜在3%以下，最高不得超过5%；如用普通水泥熟料代替石灰，其掺入量在5%以下，最大不超过8%。这种石膏矿渣水泥有较好的抗硫酸盐侵蚀性能和抗渗透性能，但周期强度低，易风化起砂，适用于混凝土的水工建筑物和各种预制砌块。

D 石灰矿渣水泥

石灰矿渣水泥是一种将干燥的粒化高炉矿渣、生石灰或消石灰以及5%以下的天然石膏，按适当比例配合、磨细而成的水硬性胶凝材料。石灰的加入量一般为10%~30%。它的作用是激发矿渣中的活性成分，生成水化铝酸钙和水化硅酸钙。石灰加入量太少，矿渣中的活性成分难以充分激发；加入量太多，则会使水泥凝结不正常、强度下降和安定性不良。石灰的加入量往往随原料中氧化铝含量的高低而增减，氧化铝含量高或氧化钙含量低时应多加石灰，通常先在12%~20%配制。石灰矿渣水泥可用于蒸汽养护的各种混凝土预制品，水中、地下、路面等的无筋混凝土以及工业与民用建筑砂浆。

E 钢渣矿渣水泥

钢渣矿渣水泥是由45%左右的转炉钢渣加入40%的高炉水渣及适量的石膏，经磨细制成的水硬性胶凝材料，可适量加入硅酸盐水泥熟料以改善性能。该水泥目前有225、275、325和425四种标号。这种水泥以钢铁渣为主原料，投资少，成本低，但早期强度偏低。

7.3.4.2 生产矿渣砖

生产矿渣砖的主要原料是水渣和激发剂。水渣既是矿渣砖的胶结材料又是骨料，用量占85%以上。一般要求水渣具有较高的活性和颗粒强度。常用激发剂有碱性激发剂（石灰、水泥）和硫酸盐激发剂（石膏）两种。石灰中的CaO与水渣中具有独立水硬性或低水硬性的矿物$CaO \cdot SiO_2$和$2CaO \cdot SiO_2$等发生水化反应，生成水化产物，凝结硬化后产生强度。所用石灰中的CaO含量越高，砖的强度越高。一般要求石灰中CaO含量在60%以上，MgO含量应小于10%。矿渣砖生产工艺流程如图7-10所示。

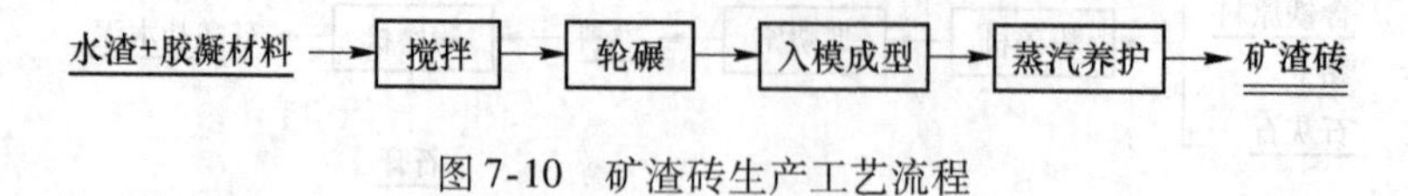

图7-10 矿渣砖生产工艺流程

水渣中加入一定量的水泥等胶凝材料，经过搅拌、轮碾、成型和蒸汽养护而制成矿渣砖。所用水渣粒度一般不超过8 mm，入模蒸汽温度为80~100 ℃，养护时间为12 h，出模后即可使用。将87%~92%的粒化高炉矿渣、5%~8%的水泥加入3%~5%的水混合，所生产的砖的强度可达到10 MPa左右，能用于普通房屋建筑和地下建筑。

如果将高炉矿渣磨成矿渣粉，按质量比加入40%的矿渣粉和60%的粒化高炉矿渣，然后加水混合成型，再在1～1.1 MPa的蒸汽压力下蒸压6 h，可得到抗压强度较高的砖。矿渣砖具有良好的物理力学性能，但容重较大，一般为2120～2160 kg/m³。其适用于上下水或水中建筑，不适宜在高于250 ℃的环境中使用。

7.3.4.3 生产湿碾矿渣混凝土

湿碾矿渣混凝土是以水渣为主要原料配入激发剂（水泥、石灰、石膏），放在轮碾机中加水碾磨，制成砂浆后与粗骨料拌和而成的一种混凝土。原料配合比不同，得到的湿碾矿渣混凝土的强度也不同。

湿碾矿渣混凝土的各种物理力学性能，如抗拉强度、弹性模量、耐疲劳性能和钢筋的黏结力均与普通混凝土相似，但它具有良好的抗水渗透性能，可以制成不透水性能很好的防水混凝土；同时也具有很好的耐热性能，可以用于工作温度在600 ℃以下的热工工程中，能制成强度达50 MPa的混凝土。此种混凝土适宜在小型混凝土预制厂生产混凝土构件，但不适宜在施工现场浇筑使用。

7.3.5 重矿渣的利用

7.3.5.1 配制矿渣碎石混凝土

矿渣碎石配制的混凝土具有与普通混凝土相近的物理力学性能，而且还有良好的保温、隔热、耐热、抗渗水和耐久性能。矿渣碎石混凝土的应用范围较为广泛，可以作为预制、现浇和泵送混凝土的骨料。矿渣混凝土的使用在我国已有50多年的历史，许多重大建筑工程中都采用了矿渣混凝土，使用效果良好。

7.3.5.2 用于地基工程

重矿渣用于处理软弱地基在我国也有几十年的历史。由于矿渣的块体强度一般都超过50 MPa。相当于或超过一般质量的天然岩石，因此组成矿渣垫层的颗粒强度完全能够满足地基的要求。一些大型设备基础的混凝土，如高炉基础、轧钢机基础、桩基础等，都可用矿渣碎石作骨料。

7.3.5.3 用于道路工程

矿渣碎石具有缓慢的水硬性，这个特点在修筑公路时可以利用。矿渣碎石含有许多小气孔，对光线的漫反射性能好，摩擦系数大，用它作基料铺成的沥青路面明亮且制动距离短。此外，矿渣碎石还比普通碎石具有更高的耐热性能，更适用于修筑喷气式飞机的跑道。

7.3.5.4 用作铁路道砟

在我国铁道线上用矿渣碎石作铁路道砟的历史较久，目前矿渣道砟在我国钢铁企业专用铁路线上已广泛使用。鞍山钢铁公司从1953年开始就在专用铁路线上大量使用矿渣道砟，现已广泛应用于木轨枕、预应力钢筋混凝土轨枕和钢轨枕等各种线路，使用过程中没有发现任何弊病。此外，矿渣道砟在国家一级铁路干线上的试用也已初见成效。

7.3.6 膨胀渣的利用

膨胀矿渣主要用于混凝土砌块和轻质混凝土中，既用作混凝土轻骨料，也用作防火隔热材料。当用作混凝土轻骨料时，由于其颗粒呈圆形，表面封闭，可节省水泥用量。用膨胀矿渣制成的轻质混凝土不仅可以用于建筑物的围护结构，而且还可以用于承重结构。

膨珠可以用于轻混凝土制品及结构，如用于制作砌块、楼板、预制墙板及其他轻质混凝土制品。由于膨珠内孔隙封闭，吸水少，使混凝土干燥时产生的收缩很小，这是膨胀页岩或天然浮石等轻骨料所不及的。

直径小于 3 mm 的膨珠与水渣的用途相同，可供水泥厂作为矿渣水泥的掺和料使用，也可作为公路路基材料和混凝土细骨料使用。

生产膨胀矿渣和膨珠与生产黏土陶粒、粉煤灰陶粒、烧胀岩陶粒等相比，具有工艺简单、不用燃料、成本低廉等优点。

7.3.7 高炉渣综合利用新技术

高炉矿渣还可用来生产一些用量不大，但产品价值高且具有特殊性能的产品，如渣棉及其制品、微晶玻璃、热铸矿渣、矿渣铸石及硅钙渣肥等。

7.3.7.1 生产矿渣棉

矿渣棉是以矿渣为主要原料，经熔化、高速离心或喷吹而制成的一种白色棉丝状矿物纤维材料。它具有质轻、保温、隔声、隔热、防震等性能，可制成各种规格的板、毡、管壳等。矿渣棉的化学成分如表 7-15 所示。

表 7-15 矿渣棉的化学成分 (%)

成分	SiO_2	Al_2O_3	CaO	MgO	Fe_2O_3	S
含量	32 ~ 42	8 ~ 13	32 ~ 43	5 ~ 10	0.6 ~ 1.2	0.1 ~ 0.2

矿渣棉生产有喷吹法和离心法两种。原料在熔炉熔化后呈熔融状，经喷嘴流出，用水蒸气或者压缩空气喷吹成矿渣棉的方法称为喷吹法。使融化的原料落在回转的圆盘上，用高速离心力甩成矿渣棉的方法称为离心法。图 7-11 为矿渣棉生产工艺流程。

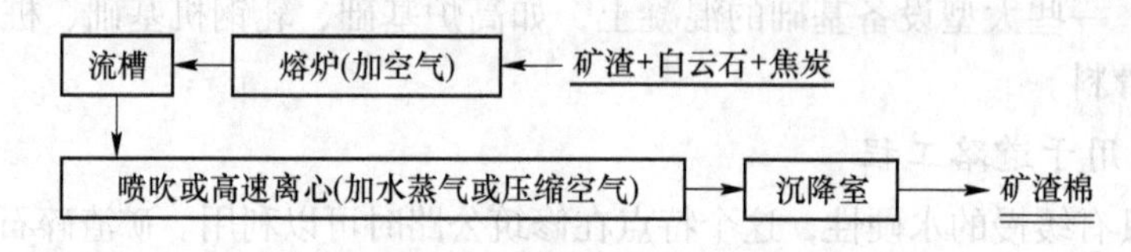

图 7-11 矿渣棉生产工艺流程

矿渣棉生产的主要原料是高炉渣，占 80%~90%，此外还有 10%~20% 的白云石、萤石或其他组分（如红砖头、卵石等）用于调整成分，焦炭作为燃料使用。

矿渣棉可用作保温材料、吸声材料和防火材料等，由它加工的成品有保温板、保温毡、保温筒、保温带、吸声板、窄毡条、吸声带、耐火板及耐热纤维等，广泛用于冶金、机械、建筑、化工和交通等部门。

7.3.7.2 制备微晶玻璃

微晶玻璃是近几十年来发展起来的一种用途很广的新型无机材料。高炉渣微晶玻璃与同类产品相比，具有配方简单、熔化温度低、产品物化性能优良及成本低廉等优点，除用于耐酸、耐碱、耐磨等部位外，经研磨抛光后，是优良的建筑装饰材料；采用机械化压延成型工艺，还可生产大而薄的板材。

矿渣微晶玻璃主要为 CaO-MgO-Al_2O_3-SiO_2 系统，成分范围宽广，表 7-16 所示为矿渣微晶玻璃配料的化学组成。

表 7-16 矿渣微晶玻璃配料的化学组成 （%）

成分	SiO_2	Al_2O_3	CaO	MgO	Na_2O	晶核剂
含量	40~70	5~15	15~35	2~12	2~12	5~10

矿渣微晶玻璃的主要原料是 62%~78% 的高炉矿渣、22%~38% 的硅石或其他非铁冶金渣等。在固定式或回转式炉中，将高炉矿渣与硅石和结晶催化剂一起溶化成液体，用吹、压等一般玻璃成型方法成型，并在 730~830 ℃ 下保温 3 h，最后升温至 1000~1100 ℃ 并保温 3 h 使其结晶，冷却后即为其成品。加热和冷却速度宜低于 5 ℃/min。结晶催化剂为氟化物、磷酸盐和铬、锰、钛、铁、锌等多种金属氧化物，其用量视高炉矿渣的化学成分和微晶玻璃的用途而定，一般为 5%~10%。

矿渣微晶玻璃产品比高碳钢硬、比铝轻，其力学性能比普通玻璃好，耐磨性不亚于铸石，热稳定性好，电绝缘性能与高频瓷接近。

矿渣微晶玻璃用于冶金、化工、煤炭、机械等工业部门的各种容器设备的防腐层和金属表面的耐磨层以及制造溜槽、管材等，使用效果良好。

7.3.7.3 配制硅肥

硅肥是一种以氧化硅（SiO_2）和氧化钙（CaO）为主的矿物质肥料，它是水稻等作物生长不可缺少的营养元素之一，被国际土壤学界确认为继氮（N）、磷（P_2O_5）、钾（K_2O）后的第四大元素肥料。水稻生产过程中要吸收大量的硅，其中 20%~25% 的硅由灌溉水提供，75%~80% 的硅来自土壤。以亩产稻谷 500 kg 计算，其茎秆和稻谷吸收硅（SiO_2）量多达 75 kg/亩（1 亩≈10000/15 m^2），比吸收的 N、P_2O_5、K_2O 三者总和高出 1.5 倍。

硅是植物体内的主要组成成分，不同植物其硅的含量也不同，如表 7-17 所示。

表 7-17 不同植物灰分的组成 （%）

植物	含量						
	SiO_2	CaO	K_2O	MgO	P_2O_5	Fe_2O_3	MnO
水稻	61.4	2.8	8.9	1.3	1.4	0.1	0.2
小麦	58.7	6.5	18.1	5.4	0.7	1.3	0.1
大麦	36.2	16.5	11.9	6.9	2.1	0.3	0.4
大豆	15.1	16.5	25.3	14.1	4.8	0.8	0.8

硅肥中还含有多种植物所必需的微量元素。随着有机肥施用量的不断减少和农作物产量的持续提高，土壤中能被农作物吸收的有效硅元素含量已远远不能满足农作物持续增产的需要。因此，根据作物特性，适量施用硅肥补充土壤硅元素是促使农作物增产的一条有效途径。

硅肥生产的主要原料是冶金工业产生的水渣和钢渣。只要将水渣磨细到80～100目(0.15～0.78 mm)，再加入适量硅元素活化剂，搅拌混合后装袋或搅拌混合造粒后装袋，即可得到硅肥产品。硅肥主要生产设备包括烘干机、球磨机、搅拌机、缝包机及其他附属设备，生产其颗粒状产品还用到造粒机。因此，硅肥的工业化生产工艺和设备都比较简单。

7.3.7.4 加工高炉渣微粉

所谓高炉渣微粉，是指高炉水渣经烘干、破碎、粉磨、筛分而得到的比表面积在3000 cm^2/g以上的超细高炉渣粉末。目前，日本将比表面积达3000 cm^2/g以上的高炉渣微粉分为三个等级，即4000 cm^2/g、6000 cm^2/g、8000 cm^2/g三种规格。比表面积在4000～10000 cm^2/g的高炉渣微粉平均粒度在15～20 μm。

高炉水渣粒度越细，水化能力越强，代替水泥配制的混凝土强度越大，硬度越好。图7-12为新日铁化学株式会社制备高炉渣微粉的工艺流程。

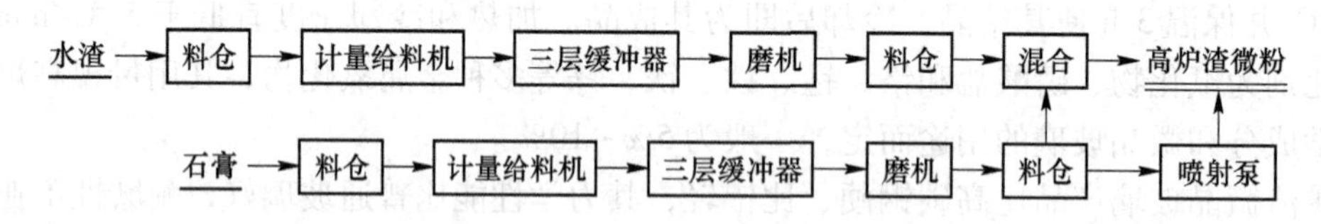

图7-12 新日铁化学株式会社制备高炉渣微粉的工艺流程

高炉渣微粉的粉磨工艺简单，一般在水泥厂稍加改造即可配套生产。但因水渣比水泥熟料硬度大，要磨到同一粒度，其所需的粉碎能大约为水泥熟料的两倍。一般来讲，高炉渣微粉粒度要求达到比表面为3000～5000 cm^2/g或更细。因此，粉磨设备的选择很关键。

高炉渣微粉主要用作水泥或混凝土的混合材。随着现代建筑物不断向高层化、大跨化、轻量化、重载化和地下化发展以及其使用环境日趋严酷化，对高强混凝土（不小于C60)、超高强混凝土（不小于C80）的需求不断增长。工程实践证明，胶凝材料（水泥+特殊混合材）及高效减水剂是配制高强混凝土极其重要的材料组分和技术关键。特殊混合材在配制混凝土时可等量取代部分水泥，其复合胶凝效应可显著提高混凝土强度并改善其耐久性。

特殊混合材的原料主要来自工业废渣，而磨细高炉渣微粉为首选品种。它既可克服SiO_2微粉巨大比表面积带来的水泥需水量增加的问题，又有可能避免粉煤灰低活性带来的水泥早强降低的不利因素，且具有资源广、质量稳定、加工简单等优点，已成为国外研究机构研究的热点，并取得了可喜成果。有些国家已制定了国家标准。目前，国外在一般工程中所使用的高炉渣微粉的粒度在3500～5000 cm^2/g，石膏掺量为0～2.5%（以SO_3量进行控制)。特殊工种使用6000～10000 cm^2/g细粉。

高炉渣微粉在混合材中的作用主要如下：

(1) 抑制因水化热引起的升温，防止温度裂纹；

(2) 提高耐海水腐蚀性能；

(3) 防止Cl^-侵蚀钢筋；

(4) 提高对硫酸盐和其他化学药品的耐久性；

(5) 抑制碱骨料反应；

(6) 长时间确保在较高的外界气温条件下的和易性等。

因此，应根据工程要求选择配合比。一般高炉渣微粉的替代率为40%~70%，太低起不到上述作用，太高则对混凝土质量和施工都有影响。粒度越细，替代率越大。例如，日本住友金属工业株式会社在冶金工厂设备基础施工中采用粒度为6000 cm^2/g 的微粉（替代率达65%~68%）配制高性能混凝土，不用捣实，靠自重就能填充到配有钢筋和地脚螺栓的设备基础的各个部位，耐久性能良好。这解决了过去因埋入钢筋和地脚螺栓多导致浇筑混凝土困难、易产生填充不良的缺点，而且该高性能混凝土完全满足冶金工厂高温之高浓度 CO_2 及海水盐侵蚀等恶劣环境的要求，很有发展前途。

除上述资源化新技术外，熔融状态的矿渣还可浇筑成矿渣铸石，其体积密度为2000~3000 kg/m^3，抗压强度60~350 MPa。另外，高炉渣还能用于生产石膏、白炭黑、聚铁等。

7.4 炼钢渣资源的综合利用

炼钢渣是炼钢过程中的必然副产物，其排放量为粗钢产量的15%~20%。例如，鞍钢年产钢渣大约330万吨，占钢产量的15%左右。目前，我国采用的炼钢方法主要有转炉和电炉炼钢。因此，钢渣可分为转炉钢渣和电炉钢渣，电炉钢渣又可分为氧化渣和还原渣等。我国80%的钢由转炉冶炼，故转炉钢渣为主要钢渣。

随着钢铁工业的不断发展，钢渣产生量不断增加。有效处理和利用钢渣，实现钢渣的零排放，已成为钢铁行业发展循环经济、保护生态环境、促进节能减排的一项重要任务。

7.4.1 炼钢渣的组成及性质

不同的原料、不同的炼钢方法、不同的冶炼阶段、不同的钢种生产以及不同的炉次等，所排出的钢渣组成各不相同。

7.4.1.1 炼钢渣的化学成分

钢渣中的主要化学成分有 CaO、SiO_2、Al_2O_3、FeO、Fe_2O_3、P_2O_5 和游离 CaO（也称自由 CaO，用 f-CaO 表示）等，有的钢渣中还含有 TiO_2 和 V_2O_5 等。钢渣组分中 Ca、Fe、Si 的氧化物占绝大部分，其中铁氧化物主要以 FeO 和 Fe_2O_3 的形式存在，FeO 为主要部分，这与高炉渣差别较大。不同钢渣的化学成分如表7-18所示。

表7-18 不同钢渣的化学成分 (%)

成分		CaO	MgO	SiO_2	Al_2O_3	FeO	MnO	P_2O_5	S	f-CaO
转炉钢渣		46~60	5~20	15~25	3~7	12~25	0.8~4	0~1	2	2~11
电炉钢渣	氧化渣	29~33	12~14	15~17	3~4	19~22	4~5	1	2	
	还原渣	44~56	8~13	11~20	10~18	0.5~1.5	<5	1	2	

钢渣中$\frac{w(CaO)}{w(SiO_2)+w(P_2O_5)}$的值称为钢渣的碱度。一般比值为0.78~1.08的钢渣称为低碱度钢渣，比值为1.8~2.5的钢渣称为中碱度钢渣，比值大于2.5的钢渣称为高碱度钢渣。碱度大的钢渣活性大，宜作为钢渣水泥原料。

7.4.1.2 炼钢渣的矿物组成

钢渣的矿物组成随碱度而改变。在冶炼过程中，钢渣的碱度逐渐提高，矿物按下式反应：

$$2(CaO \cdot RO \cdot SiO_2) + CaO = 3CaO \cdot RO \cdot 2SiO_2 + RO$$

$$3CaO \cdot RO \cdot 2SiO_2 + CaO = 2(2CaO \cdot SiO_2) + RO$$

$$2CaO \cdot SiO_2 + CaO = 3CaO \cdot SiO_2$$

式中，RO 代表二价金属（一般为 Mg^{2+}、Fe^{2+}、Mn^{2+}）氧化物的连续固溶体。在炼钢初期，钢渣碱度比较低，其矿物组成主要是钙镁橄榄石（$CaO \cdot MgO \cdot SiO_2$），其中的镁可被锰和铁所代替。当碱度提高时，橄榄石吸收氧化钙变成蔷薇辉石（$3CaO \cdot RO \cdot 2SiO_2$），同时放出 RO 相（$MgO \cdot MnO \cdot FeO$ 的固溶体）。若进一步增加石灰含量，则生成硅酸二钙（$2CaO \cdot SiO_2$）和硅酸三钙（$3CaO \cdot SiO_2$）。

钢渣中还常含有铁酸钙（$2CaO \cdot Fe_2O_3$ 和 $CaO \cdot Fe_2O_3$）和游离氧化钙。含磷多的钢渣中还含有纳盖斯密特石（$7CaO \cdot P_2O_5 \cdot 2SiO_2$），其活性较差，并容易造成硅酸三钙在冷却过程中的分解，从而降低钢渣的活性。

7.4.1.3 固态钢渣的特性

固态钢渣是由多种矿物组成的固溶体，其性质与其化学成分密切相关。钢渣冷却后呈块状和粉状。低碱度钢渣呈黑色，气孔较多，质量较轻；高碱度钢渣呈黑灰色、灰褐色、灰白色，密实坚硬。由于钢渣铁含量较高，其密度比高炉渣高，一般在 3.1 ~ 3.6 g/cm^3 之间。钢渣容重（体积质量）不仅受其密度影响，还与粒度有关。通过 80 目(0.178 mm)标准筛的电炉渣粉的容重为 1.62 g/cm^3 左右，转炉渣为 1.74 g/cm^3 左右。由于钢渣致密，其较耐磨。标准砂及钢渣的易磨指数分别为 1、0.96，而高炉渣的易磨指数仅为 0.7，所以钢渣比高炉渣要耐磨。C_3S、C_2S 等为活性矿物，具有水硬胶凝性。当钢渣的碱度大于 1.8 时，便含有 60%~80% 的 C_3S 和 C_2S，并且随碱度的提高 C_3S 含量增加。当碱度达到 2.5 以上时，钢渣的主要矿物为 C_3S。用碱度高于 2.5 的钢渣加 10% 石膏研磨制成的水泥，强度可达 325 号。因此，C_3S 和 C_2S 含量高的高碱度钢渣可用作水泥生产原料和制造建材制品。钢渣含有 f-CaO、MgO、C_3S、C_2S 等，这些组分在一定条件下都不稳定。碱度高的熔渣在缓冷时，C_3S 会在 1100 ~ 1250 ℃ 下缓慢分解为 C_2S 和 f-CaO；在 675 ℃ 时，β-C_2S 要相变为 γ-C_2S，并且发生体积膨胀，膨胀率达 10%。另外，钢渣吸水后，f-CaO 要消解为 $Ca(OH)_2$，即将膨胀 100%~300%；MgO 会变成氢氧化镁，体积也要膨胀 77%。因此，含 f-CaO、MgO 的常温钢渣是不稳定的，只有 f-CaO 和 MgO 消解完或含量很少时才会稳定。由于钢渣具有不稳定性，因此，用作生产水泥的钢渣要求其 C_3S 含量高，在冷却时最好不采用缓冷技术。另外 f-CaO 含量高的钢渣不宜用作水泥和建筑制品生产及工程回填材料，对其可采用余热自解的处理技术

7.4.2 炼钢渣冶金回用

7.4.2.1 回收金属

钢渣中一般含有 5%~10% 的渣钢，经破碎、磁选、筛分等工序，可回收其中 90% 以上的渣钢及部分磁性氧化物。磁选出的渣钢一般铁含量在 55% 以上。钢渣分选工艺按破

碎原理，可分为机械破碎-磁选工艺和自磨-磁选工艺两种。

图 7-13 为钢渣机械破碎-磁选工艺流程，为回收渣钢最基本的工艺。

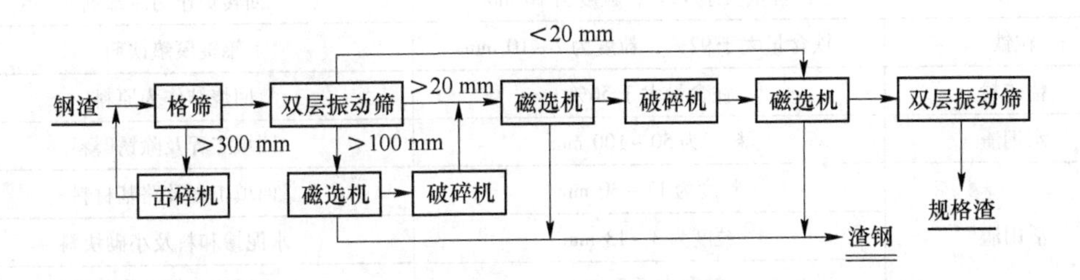

图 7-13 钢渣机械破碎-磁选工艺流程

此工艺中所用的破碎机包括颚式破碎机、圆锥破碎机、反击式破碎机和双辊破碎机等，磁选机包括吊挂式磁选机和桶形电磁铁式磁选机，筛子包括格筛、单层振动筛和双层振动筛等。钢渣分选时采用皮带运输机和提升机，按不同要求把这几种设备连接起来。

图 7-14 为某钢铁厂从日本引进的浅盘热泼法钢渣粒铁回收工艺流程。钢渣先经格筛，将大于 300 mm 的部分筛出并重返落锤破碎间，小于 300 mm 的部分进入双层筛再筛。筛出的 100 ~ 300 mm 部分经 1 号颚式破碎机和 2 号圆锥破碎机破碎。30 ~ 100 mm 的部分经 2 号圆锥破碎机破碎后，与小于 30 mm 的部分一起进入成品双层筛，将钢渣筛分成小于 3 mm、3 ~ 13 mm、13 ~ 30 mm 三种规格渣。磁选作业安排在每次破碎后、筛分前或筛分后，以便通过磁选尽量回收铁。

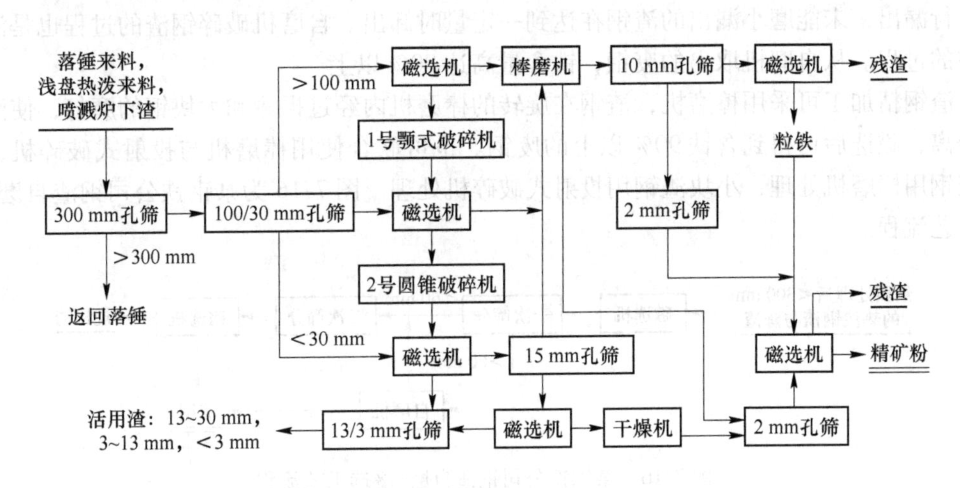

图 7-14 某钢铁厂浅盘热泼法钢渣粒铁回收工艺流程

磁选出的钢渣用 15 mm 筛网筛分，小于 15 mm 的部分进入干燥机干燥后再筛分，大于 15 mm 部分进入棒磨机提纯；并筛选出大于 10 mm 粒铁，小于 10 mm 的部分则进入投射式破碎机分出粒铁、精矿粉和粉渣。将此精矿粉与干燥机分选的精矿粉混合在一起后，作为成品返回烧结。磁选后的渣子为残渣。表 7-19 为钢渣机械破碎-磁选后得到的产品及其用途。

表 7-19　钢渣机械破碎-磁选后得到的产品及其用途

产品名称	规　格	用　途
粒铁	铁含量大于92%，粒度为10 mm	回转炉作为冷却剂
粒铁	铁含量大于92%，粒度为2 ~ 10 mm	钢锭模垫铁剂
精矿粉	铁含量大于56%	回烧结作为原料
水钢渣	粒度为50 ~ 100 mm	回填工程及除锈磨料
活用渣	粒度为13 ~ 30 mm	回填工程及路基材料
	粒度为3 ~ 13 mm	水泥掺和料及小砌块料
	粒度小于3 mm	水泥掺和料及代黄砂
残渣		混入小于3 mm的活用砂中

钢渣自磨-磁选工艺是利用钢渣在旋转的自磨机内互相碰撞而进行破碎。图7-15为钢渣自磨-磁选的基本工艺流程。

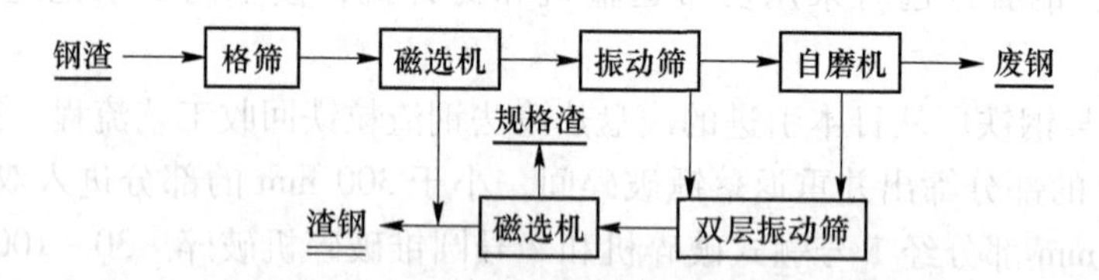

图 7-15　钢渣自磨-磁选的基本工艺流程

钢渣先经筛分、磁选、筛分，再进入自磨机自磨。粒度小于自磨机周边出料孔径的钢渣自行漏出，未能磨小漏出的渣钢在达到一定量时卸出。自磨机破碎钢渣的过程也是渣钢提纯的过程。从自磨机取出的废钢，铁含量高达80%以上。

渣钢精加工可采用棒磨机，渣钢在旋转的棒磨机内经过棍棒和大块钢的磨打，使渣与钢分离，磁选后可得到含铁90%以上的废钢。也可联合使用棒磨机与投射式破碎机，大块渣钢用棒磨机处理，小块渣钢用投射式破碎机处理。图7-16为某钢铁公司钢渣自磨-磁选工艺流程。

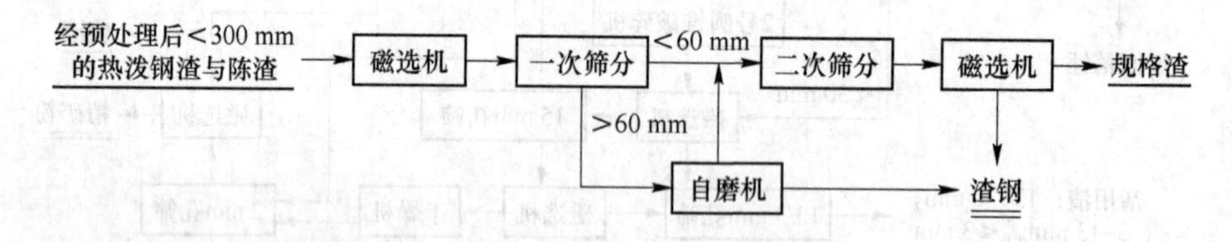

图 7-16　某钢铁公司钢渣自磨-磁选工艺流程

经预处理后小于300 mm的热泼钢渣与老渣山的陈渣经磁选机选出渣钢后，进入一次振动筛筛分。筛上块渣进入自磨机进行自磨，磨至小于60 mm后由自磨机周边漏出，与一次筛下渣一起进入二次筛分。二次筛分并磁选后，得到0 ~ 10 mm、10 ~ 40 mm、40 ~ 60 mm规格渣。自磨机内的渣钢待达到一定数量后取出。采用自磨工艺回收渣钢的优点有：工艺简单，占地面积小，一台自磨机可以代替几台机械破碎机；对钢渣适应性强，不会有大块废钢损坏破碎机，操作较为安全。

7.4.2.2 用作冶金熔剂

钢渣常含有很高的CaO、铁分及一定比例的MgO·MnO。若用于炼铁，这些成分能有效地降低熔剂、矿石的消耗及能耗。作为熔剂用于高炉冶炼和烧结的钢渣量，以美国最多，占钢渣总量的56%以上。

(1) 烧结用熔剂。钢渣中含有40%~50%的CaO以及MgO·MnO等有效成分。1 t钢渣相当于700~750 kg石灰石，故可将钢渣用作烧结矿熔剂，有利于提高烧结矿产量、降低燃料消耗。使用前，将钢渣破碎至粒度小于10 mm。以钢渣含铁15%计，1 t钢渣可代替60%的铁精矿250 kg，所以钢渣用于烧结可降低烧结矿的生产成本。

(2) 高炉用熔剂。经分选得到的粒度为10~40 mm的钢渣返回高炉，回收钢渣中的Fe、Ca、Mn元素，可替代部分高炉炼铁熔剂（石灰石、白云石、萤石），调整炉渣碱度，达到节能的目的。钢渣中的MnO和MgO也有利于改善高炉渣的流动性。因为钢渣烧结矿强度高、颗粒均匀，故高炉炉料透气性好，煤气利用状况得到改善，焦比下降，炉况顺行。必须指出，钢渣用作高炉熔剂时，在长期的闭路循环中会引起铁水中磷的富集，故每吨铁的钢渣用量常受钢渣中磷含量的限制。

(3) 化铁炉用熔剂。用0~50 mm的转炉钢渣可代替石灰石、白云石作化铁炉熔剂。钢渣中的铁得到回收，从而可提高产量，降低焦比，经济效果明显。

(4) 转炉用熔剂。将转炉渣直接返回转炉炼钢（20~130 kg/t，粒度小于50 mm），能提高炉龄、提前化渣、缩短冶炼时间、减少熔剂消耗、减轻初期渣对炉衬的侵蚀、减少转炉车间的总渣量并降低耐火材料消耗等，但返回渣不能全部代替石灰的作用。返回渣中含有一定量的五氧化二磷，因此，为了保证钢的质量，宜选择炼钢终期渣为返回渣。为防止磷的循环富集，五氧化二磷含量大于5%的转炉渣不作为返回渣。

7.4.2.3 其他回用途径

钢渣的冶金回用途径众多，目前常用的汇总于表7-20中。

表7-20 钢渣冶金回用综合利用方法

综合利用方法	说 明
粒钢回收	可破碎后深度磁选回用
烧结原料	代替石灰石作熔剂，但因磷富集，配比不宜超过3%
炼钢助熔剂	代替铁矾土作助熔剂，但存在磷、硫富集问题
高炉熔剂	回收利用渣中的金属铁和石灰，配用量取决于渣中磷含量
炼钢造渣剂	喷吹入电炉可节省石灰添加剂用量，但需避免有害物质的循环累积
精炼脱磷剂	为提高脱磷率而加入的硅酸苏打对耐材有较严重的侵蚀
转炉溅渣护炉	溅渣在炉衬上形成10~20 mm厚的渣层，利用量有限
热态循环利用	LF精炼后熔渣的热态循环利用可减少造渣料消耗、提高金属回收率
转炉压渣剂	替代高镁石灰调渣，达到不倒炉出钢、缩短冶炼及溅渣时间的目的
脱硫渣隔断剂	与脱硫渣成分及耐熔性相似，具有一定的膨胀性和铺展性，起到隔断作用
脱磷剂	用于铁水脱磷预处理，适当添加$BaCO_3$和Fe_2O_3可增强脱磷能力

7.4.3 炼钢渣用作筑路材料

钢渣具有容重大、呈块状、表面粗糙、稳定性好、不滑移、强度高、耐磨、耐腐蚀、耐久性好、与沥青胶结牢固等特点，被广泛用于各种路基材料、工程回填、修砌加固堤坝、填海工程等方面代替天然碎石。

钢渣用作筑路材料时，既适用于路基，又适用于路面。用钢渣作路基时，道路渗水、排水性能好，而且用量大，对于保证道路质量具有重要意义。由于钢渣具有一定的活性，能板结成大块，特别适用于沼泽地筑路。

钢渣与沥青结合牢固，又有较好的耐磨、耐压、防滑性能，可掺合用于沥青混凝土路面的铺设。钢渣用作沥青混凝土路面骨料时，既耐磨，又防滑，是公路建筑中有价值的材料。钢渣疏水性好，是电的不良导体，因而不会干扰铁路系统电信工作，所筑路床不生杂草、干净整洁且不易被雨水冲刷而产生滑移，是铁路道闸的理想材料。

钢渣还可与其他材料混合使用于道路工程中。比利时将75%的转炉渣、25%的水渣和粉煤灰以及适量的水泥和石灰制成激发剂，用作道路的稳定基层。德国等国家推荐水渣在路基垫层中应用时，其粒度应控制在60 mm以下，自然堆放或稍加喷淋3个月以上。钢渣中的游离CaO含量随着钢渣龄期的增长而明显减小，3个月后基本稳定在低于5.5%的水平，其粉化率也不断下降，稳定性提高。

目前尚无彻底解决钢渣膨胀性的有效措施。各国普遍认为钢渣使用前应经陈化期，即在自然条件下停放半年至一年，使其在风吹雨淋的作用下自然风化膨胀，体积达到稳定后再使用。另外，对存放钢渣的方法也有一定的要求。如果堆存高度太高，钢渣内部受不到风雨作用，即使停放很长时间也达不到预期目的。钢渣合理陈化后再使用，其膨胀就可以基本得到控制。当钢渣作为沥青混凝土的骨料时，由于其受到沥青胶结剂薄膜的包裹，避免了水侵蚀的可能性，这个问题就不严重了。

7.4.4 炼钢渣用作建筑材料

目前常用的钢渣在建材原料及制品方面的综合利用方法，汇总于表7-21中。

表7-21 钢渣在建材原料及制品方面的综合利用方法

综合利用方法		说明
建材原料	钢渣水泥	以钢渣为主要原料，掺入少量激发剂，磨细而成
	钢渣微粉	钢渣粒度不小于450 m^2/kg，金属铁含量低，活性高，20%以下可等量替代水泥
	双掺粉	与矿渣微粉双掺时具有优势叠加功效，是混凝土掺和料的最佳方案
	掺和料	掺量达10%~30%时，水泥或混凝土强度不降低，具有节能、降耗作用
	预拌砂浆	粒度小于5 mm的钢渣粉在干粉砂浆中可作为无机胶凝材料、细集料
	铁质校正原料	钢渣中的氧化铁可以替代水泥生料中0~7%的铁粉，用作水泥铁质校正料
建材制品	钢渣砖	以钢渣为骨料配入水泥，经搅拌在高压制砖机中压制成型，养护后即得产品
	混凝土制品	碾压型整铺透水透气混凝土和机压型混凝土透水砖制品等，利于节资减排
	水利海工制品	混凝土护面块体、扭字块、岩块等产品，已广泛用于海工和水利工程
	生产凝石制品	由钢渣、粉煤灰、煤矸石等废物磨细后再“凝聚”而成，胶凝性能优异

下面仅介绍钢渣在水泥和钢渣砖生产中的综合利用。

7.4.4.1 生产水泥

钢渣用于水泥生产主要是生产钢渣矿渣水泥、钢渣矿渣硅酸盐水泥、钢渣沸石水泥、白钢渣水泥和铁酸盐水泥。

A 钢渣矿渣水泥

钢渣矿渣水泥是钢渣水泥中产量最多的一种。以转炉钢渣为主要成分，加入一定量粒化高炉矿渣和适量石膏或水泥并磨细制成的水硬性胶凝材料，称为钢渣矿渣水泥。图7-17为钢渣矿渣水泥生产工艺流程。

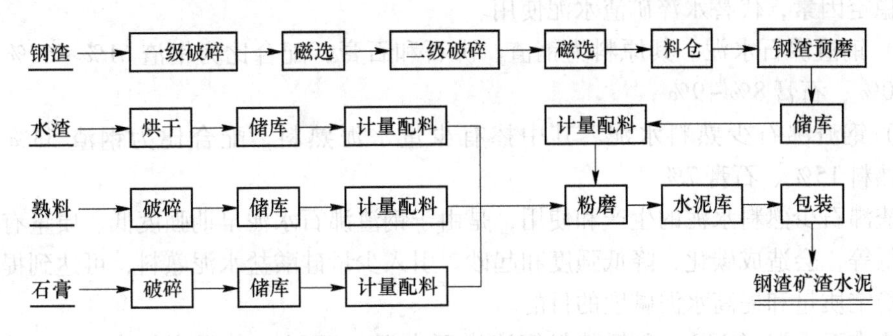

图7-17 钢渣矿渣水泥生产工艺流程

目前生产的钢渣矿渣水泥有两种。一种是用石膏作激发剂，其配合比（质量比）为钢渣40%~50%、水渣40%~50%、石膏8%~12%，所得水泥标号可达300~400号（硬练）。这种水泥称为无熟料钢渣矿渣水泥，由于其早期强度低，仅用于砌筑砂浆、墙体材料、预制混凝土构件及农田水利工程。另一种是用水泥和石膏作复合激发剂，其配比是钢渣36%~40%、水渣35%~45%、石膏3%~5%、水泥熟料10%~15%，所得水泥标号可在400号（硬练）以上。这种水泥称为少熟料钢渣矿渣水泥，可广泛应用在工业和民用建筑中。

B 钢渣矿渣硅酸盐水泥

由硅酸盐水泥熟料和转炉钢渣（简称钢渣）、粒化高炉渣、适量石膏磨细制成的水硬性胶凝材料，称为钢渣矿渣硅酸盐水泥，简称钢矿水泥。水泥中钢渣和粒化高炉渣的总掺加量，按质量百分比计为30%~70%，其中钢渣不得少于20%。图7-18为钢矿水泥生产工艺流程。

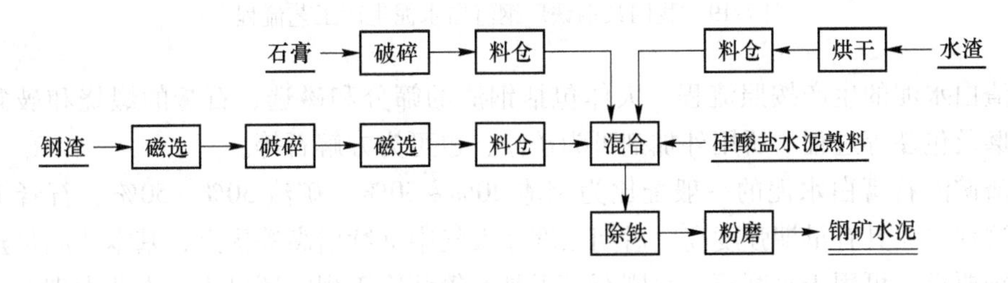

图7-18 钢渣矿渣水泥生产工艺流程

先用磁选除去转炉块状钢渣中钢的渣块，再将经颚式破碎机破碎后选铁的物料与经颚式破碎机破碎的石膏、经烘干的粒化高炉矿渣和水泥，按配料方案中各成分的质量百分比配料混合，入水泥磨磨细。在入磨皮带机上装有电磁铁，可继续除铁。出磨水泥经输送系统进入水泥库，取样检验合格后包装出厂。

钢渣矿渣硅酸盐水泥混凝土随龄期增长，其强度不断提高，而且强度始终高于相同配比、相同标号的矿渣水泥混凝土。由于这种水泥中含有不低于 20% 的钢渣，与同标号矿渣硅酸盐相比，节约了熟料，且不削弱使用性能。

C 钢渣沸石水泥

钢渣沸石水泥是一种以沸石作活性材料生产的钢渣水泥。这种水泥可消除钢渣水泥的体积不稳定因素，代替水淬矿渣水泥使用。

（1）钢渣沸石水泥。其原料为钢渣、沸石和石膏，配合比为钢渣 61%～67%、沸石 25%～30%、石膏 8%～9%。

（2）钢渣沸石少熟料水泥。其中掺有少量水泥熟料，配合比为钢渣 53%、沸石 25%、熟料 15%、石膏 7%。

钢渣沸石少熟料水泥的生产和使用，是由于钢渣沸石水泥早期强度低、质量有波动以及碱度低等，会造成碳化，降低强度和起砂。引入少量硅酸盐水泥熟料，可达到提高早期强度、稳定质量和提高水泥碱度的目的。

钢渣沸石水泥（ZSC）和低熟料钢渣沸石水泥（SZC），其强度符合 GB 1344—1992 中 325 号软练水泥及原 GB 175—1999 中 400 号硬练水泥的国家标准，可用于砌筑砂浆、抹面、地平和混凝土构件、梁、柱等，性能良好。这种水泥具有耐磨度高、抗腐蚀性好、水化热低等特殊性能，适合在地下工程、水下工程、公路和广场中使用。

D 白钢渣水泥

白钢渣水泥也称钢渣白水泥，是以电炉还原渣为主要原料，掺入适量经 700～800 ℃煅烧的石膏，再经混合磨细制成的一种新型胶凝材料。它是基于电炉还原渣的碱度高，在空气中缓慢冷却后能自行粉化成白色的粉末且渣色白、活性高的特点而进行生产的。图 7-19 为我国某钢铁厂钢渣白水泥生产工艺流程。

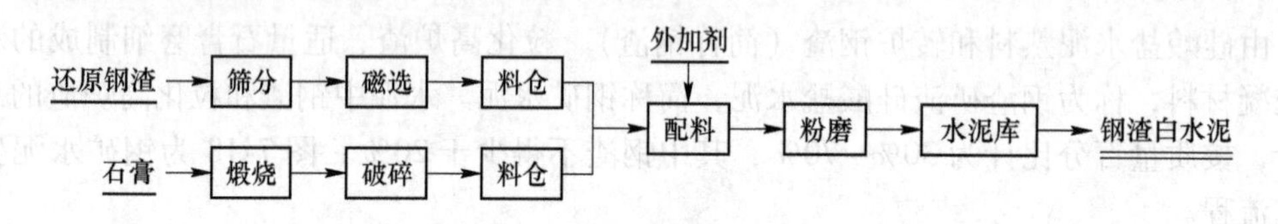

图 7-19 我国某钢铁厂钢渣白水泥生产工艺流程

钢渣白水泥的生产按照流程，大体包括钢渣的筛分和磁选、石膏的煅烧和破碎、配料、粉磨及包装等过程。所用外加剂可为矿渣，也可为方解石等。

钢渣矿渣石膏白水泥的一般配比为钢渣 20%～50%、矿渣 30%～50%、石膏 12%～20%。这种水泥具有早期强度高、后期强度在大气中继续增高等优点，基本能满足建筑工程的装饰要求，可用于水磨石、水刷石、干黏石等装饰工程，还可生产人造大理石。

方解石白水泥是以电炉还原渣为主要原料，掺入适量煅烧石膏和一定量的方解石，共同粉磨而制成的白色水硬性胶凝材料。当方解石用量为 20%～25%、石膏用量为 15%～

17%、电炉还原渣量为58%~65%时，可配制出325号的钢渣白水泥，能满足建筑装饰工程要求。

E 铁酸盐水泥

铁酸盐水泥是以石灰、钢渣、铁渣为原料，掺入适量石膏粉磨而成的水泥。其中石灰、铁渣、钢渣的配比范围分别为42%~53%、17%~26%、7%~16%。

铁酸盐水泥早期强度高、水化热低，其中掺入的石膏可生成大量硫铁酸盐，能有效地减少水泥石干缩和提高抗海水腐蚀性能，适用于水工建筑。

7.4.4.2 生产钢渣砖

钢渣砖是以粉状钢渣或水淬钢渣为主要原料，掺入部分高炉水渣或粉煤灰和激发剂（石灰、石膏粉），加水搅拌，经轮碾、压制成型、蒸养而制成的建筑用砖。钢渣砖参考配比及性能如表7-22所示。

表7-22 钢渣砖参考配比及性能

原材料配比/%					抗压强度/MPa	抗折强度/MPa	钢渣砖标号
钢渣	高炉水渣	粉煤灰	石灰	石膏			
60	30	0	—	10	22.0	2.25	75
67	20	—	10	3	22.6	2.50	100
63	30	0	5	5	23.9	3.21	150

生产钢渣砖的主要设备有磁选机、球磨机、搅拌机、轮碾机、压砖机，设备的选用主要根据砖厂的生产规模而定。钢渣砖可用于民用建筑中砌筑墙体、柱子、沟道等。

7.4.5 炼钢渣用于农业领域

钢渣是一种以钙、硅为主，含多种养分的、既具有速效又具有后劲的复合矿质肥料，可用作农肥和酸性土壤改良剂。由于钢渣在冶炼过程中经历高温过程，其溶解度已大大改变，所含各种主要成分易溶量达全量的1/3~1/2，有的甚至更高，容易被植物吸收。钢渣中含有微量的锌、锰、铁、铜等元素，对缺乏此类元素的不同土壤和不同作物也起到不同程度的肥效作用。钢渣作为农肥应用时，可根据钢渣元素含量的不同制作磷肥、硅肥、钾肥、复合肥等。鉴于钢渣的黏滞性、水硬胶凝性和有害元素含量，其施用量有限，在国外主要用于林业。以下仅就钢渣磷肥、钢渣硅肥以及酸性土壤改良剂进行介绍。

7.4.5.1 钢渣磷肥

用含磷生铁炼钢时产生的废渣可直接加工成钢渣磷肥。国外从1884年开始使用钢渣磷肥。在磷铁矿资源丰富的西欧国家，1963年以前，钢渣磷肥的产量一直稳定在占磷肥总产量的15%~16%。我国目前已探明的中、高磷铁矿的储量非常丰富，部分钢铁厂如包头钢铁公司和马鞍山钢铁公司，用高磷生铁炼钢时，产生的钢渣含 P_2O_5 4%~20%。钢渣磷肥的肥效由 P_2O_5 的含量和枸溶率两方面所确定。一般要求钢渣中 $w(P_2O_5)>4\%$，细磨后作为低磷肥使用，其增产效果相当于等量的磷并超过钙镁磷肥。据研究，钢渣中 $w(CaO)/w(SiO_2)$ 和 $w(SiO_2)/w(P_2O_5)$ 的值越大，其 P_2O_5 的枸溶率越大。钢渣中的F可

降低渣中 P_2O_5 的枸溶率，因此要求钢渣中 $w(F)<0.5\%$。中、高磷铁水炼钢时，在不加萤石造渣的条件下，所回收的初期含磷钢渣经破碎、磨细后即得钢渣磷肥。此肥一般用作基肥，每亩可施用 100~130 kg。马鞍山钢铁（集团）公司制定了行业暂行标准，要求钢渣磷肥中有效 P_2O_5 含量不小于 10%，其一等品 P_2O_5 含量不小于 16%。

7.4.5.2　钢渣硅肥

硅是水稻生产所需要的大量元素。据测定，在水稻的茎、叶中 SiO_2 含量为10%左右。虽然土壤中含有丰富的 SiO_2，但其中 99% 以上很难被植物吸收。因此，为了使水稻长期稳产、高产，必须补充硅肥。从钢渣成分分析来看，我国 60% 以上的钢渣适合作为硅肥原料使用。通常，硅含量超过 15% 的钢渣磨细至 60 目（0.25 mm）以下，即可作为硅肥施用于水稻田。每亩使用量一般为 100 kg，可增产 10% 左右。

7.4.5.3　酸性土壤改良剂

用普通生铁炼钢时产生的钢渣虽然 P_2O_5 含量不高（1%~3%），但含有 CaO、SiO_2、MgO、FeO、MnO 以及其他微量元素等，而且活性较高。因此，这类钢渣可用作改良土壤矿质的肥料，特别适用于酸性土壤。其生产工艺很简单，只要将钙、镁含量高的钢渣磨细后即可作为酸性土壤改良剂。例如，山西阳泉钢铁厂从 1976 年开始利用高炉渣、瓦斯灰生产微量元素肥料，实践证明这种肥料增产作用显著，一般粮食增产 10% 以上，蔬菜、水果增产 20% 左右，棉花增产 10%~20%。

施用钢渣磷肥或活性渣肥时要注意以下几点：

（1）钢渣肥料宜作基肥，不宜作追肥，而且宜结合耕作翻土施用，沟施和穴施均可，应与种子隔开 1~2 cm；

（2）钢渣肥料宜与有机肥料混拌后施用；

（3）钢渣肥料不宜与氮素化肥混合施用；

（4）渣肥不仅当年有肥效，而且其残效期可达数年；

（5）施用钢渣活性肥料时，一定要区别土壤的酸碱性，以免使土壤变坏或板结。

7.4.6　炼钢渣用于废水治理

钢渣可用于治理废水，以达到“以废治废”的目的。例如，用钢渣和水渣制备的聚硅硫酸铁混凝剂，其产品具有净水剂用量少、无毒副作用、混凝效果好、去浊率高的优点，能广泛用于净化钢铁企业和造纸、印染等重污染行业产生的废水以及生活污水。

吸附法作为一种重要的化学物理方法在废水处理中已有应用，利用钢渣作为废水处理吸附剂是钢渣综合利用的新方法，所制得的吸附剂是一种新型的吸附材料。钢渣吸附剂的工业化应用也许会扭转我国钢渣利用率低下的不利局面。钢渣作为吸附剂处理废水，其作用机理是一个十分复杂的物理化学过程。我国学者于 20 世纪 90 年代中期分别研究了钢渣作为吸附剂处理镍、铅、铜、铬、砷、磷等的吸附行为。研究表明，钢渣吸附对重金属的去除率均在 98% 以上，但是要严格控制反应的温度、pH 值、钢渣的粒度和反应时间等因素，而且由于钢渣含有少量的铁和粒度不均等原因，钢渣吸附剂的工业化尚需进行深入研究。

钢渣除在废水治理方面具有综合利用价值外，在其他环境治理方面也有用武之地。例如，钢渣可部分取代石灰石或石灰，与钙基固硫剂按比例混合可制得燃煤固硫剂；钢渣中有大量的游离 CaO，可作为中和废酸的碱性物质等。

7.4.7 炼钢渣开发利用的新趋势

随着钢铁工业的发展，产生的钢渣越来越多。目前的钢渣处理工艺及利用途径有很多问题待解决。首先，处理后的钢渣大部分应用于地基回填、道路铺筑等行业，高附加值产品生产率很低，没有实现钢渣的真正有效价值；其次，钢渣中大量的显热没有回收利用，造成能源的严重浪费，钢渣资源没有得到真正的综合利用。因此，开发科学合理的钢渣处理工艺、最大限度地综合利用钢渣资源是非常必要的。钢渣处理及开发利用的发展趋势总结如下。

7.4.7.1 新型钢渣处理技术

现有的钢渣处理工艺以水淬为主，流程长，耗水多，产生的二次蒸汽难以利用，尤其是处理后的钢渣 f-CaO 含量高，限制了后续利用途径。因此，开发短流程、清洁化、更节能、f-CaO 快速消解、可有效回收余热资源的新型处理工艺势在必行。

7.4.7.2 高效节能粉磨设备

钢渣颗粒硬度较大，难以磨细，用立磨粉磨设备振动大、磨损严重，用传统的球磨机电耗大、生产成本高。法国机械设备集团公司（FCB）生产的卧式辊磨（Horomill）具有粉磨电耗低、设备运转稳定、性能可靠、操作方便、容易维护、研磨部件的使用寿命长等优点，但应用实绩并不多。因此，针对不同的钢渣硬度、易磨性和粒度，开发高效节能的粉磨设备，提高物料比表面积，促使其晶体结构及表面物化性质发生变化，使钢渣活性得以充分发挥，对开创钢渣广泛应用的新局面大有裨益。

7.4.7.3 钢渣稳定工艺

国内外相关企业一直致力于钢渣稳定工艺的研究开发，如德国的罐式钢渣加压热焖自解工艺、日本住友的自然陈化箱处理工艺以及近年来出现的高温熔渣改性处理工艺等。因此，开发钢渣稳定化的工艺是提高钢渣综合利用率、扩大资源化利用范围的必然要求。

7.4.7.4 热态熔渣干式粒化技术

针对当前钢渣黏度大、流动性差的特点，开发新型热态熔渣干式粒化技术，使其兼具回收余热、减少水资源消耗和扩大后续产品综合利用的功能，是未来钢渣处理工艺研究的热点和难点，也是钢渣真正由废物变为钢厂副产品、节能降耗的最佳途径。

7.4.7.5 高温熔渣的直接产品化

利用熔渣的高温特性在线进行“调质处理”，不仅可降低后续冷态渣游离氧化钙的含量，更可直接生产产品，如利用热态熔渣直接生产矿棉、岩棉或微晶玻璃等，从而将熔渣余热回收和高附加值利用有机结合起来。

7.4.7.6 热态熔渣冶金回用技术

采用合适的处理工艺对热态熔渣进行调质预处理，除去硫、磷杂质之后再重返冶炼过程，可有效回收熔渣显热和有价资源，在循环利用周期、保护环境、回收熔渣显热等方面具有固态渣二次利用无法比拟的优点，其应成为钢铁企业未来节能减排的重点。

7.5 冶金尘泥资源的综合利用

7.5.1 含铁尘泥资源的综合利用

含铁尘泥是在冶金生产过程中从不同生产工艺流程的除尘系统中排出的、以铁为主要成分的粉尘和泥浆的统称。一般由干式除尘器捕集的称为尘或灰，由湿法除尘器捕集的称为尘泥。按生产工艺，含铁尘泥可分为烧结尘泥、高炉尘泥（包括瓦斯灰和瓦斯泥）、炼钢尘泥（包括转炉、电炉尘泥）以及各种环境集尘（包括原料场集尘、出铁场集尘等）。另外，轧钢铁皮和含油铁屑等也计为含铁尘泥。

尘泥的成分各不相同，颗粒细小，全铁量通常在30%~70%，由湿式除尘器得到的尘泥水分可高达20%~50%。这些粉尘（泥）除含有可回收利用的铁元素以外，还含有部分氧化钙、碳等有价组分，是宝贵的二次资源。

7.5.1.1 含铁尘泥的来源

A 烧结尘泥

烧结粉尘主要产生在烧结机的机头、机尾及成品整粒和冷却筛分等工序，全铁含量为50%左右。每生产1 t烧结矿产生20~40 kg的粉尘，其成分与烧结矿类似，含有较多的TFe、CaO、MgO等有益组分。

B 炼铁尘泥

a 高炉瓦斯灰

瓦斯灰主要来自高炉炼铁过程中随高炉煤气一起排出的烟尘，经重力除尘器收集之后统称为高炉瓦斯灰，又称布袋灰，其外观呈灰色粉末状，粒度比高炉瓦斯泥粗。由于高炉炼铁过程中使用的铁矿石、焦炭、石灰石、白云石以及萤石等原料经过高炉内部不同温度区域十分复杂的氧化-还原等物理化学变化，其排放出来的烟尘中含有多种元素的自由态和结合态的复合物。瓦斯灰干燥、易流动，堆放和运输污染严重，其主要化学成分与高炉瓦斯泥相同，但铁矿物以FeO为主。

b 高炉瓦斯泥

高炉瓦斯泥是高炉煤气洗涤污水排放于沉淀池中，经沉淀处理而得到的固体废料，主要由铁矿物、铁的氧化物、CaO、MgO、SiO_2、Al_2O_3、Zn、Pb等组成，呈黑色泥浆状，粒度较细且表面粗糙，有孔隙，呈不规则形状。瓦斯泥的铁品位一般为25%~45%，铁矿物以Fe_3O_4和Fe_2O_3为主，约占85%，小于0.074 mm粒级含量一般为50%~85%，其他化学成分的含量随不同厂家、不同矿源而异。

c 高炉出铁场粉尘

高炉出铁场粉尘即指从高炉出铁场收集的粉尘。

C 转炉尘泥

转炉尘泥是炼钢厂转炉除尘污泥。转炉湿法除尘收集的尘泥呈胶体状，很难浓缩脱水，使用压滤机脱水的滤饼含水率也很高，且黏度大，其氧化亚铁成分含量很高。如鞍钢的转炉泥，TFe含量为56.44%，FeO含量为48.11%。

D 电炉尘泥

电炉尘泥是电炉炼钢时产生的尘泥，这些尘泥粒度很细，除含铁外还含有锌、铅、铬等金属。具体化学成分及含量与冶炼钢种有关。通常，冶炼碳钢和低合金钢的尘泥含有较多的锌和铅，冶炼不锈钢和特种钢的尘泥含有铬、镍、钢等。

E 轧钢铁皮

轧钢铁皮是钢材在轧制过程中剥落下来的氧化铁皮以及钢材在酸洗过程中被溶解而成的渣泥的总称。轧钢铁皮中全铁含量在70%以上；初轧铁皮的粒度较粗，60%以上大于40 μm。

7.5.1.2 含铁尘泥的数量

含铁尘泥的产生量因工艺不同而存在较大差异。我国大型联合钢铁企业产生的含铁尘泥约占钢产量的10%，其中烧结工序粉尘产出量占烧结矿产量的2%～4%，炼铁工序粉尘（泥）产出量占铁水产量的3%～4%，炼钢工序尘泥产出量占钢产量的3%～4%，轧钢工序固废产出量占轧材产量的0.8%～1.5%。

以鞍钢年产能约为3000万吨钢为例，每生产1 t钢的平均尘泥产量分别是烧结除尘灰30 kg/t、高炉瓦斯灰和瓦斯泥22 kg/t、高炉除尘灰25 kg/t、转炉泥20 kg/t。在炼钢转炉工序中还包含一些精炼炉除尘灰等，每生产1 t成品钢材，铁鳞平均产量为20 kg/t。各种含铁尘泥的平均年产量分别是烧结除尘灰90万吨、高炉瓦斯灰和瓦斯泥66万吨、高炉除尘灰75万吨、转炉泥60万吨、轧钢铁鳞60万吨，含铁尘泥年总产量约为351万吨。如果以我国2011年粗钢实际产量为7亿吨计算，每年各种含铁尘泥的平均年产量分别是烧结除尘灰2100万吨、高炉瓦斯灰和瓦斯泥1540万吨、高炉除尘灰1750万吨、转炉泥1400万吨、轧钢铁鳞1400万吨，含铁尘泥年总产量超过8000万吨。

不论是从保护环境还是从资源节约和循环再生方面考虑，含铁尘泥都是一种必须综合再生利用的宝贵资源。然而，来源不一的尘泥其物化特性差异较大，往往不能直接作为烧结配料生产烧结矿而进入高炉炼铁，因此含铁尘泥的再生利用成为全国各钢铁冶金企业需要根据本厂实际妥善解决的重要问题。

7.5.1.3 含铁尘泥的化学组成

我国某钢铁厂含铁尘泥的化学组成见表7-23。由表7-23可见，尘泥中除铁外，还含有碳、钙、镁等有价组分。

表7-23 我国某钢铁厂含铁尘泥的化学组成 （%）

尘泥类型	TFe	SiO_2	MnO	CaO	MgO	Al_2O_3	C	Zn
高炉瓦斯泥	52.39	5.22	0.25	2.81	0.83	2.27	11.00	0.27
高炉瓦斯灰	52.79	3.27	0.06	1.89	0.64	0.95	17.33	0.33
电炉除尘灰	51.70	2.80	3.22	7.14	3.55	1.13	0.79	3.38
转炉除尘灰	48.24	4.30	1.97	6.69	2.46	3.86	3.80	4.19
转炉污泥	60.70	0.44	0.26	8.74	3.27	0.09	0.44	0.34
烧结除尘灰	54.67	5.55	0.42	10.47	2.32	2.53	0.42	0.34
轧钢铁鳞	64.21	0.21	0.34	3.54	0.56	0.21	0.11	0.08

在国外，将钢铁冶金尘泥以锌含量为标准分为高锌尘泥（$w(Zn)>30\%$）、中锌尘泥（$w(Zn)>15\%\sim26\%$）和低锌尘泥（$w(Zn)\leqslant15\%$），我国划分此类尘泥的标准依据企业自身情况而定。我国南方大部分钢铁厂的冶金尘泥锌含量较高（大于1 kg/t），$w(Zn)>1\%$的高锌尘泥主要来源于高炉瓦斯泥或瓦斯灰、转炉二次除尘灰、电炉粉尘等。由于锌含量高的尘泥若返回烧结工序利用，使生成的烧结矿进入高炉炼铁，锌将会在高炉内挥发并结瘤，故要求高炉的锌负荷小于0.1 kg/t，因此锌含量高的尘泥需经脱锌后返回烧结。

7.5.1.4 含铁尘泥的矿物组成

含铁尘泥含有的主要矿物为磁铁矿，其次为赤铁矿和脉石矿物（长石、石英、白云石、炭屑等）。尘泥中的磁性铁含量较高，非磁性铁次之，硫化铁和硅酸铁含量很少。组成含铁尘泥的矿物粒度细，铁矿物与脉石矿物之间互相嵌布、粘连，其单体的离解度比较高。含铁尘泥的矿物组成及粒度分布见表7-24。

表7-24 含铁尘泥的矿物组成（质量分数）及粒度分布 （%）

尘泥类型	磁铁矿	赤铁矿	矿物粒度分布及嵌布情况
高炉瓦斯灰	38.00	23.00	矿物粒度一般在40～120 μm，脉石矿物表面常有细小颗粒的铁矿物嵌布及炭粉粘连，铁矿物的单体离解度约为88%
高炉瓦斯泥	39.00	20.00	矿物粒度一般在15～90 μm（大的超过120 μm，小的低于3 μm），铁矿物的单体离解度约为92%，与其他矿物的连生体以贫连生为主，脉石矿物表面常有细粒铁矿物嵌布并粘有炭黑粉末
高炉出铁场粉尘	34.00	32.50	粒度一般分布在10～50 μm（最大颗粒达100 μm，最小的不足3μm），与脉石矿物连生的铁矿物颗粒很小（在2～10 μm），铁矿物的单体离解度约为88.8%，以与硅酸盐矿物连生为主
转炉尘泥	67.00	3.20	矿物粒度一般分布在2～20 μm，铁矿物的单体离解度大于95%

7.5.1.5 含铁尘泥对环境的污染

（1）对大气的污染。含铁尘泥粒度很细，风干后遇风而起，微细粒粉尘飘散于大气中，严重污染周围的环境。另外，含铁尘泥中含有较多粒度小的低沸点碱金属，与空气接触时易与空气中的氧反应，产生自燃（氧化反应），生成有害气体，从而造成对大气的污染。

（2）对水资源的污染。含铁尘泥中含有CN^-、S^{2-}、As、Pb、Gd、Cr^{6+}等有害元素，具有较大的化学毒性，在雨水的作用下往往会使有害成分浸入地下，造成对地下水的污染。位于长江流域的钢铁企业常常将某些固体废弃物直接排入江河湖海之中，造成对地表水的污染。

（3）对土壤的污染。冶金尘泥的堆放占用了大量土地，毁坏了农田和森林，而且所含有的有害成分会随着雨水渗入土壤，改变土壤成分，致使植物中的有害物质含量超标。

7.5.1.6 含铁尘泥的资源化

在钢铁生产中低锌含铁尘泥产生量大、铁含量高，返回生产过程再利用是最合理的。按返回到钢铁生产工序的位置不同，可将含铁尘泥的利用方法分为烧结法、炼铁法和炼钢法三种类型。至于选择何种类型，要根据原料的物理化学性质、产品用途、生产规模、投资能力以及技术掌握程度等综合考虑。

A 作为烧结料

含铁尘泥可作为一部分配料加入烧结混合料中使用。这对建有烧结厂的钢铁生产企业是最简单的方法，具有投入少、见效快的优点，而且对含铁较少的瓦斯灰、瓦斯泥也都适用，因此被国内许多钢铁厂所采用。

作为烧结料的含铁尘泥要求成分稳定且均匀、松散，水分含量在10%左右，粒度小于10 mm。由于尘泥的种类多，难以分别单独进行配料计算，而且成分波动大，混合后的尘泥很难达到烧结原料的质量标准，故此法一般仅属于粗放利用，很多钢铁企业采取了改进措施。

例如，宝钢将各种含铁尘泥运到统一料场，湿泥自然干燥后加皂土混炼造球，作为烧结配料，小球的粒度为2~8 mm，水分含量为10%，强度为0.2 MPa，该法已成功用于生产；济南钢厂将炼钢污泥、炼铁污泥进行混合，并浓缩成泥浆配入烧结料中，对制成的烧结矿的质量没有影响。这两项改进都取得了较好效果。

前苏联曾将高炉尘泥与转炉尘泥一起进行真空过滤脱水，而后把含水20%~30%的滤饼与较干的高炉瓦斯灰等粉尘用双辊快速混合机相混合。将这种混合料大量用于烧结生产，结果表明，对烧结矿的质量无影响。此法的特点是不仅可使混合料松散，方便运输，而且能控制其含水率在10%~14%范围内，对于我国钢铁厂有一定的参考价值。

B 生产金属化球团

金属化球团可作为高炉原料，其典型生产工艺是：将含铁尘泥依次经过浓缩、过滤、干燥、再粉碎、磨细、加入添加剂造球，干燥后入回转窑还原焙烧，生成金属化球团矿。其主要技术指标有：金属化率65%~95%，脱锌率60%~90%，粒度14~70 mm，强度100~210 kg/球，还原温度1050~1150 ℃。

该法既有脱铅、锌效果（ZnO脱除率大于90%），可全面利用尘泥的有价金属元素，又可保障制成的球团矿有一定的机械强度，并能降低高炉焦比、增加生铁产率，但是因其设备复杂、投入大，国内少见采用。

C 作为炼钢冷却剂

将含铁尘泥造块作为冷却剂用于炼钢，是国内许多企业采用的方法。用于炼钢的含铁尘泥多是铁含量较高的转炉污泥、轧钢铁皮等。

含铁尘泥因含有一定量的CaO、FeO，故在炼钢过程中能起到造渣剂、助熔剂的作用。对尘泥块强度的要求，炼钢比高炉炼铁低，因此，用于炼钢的含铁尘泥造块可选用加水泥或加二氧化硅和氧化钙的冷固结、加黏结剂压团或热压团等方法。

冷固结工艺可选择水泥或SiO_2和CaO作为黏结剂。加水泥法是将尘泥干燥磨细后，加8%~10%的水泥造球，在室外自然养护7~8天，成品球的抗压强度可达100~150 kg/球。加SiO_2和CaO的方法是在混合料中加1%~2%的SiO_2和4%~6%的CaO造成生球，然后在高压釜中通高压蒸汽养护，球团矿的平均强度可达306 kg/球。

加黏结剂压团工艺对粉尘粒度要求不高，团块一般在常温或低温下固结，所用黏结剂除水泥外，还有沥青、腐殖酸钠（钾、铵）盐、磺化木质素、水玻璃、玉米淀粉以及它们的混合物等。其主要技术指标为：抗压强度70 kg/球，熔点1250~1350 ℃，游离水含量小于1%。

热压团法是将干燥后的尘泥在流态床中喷油点火，着火后靠粉尘中所含可燃物（碳、油）的燃烧供给所需热量，热料从流态床直接进入辊式压机，对辊压力为 1000～1250 N。用这种方法生产的团块抗压强度为 272 kg/球，含 TFe 51%～56%、C 2.8%。

塑性挤压成型-轮窑烧制冷却剂。首钢公司根据新鲜转炉污泥具有一定塑性的特点，将过滤后的转炉污泥适当堆存，不经干燥，加入一定量的增塑剂，用塑性挤出的方法将转炉污泥造块，经干燥焙烧生产转炉炼钢用冷却剂。为降低烧成温度，可在尘泥中配加一定的燃料。

其主要技术指标为初始成型压力 6 MPa，最高成型压力 15 MPa，加压时间 0.5 s，烧成温度 1000 ℃，转鼓指数 76%，TFe 含量 51.26%，FeO 含量 4.57%。

7.5.1.7 含铁尘泥的高附加值利用

含铁尘泥数量大、种类多，目前以返回烧结为主要利用途径，但存在 ZnO、PbO、Na_2O、K_2O 等有害杂质富集、混配和储运困难、作业条件差等问题，不仅难以充分利用尘泥中的有用元素，还降低了烧结矿的质量，影响了高炉顺行。因此，突破含铁尘泥利用的传统思路，尤其是针对几类典型污泥，如瓦斯灰（泥）、转炉污泥、轧钢铁鳞等开展高附加值利用，是一个经济、合理的途径，不仅可充分挖掘含铁尘泥的资源属性，降低生产成本，提高企业的竞争力，还可保护环境，促进钢铁制造业实现绿色化和可持续化发展。

A 高炉瓦斯泥（灰）的利用

采用物理或化学方法，对瓦斯泥（灰）中的铁、碳、有色金属等有价矿物或组分进行回收，是最好的综合利用方法。例如，鞍钢采取重选-浮选-磁选工艺流程，获得铁品位为 61% 的铁精矿产品，铁回收率达 55%；武钢通过浮选，得到铁品位为 56%、碳品位为 65% 的铁精矿和炭精矿产品；宝钢通过浮选-磁选工艺流程，获得产率为 50%、铁品位为 60% 的铁精矿和产率为 16%、碳含量为 67% 的炭精矿。

回收铁。对含强磁性矿物较多的瓦斯泥（灰），一般采用弱磁选方法进行分选；对磁铁矿含量较少的瓦斯泥（灰），采用单一的磁选和浮选方法均得不到高品位精矿，采用摇床分选效果较好。

回收碳。有的瓦斯泥（灰）的碳含量高达 20% 左右，所含炭粉多以焦粉、煤粉形式存在。炭粉表面疏水、密度小、可浮性好，采用浮选方法极易与其他矿物进行分离。

回收有色金属。有色金属的回收多采用化学方法。在含量偏低的情况下，可采用选矿方法进行预富选，然后采用浸出提纯、火法富集等方法回收锌、铜、铅等。

B 炼钢尘泥的利用

生产氧化铁红。转炉尘泥中的铁矿物以 Fe_2O_3 和 Fe_3O_4 为主，杂质以 CaO、MgO 等碱性氧化物为主。因此，铁含量高的转炉尘泥通过煅烧除碳、酸浸除杂、氧化焙烧就可以制成氧化铁红，也可采用磁分离（富集铁矿物）、酸浸除杂、氧化焙烧制成氧化铁红，所制氧化铁红可用作磁性材料。在该工艺中，过滤的滤液可用于制备 $FeCl_3$，$FeCl_3$ 可作为净水剂和化工原料使用。

制备还原铁粉。采用直接还原的方法把转炉尘泥中铁的氧化物还原成金属铁，然后通过磁分离制得还原铁粉。其工艺流程为：将炼钢尘泥与还原煤按比例混合，然后经还原焙烧-磁选制取还原铁粉，还原温度为1050 ℃，最终铁粉中铁的品位可达97%。

生产聚合硫酸铁。聚合硫酸铁以 $[Fe(OH)_n(SO_4)_{3-n/2}]_m$（$n \leqslant 2, m \geqslant 10$）的形式存在，它是一种六价铁的化合物，在溶液中表现出很强的氧化性，因此是一种集消毒、氧化、混凝、吸附为一体的多功能无机絮凝剂，在水处理领域中有广阔的应用前景。以炼钢尘泥、钢渣、废硫酸和工业硫酸为原料，经过配料、溶解、氧化、中和、水解和聚合等步骤，即可得到聚合硫酸铁。

直接作水处理剂。利用转炉尘泥在水溶液中 Fe 和 C 之间的电腐蚀反应，水解产物形成的胶体可将有机分子、重金属离子进行絮凝、沉降。因此，转炉尘泥与瓦斯灰、粉煤灰等混合就可直接作为水处理剂，广泛用于印染、制药、电镀废水的处理，达到有效脱色、降 COD、提高废水可生化性的目的。

C　轧钢铁鳞的利用

生产粉末冶金铁粉。将铁鳞经干燥炉干燥去油、去水后，再经磁选、破碎、筛分，然后在隧道窑进行高温还原，得到含铁98%以上的海绵铁。卸锭机将还原铁卸出，经清渣、破碎、筛分、磁选后，进行二次精还原，生产出合格铁粉。

生产直接还原铁。我国直接还原铁生产受到资源条件的限制（天然气不足、缺乏高品位铁矿资源）而发展缓慢，轧钢铁鳞的化学成分优于高品位矿石，是生产直接还原铁的良好原料。我国进口直接还原生产用高品位矿石的价格昂贵，在进口渠道狭窄的条件下，利用这部分二次资源意义重大。

生产其他产品。利用轧钢铁鳞还可生产硫酸亚铁、氯化铁，铁系颜料、永磁铁氧体材料产品等。

7.5.2 含锌尘泥资源的综合利用

实践表明，企业内部常年的锌循环富集和我国南方高锌矿的冶炼会严重影响高炉操作，使高炉生产顺行受阻。据日本新日铁数据，高炉的锌负荷应小于0.2 kg/t，因此，对返回烧结利用的粉尘锌含量有严格要求。必须对含锌粉尘进行特殊处理，才能实现钢铁企业粉尘的完全循环利用。

7.5.2.1 锌的特性及其对高炉冶炼的危害

锌是一种银白色金属，熔点约为419.51 ℃，沸点约为906.97 ℃，相对原子质量为65.37，锌在含有水蒸气的空气中表面氧化，形成致密的碱性碳酸锌（$ZnCO_3 \cdot 3Zn(OH)_2$）灰色薄膜防止锌进一步被腐蚀。利用这一特性，锌可镀在其他金属上作防腐层，如铁片镀锌（马口铁）、金属铜线镀锌等。由于锌具有出色的耐蚀性，其最重要的应用是在钢铁材料的防腐蚀上。据统计，每年有占消费量50%左右的锌被用于钢铁的镀锌生产中。

锌在钢铁冶炼过程中会带来不利影响。首先，由于锌的熔点及沸点低，易挥发，在高炉冶炼条件下易被还原，高炉内锌蒸气不但会侵蚀炉喉及炉身上部砖衬而形成炉瘤，也会阻塞铁矿石和焦炭的空隙，降低高炉料柱的透气性，进而影响高炉顺行和操作；此外，在高炉上升管、下降管以及风口处也会因锌的富集而造成管路阻塞和风口上翘。因此，对高炉冶炼而言，锌是一种有害元素。

7.5.2.2 锌在钢铁工业中的循环路径

锌在钢铁工业中的循环路径如图7-20所示。锌元素进入钢铁制造流程的途径主要有两个，即含锌铁矿石和镀锌废钢。

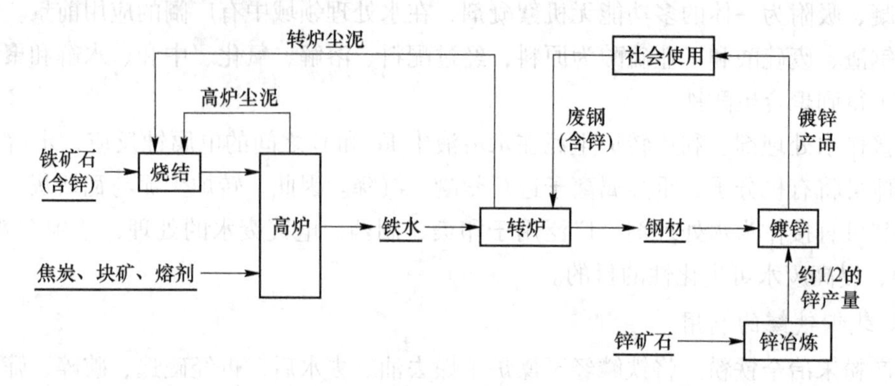

图7-20 锌在钢铁工业中的循环路径

(1) 来自炼铁原料。锌元素进入钢铁生产流程的一个重要途径是伴随铁矿石进入高炉炼铁生产过程中。我国南方地区，如湖南、广西、广东、江西、四川等地出产的铁矿石，锌含量较高，因为一般烧结过程中锌不能够被排除，所以不论粉矿或块矿，其中所含的锌都随入炉料进入到高炉中。在高炉中的锌，一部分不断发生“还原-挥发-氧化-还原”，形成循环富集；另一部分被煤气带出炉外，进入除尘系统中。

(2) 来自镀锌废钢。锌元素进入钢铁工业的另一个重要途径是通过镀锌废钢。锌矿石经锌冶炼后制成锌锭，锌锭在镀锌过程中以不同形式结合在钢铁材料上。这些镀锌产品在加工过程中，一部分变为加工废料，直接返回钢铁再生产过程中；另一部分被加工成各种产品，经过一个生命周期的社会使用后变成废钢。虽然镀锌产品上面附着的锌在产品使用循环过程中不可避免地发生损耗，但仍会有大量的锌随钢铁的物质流循环重新回到钢铁生产过程中，最终进入转炉或者电炉等消纳废钢的钢铁生产环节。

在钢铁冶炼过程中，易挥发的锌多经除尘系统进入除尘灰或除尘泥中。无论是高炉产生的瓦斯灰（泥），还是转炉产生的转炉泥（灰），这些含锌的尘泥中同时含有大量的铁和碳等有价元素，因而钢铁企业中通常都是将其返回烧结使用。这种处理方式最终使进入钢铁生产流程的锌在烧结与高炉之间和高炉内部形成封闭循环，因而高炉锌负荷及除尘灰（泥）中的锌含量不断增加。目前，锌的循环富集已经成为许多钢铁企业迫切需要解决的问题。

为切断锌的循环富集路径，首先从源头上控制入炉料的锌含量，一般铁矿石锌含量不应超过0.1%~0.2%；其次对废钢进行分拣，将报废家电、汽车等含有镀锌的废钢送入电炉熔炼过程中集中使用，这样可以使在某段时间内产生的电炉除尘灰有较高的锌含量。电炉灰中一般主要含有铁、锌、铅以及废钢中合金成分的氧化物，在锌含量不高的情况下，可以通过返回电炉回用的方式富集其中的锌。采用上述方式后锌的循环富集路径如图7-21所示。

通过管理手段改变锌循环路径，可从源头上避免锌对高炉的危害。由于不需要采用新的工艺设备，成本低，经济上容易实现。但对于使用锌含量较高的铁矿石的企业，在自身

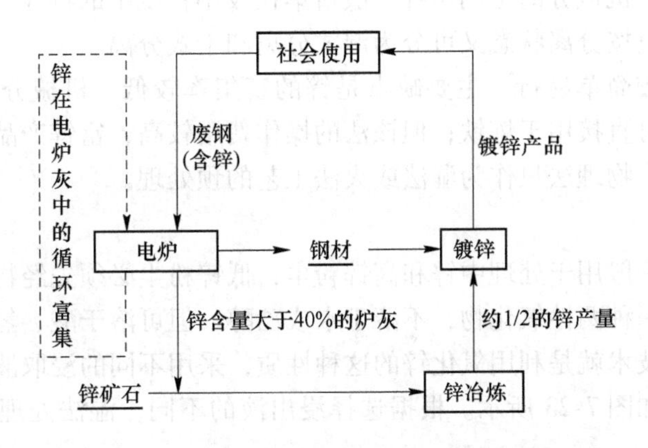

图 7-21　锌在电炉短流程中的循环富集路径

矿石的脱锌方面又面临技术和成本问题。同时，这种处理方式也需要有合适的电炉短流程消纳含镀锌材料的废钢。

目前也有企业在转炉流程上增加一套尘泥成型装置，将转炉的除尘灰泥压制成型后，作为冷却剂再加入转炉炼钢过程中，在这个过程中使尘泥中的锌寓集，达到一定的程度后出售给锌冶炼企业。该方法简单，如果能同时严格控制高炉的锌输入，也会达到整体控制钢铁生产流程中锌危害的效果。

当高炉炉前及炉料槽下除尘灰、转炉二次除尘灰中锌含量较少时，可直接返回烧结使用。对高炉瓦斯灰（泥）及转炉灰（泥）等锌含量较高的尘泥，不能直接返回烧结进行利用，应通过合适的规模处理获得一定锌含量的处理料，然后返回锌冶炼企业循环利用，脱锌后的含铁物料再返回高炉利用，这是符合工业生态链与循环经济理念的最佳途径（图 7-22）。

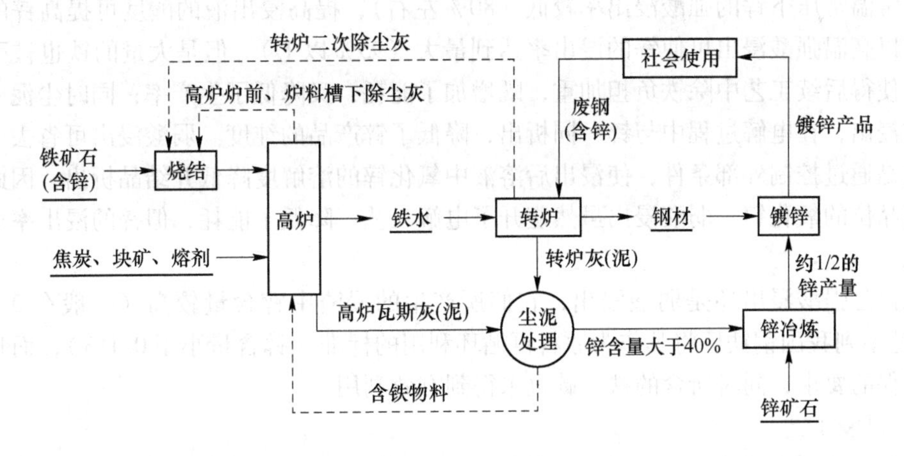

图 7-22　含锌尘泥的资源化处理流程

7.5.2.3　含锌尘泥的处理

物理法分离工艺分为磁性分离和机械分离。磁性分离是利用锌富集在磁性较弱粒子中的特性，采用磁选方法富集锌元素。该方法用于高炉粉尘时，要增加浮选除碳工艺，以提高磁性分离的效率。机械分离是利用锌一般富集在较小粒度中的特性，采用离心的方式富集锌元素。机械分离按分离状态又可分为湿式分离和干式分离。

磁性分离工艺较简单易行，主要缺点是锌的富集率较低。机械分离除工艺简单易行外，处理后的粗粉可直接用于炼铁；但该法的操作费用较高，富锌产品的锌含量过低，价值较小。一般来讲，物理法只作为湿法或火法工艺的预处理。

A 湿法分离

湿法分离工艺一般用于处理中锌和高锌粉尘，低锌粉尘必须先经物理富集后，再用湿法处理。氧化锌是一种两性氧化物，不溶于水或乙醇，但可溶于酸、氢氧化钠或氯化铵等溶液中。湿法回收技术就是利用氧化锌的这种性质，采用不同的浸取液将锌从混合物中分离出来，工艺流程如图7-23所示。根据选择浸出液的不同，湿法处理工艺有酸浸和碱浸两类。

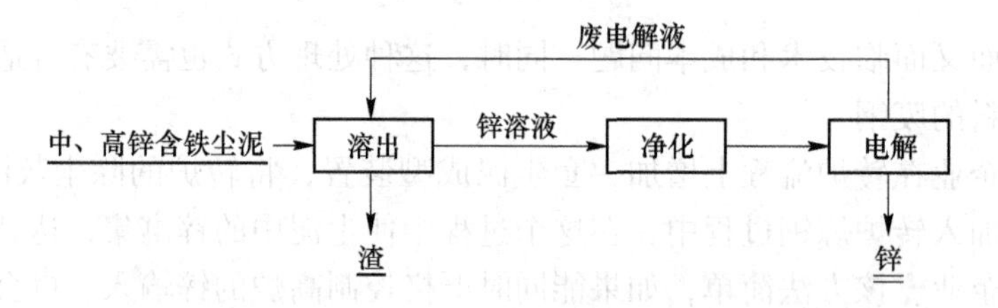

图7-23 中、高锌含铁尘泥湿法处理工艺流程

a 酸浸工艺

酸浸包括强酸浸出（硫酸浸出、盐酸浸出）和弱酸浸出。在常温常压下，中、高锌含铁尘泥中锌的化合物（主要是氧化锌和铁酸锌）在酸液中被浸出，反应如下：

$$ZnO + 2H^{+} \longrightarrow Zn^{2+} + H_2O$$

在常温常压下锌的强酸浸出率较低（80%左右），提高浸出液的酸度可提高锌的浸出率，所以高温强酸浸出可使锌的浸出率达到最大（95%以上）。但是大量的铁也被引入至溶液，使得后续工艺中除铁负担加重，既增加了能耗，又降低了生产率；同时尘泥中的杂质也被浸出，在电解过程中与锌一同析出，降低了锌产品的纯度。弱酸浸出可省去电解工艺，它是通过控制外部条件，使浸出后溶液中氧化锌的溶解度降低并结晶析出，因此可得到较高品位的氧化锌。弱酸浸出虽然避开了电解工艺，降低了能耗，但锌的浸出率比强酸浸出低。

无论是强酸浸出还是弱酸浸出，它们所产生的浸渣中锌含量较高（一般在0.5%以上），达不到我国钢铁厂将其作为原料再循环利用的标准（锌含量小于0.1%），而且满足不了环保的要求，同时所含的铁、碳也未得到有效利用。

b 碱浸工艺

碱浸工艺同样可分为强碱浸出和弱碱浸出。与酸浸相比，碱浸对设备的腐蚀较轻，浸出的选择性较好。通常，当尘泥中锌含量较低时（不高于10%），锌浸出率为10%；锌含量较高时（不低于20%），浸出率可达到80%。弱碱浸出时，常压下锌的浸出速率较快，且浸出剂再生容易，可得到纯浸出液，最终得到的氧化锌品位较高。

由于尘泥中存在部分铁酸锌，铁酸锌在矿物上属于尖晶石型晶格，它的晶格结构比氧化锌坚固得多，在强酸和强碱中均较难被溶解，因而它的存在是湿法处理工艺中锌浸出率降低的主要原因。由于碱性浸出一般不考虑除铁问题，在碱性浸出前补加焙烧工艺，使铁酸锌在焙烧时转化成可被浸出的锌的化合物，即可大大提高锌的浸出率。补加焙烧工艺后，锌的碱浸出率最高可达90%。

综上所述，湿法工艺具有以下特点：

(1) 锌的浸出率较低，浸渣难以作为钢厂原料使用，也满足不了环保法提出的堆放要求；

(2) 设备腐蚀严重，大多数操作条件较恶劣；

(3) 对原料比较敏感，使工艺难以优化；

(4) 处理过程中引入的硫、氯等易造成新的环境污染；

(5) 生产效率较低，与钢铁企业的产尘量不匹配；

(6) 与火法相比，其能源消耗、设备投资要少一些。

B 火法分离

我国钢铁厂产出的“高锌”含铁尘泥，按照国外标准绝大部分属于低锌（锌含量一般在8%左右）。低锌含铁尘泥火法分离工艺的原理是：利用锌的沸点较低（907 ℃），在高温还原条件下，锌的氧化物被还原并气化挥发成金属蒸气，随烟气一起排出，使得锌与固相分离。在气相中，锌蒸气又很容易被氧化而形成锌的氧化物颗粒，同烟尘一起在烟气处理系统中被收集。目前火法分离主要有回转窑工艺、转底炉工艺、循环流化床工艺等。

与湿法工艺相比，火法工艺更适合于处理钢铁企业产生的粉尘，但也存在设备投资大、工艺复杂的缺点。

a 回转窑工艺

回转窑工艺是从钢铁厂废料中分离锌并回收含铁料而发展起来的。它是先使钢铁厂内各种来源的废料经过预处理，然后与还原剂混合送入还原窑，窑内炉料被加热装置加热至一定温度，使废料中铁和锌的氧化物还原，这些锌在窑温下蒸发并与排出的烟气一起离开回转窑，经过收集装置富集锌。直接还原铁产品排入回转冷却器内，用大量的水进行快速冷却，然后用筛孔为7 mm的筛子筛分，大于7 mm的直接还原铁送至高炉，小于7 mm的则送往烧结厂，其工艺流程如图7-24所示。

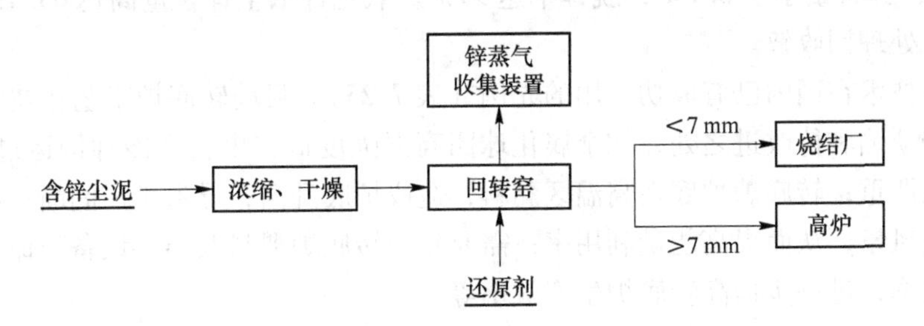

图7-24 回转窑处理含锌尘泥的工艺流程

该工艺不需造球，还原出的产品30%（大于7 mm）可直接作为高炉原料使用，而70%（小于7 mm）的粉末必须重新烧结。还原炉内原料填充率仅为20%~25%，金属化率为75%，因此产品质量差、生产效率较低。另外，该工艺设备庞大、投资大、成本较高。

b　转底炉工艺

转底炉工艺处理钢铁厂含锌粉尘比较典型的工艺是 FASTMET 工艺（如图 7-25 所示）。其工艺过程主要包括配料制团、还原、烟气处理、烟尘回收以及成品处理四个主干单元，即将含锌粉尘和其他尘泥与还原剂混合制团、干燥，然后送入转底炉中，在 1300～1350 ℃ 高温下快速还原处理，得到热直接还原铁。对于热直接还原铁可以采用四种处理方式，即直接冷却、热压块，热装热送、熔分生产铁水或铸成铁块。被还原的锌、铅、钾、钠等有色金属挥发进入烟气，烟气中还有部分未燃烧完全的 CO，鼓入二风使这部分 CO 二次燃烧释放能量，从排出转底炉的高温烟气中回收余热，回收余热后烟气进入收尘器回收烟尘，可得到含锌 40%～70% 的粗氧化锌烟尘。

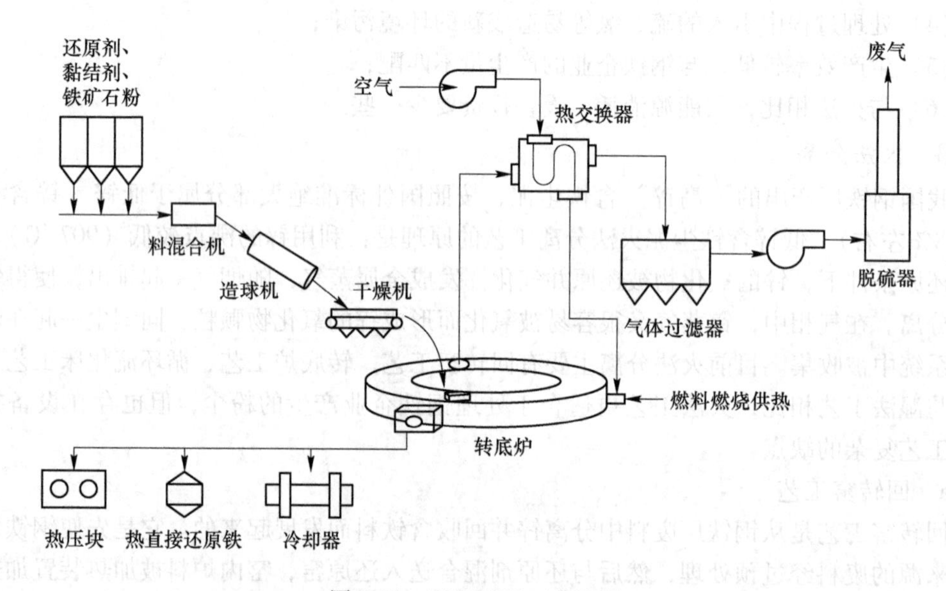

图 7-25　FASTMET 工艺流程

日本新日铁引进美国技术，经改进后用于含锌粉尘的处理，先后建立了 5 座转底炉。其工厂年处理电弧炉烟尘等二次物料 19 万吨，直接还原铁（DRI）产品金属化率大于 70%～85%，锌含量小于 0.1%，脱锌率达 94%。氧化锌烟尘锌含量高达 63.4%，可以直接送冶炼厂处理回收锌。

转底炉技术在国内已有成功应用的先例（表 7-25）。目前转底炉工艺在技术和设备上还存在一些缺陷和待改进之处，如金属化球团高温强度低，出料和冷却倒运过程中粉碎、开裂等现象严重；转底炉炉底在高温区黏料，造成炉底升高，导致生产间断；如何精确控制二次燃烧风量，从而提高能量利用率；需要延长转底炉喂料及出料设备寿命；增强炉内球团换热效率，进一步提高转底炉生产效率等。

表 7-25　近年我国转底炉建设情况

转底炉建设单位	冶金粉尘处理能力/万吨	建成时间
龙莽集团	10	2007 年
江苏沙钢	30	2009 年

续表 7-25

转底炉建设单位	冶金粉尘处理能力/万吨	建成时间
马钢集团	20	2009 年
日照钢铁	20	2009 年
攀钢集团	10	2010 年
天津荣程	100	2010 年
莱芜钢铁	20	2010 年

c 循环流化床工艺

循环流化床工艺简称 CFB 法，利用流化床的良好气体动力学条件，通过气氛和温度的控制，在锌还原挥发的同时抑制氧化铁的还原，从而降低处理过程的能耗。在处理过程中，由于粉尘很细，使得还原挥发出的锌灰纯度较低，流化床的操作状态不易控制。温度低虽对避免炉料黏结有利，但降低了生产效率。

7.5.2.4 含锌尘泥的处理新工艺

A 微波处理

美国和日本等学者曾提出采用微波处理高锌含铁尘泥，研究得出，高锌含铁尘泥在 2.45 GHz、1200 ~ 1220 ℃下有较好的脱锌效果。

微波是一种高频电磁波，频率为 300 ~ 3000 MHz。微波加热是以电磁波的形式将电能输送给被加热的物质，并在被加热的物质中转变成热能，与物质的作用表现为热效应、化学效应、极化效应和磁效应。与传统的加热方式相比，微波处理在节约能源、提高生产效率和产品质量、改善劳动环境及生产条件等方面具有明显优势。

冶金高锌含铁尘泥中加入炭粉和辅助材料在微波下处理时，尘泥中含有的 Fe_3O_4 和 Fe_2O_3 属于微波敏感性材料，能够使物料快速升温，及时补偿反应所消耗的热量，锌和碱金属在高温下得到脱除。

B 等离子处理

等离子技术是德国人于 20 世纪 40 年代早期发明的，其原理是利用通电电流在电极上产生的高温（3000 ℃）将通入的燃料气体分子离解成原子或离子。气体原子或离子在燃烧室内燃烧，释放出高达 20000 ℃的火焰中心温度。将含锌粉尘与焦炭的混合物置于等离子发射空间，使其在如此高的温度下迅速还原，并生成金属蒸气。金属混合物的蒸气因为沸点不同，在冷凝器中逐级分离。

该工艺的突出优点是：设备占地面积小，效率高；整个工艺过程清洁，无二次污染；粉尘与还原剂混合干燥后直接加入等离子炉。但它也有明显的缺点，如电能消耗大、还原剂要求高（需要高质量焦炭）、噪声较大、电极消耗大等。

C 电炉粉尘在线回收

日本金属材料研究开发中心（Japan Research and Development Center for Metals, JRCM）提出了将含有粉尘的电炉废气直接导入高温焦炭过滤床中，使锌和铁分离，实现回收锌的新工艺（称为 JRCM 新工艺），工艺流程如图 7-26 所示。

此工艺的粉尘回收系统主要由高温焦炭过滤床和重金属冷凝器两部分组成。前者是可移动的高温焦炭过滤床，通过控制其内部的还原气氛及温度，实现粉尘中锌、铅氧化物的还原，被焦炭过滤床捕集的铁及其他化合物随移动的焦炭床排除，进行回收利用；还原所得到的气态锌、铅随废气流出焦炭过滤床后，进入后部的冷凝器中；在后部的重金属冷凝器中，使含有锌、铅的蒸气与冷却介质的微小粒子相接触，使之快速冷却到 450 ℃后对锌、铅进行回收，冷却介质经过再生后可以循环利用。

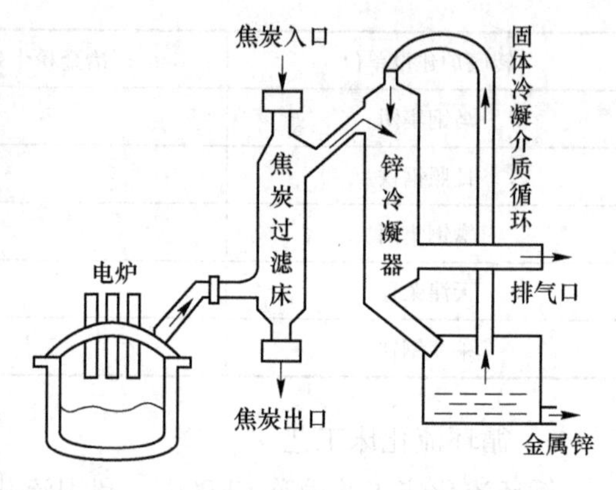

图 7-26　电炉粉尘在线回收工艺流程

此粉尘回收系统直接与电炉相连，高温粉尘不需冷却，直接被导入粉尘回收系统中。因此，粉尘中的高温热能可以被充分利用，能量损失可大量减少，环境负荷可显著降低。

另外，由于采用了焦炭过滤床与电炉直接相连的在线粉尘捕集方式，不仅可以实现不向环境中排放任何粉尘，有价金属的回收率及回收效率也可有望得到显著提高。

用固体碳及 CO/CO_2 还原电炉粉尘中氧化锌的实验室研究表明，影响还原反应进行的主要因素为反应温度和反应气氛。当反应条件控制在 $\phi(CO)/\phi(CO_2)=10$、温度为 1000～1100 ℃时，可保证电炉粉尘中氧化锌的顺利还原与气化分离。

7.6　铁合金炉渣资源的综合利用

铁合金是指一种或一种以上的金属或非金属与铁组成的合金。铁合金生产过程就是炉料、还原剂、渣料、成分调节剂在高温下经过物理化学变化生成合金、炉渣、炉气的过程。

铁合金炉渣是铁合金冶炼工程中产生的废渣，不仅占用大量土地，而且污染大气、地下水和土壤，特别是含铬的废渣，对人体危害性极大。因此，合理地利用和处理这些废渣不仅保护了环境，而且还可能回收一些有用的矿产资源。

7.6.1　铁合金炉渣的来源及组成

铁合金的生产方法很多，冶炼大部分采用火法，根据使用的设备，分为高炉法、电炉法、炉外法、转炉法和真空炉法。其中大多数用电炉冶炼，其产量占全部铁合金产量的 70%以上，电炉主要分矿热炉和电弧炉（又称精炼炉）两种。少数用高炉或转炉冶炼，个别的产品采用炉外法熔炼。炉料加热熔融后经还原反应，其中氧化物杂质与铁合金分离形成炉渣。铁合金生产还可以分为有渣法和无渣法。无渣法包括硅铁、工业硅、硅铬合金等，其生产工艺由于原料中含有杂质及冶炼不充分产生一定数量的废渣，如每生产 1 t 硅铁合金将会产生 50～60 kg 的废渣；有渣法包括硅钝合金、高碳锰铁和高碳铬铁等，其生产工艺产生大量废渣，如硅锰，每生产 1 t 合金会产生 1.1～1.35 t 废渣。

还有一些湿法冶炼的废渣，如生产金属铬产出的铬浸出渣，生产五氧化二钒产出的钒浸出渣。金属铬生产用铅铁矿、白云石以及大量惰性材料进行高温焙烧，将不溶性三价铬化合物转变为可溶性的六价铬盐，然后用水浸取，可溶性的铬盐用以制备金属铬，不溶性的部分即是铬浸出渣。

7.6.2 铁合金炉渣综合利用概述

铁合金渣因含有铬、锰、钼、镍、钛等价值较高的金属，应先考虑回收，然后再选择作建筑材料和农业肥料等。

（1）直接回收利用。采用精炼铬铁渣冲洗铬铁合金，可使渣中含铬量从4.7%下降到0.48%，硅铁合金中铬含量增加1%~3%，磷下降30%~50%，获得了显著的经济效益；电炉金属锰和中低碳锰铁炉渣含锰量较高，可以将粉化后的中锰渣作为锰矿烧结原料，也可在锰渣中加入稳定剂防止炉渣粉化以回炉使用；用电炉高碳锰铁渣可以冶炼锰硅合金。当采用熔剂法生产的高碳锰铁渣，其渣中锰含量约15%，采用无熔剂法熔炼，则生成含锰25%~40%的中间渣。为提高锰和硅的回收率，这些锰铁渣通常作为含锰的原料用于生产锰硅合金；利用锰硅合金渣可以冶炼复合铁合金。某厂用锰硅合金和中碳锰铁渣作含锰原料，配入铬矿冶炼含Cr 50%~55%、Mn 13%~18%、Si 5%~10%的锰硅铬型复合铁合金；利用金属锰渣可以生产复合铁合金。某厂使用金属锰渣以Si-Cr合金还原锰，制取Si-Mn-Cr型合金。将金属锰熔渣沿水流槽注入炉中，通电加热，然后再将破碎的硅铬合金加入炉内，炼制合金为Mn 22%~35%，Cr 22%~27%，Si 25%~40%，P 0.02%~0.03%，C 0.03%~0.08%，S 0.005%。锰硅铬型复合铁合金用于冶炼不锈钢时预脱氧，可代替Mn-Si和Cr-Si合金；氧气转炉吹炼的中低碳铬铁，其渣中含Cr_2O_3达70%~80%，并且含磷量低，可用于熔炼高碳铬铁或一些要求含磷低的铬合金。

（2）作水泥掺和料和矿渣砖。由于一些铁合金炉渣中，特别是用石灰（CaO）作熔剂的有渣法冶炼的炉渣中含有较高的CaO和Al_2O_3，使之成为较为理想的水泥原料。高炉锰铁渣、碳素锰铁渣和硅锰合金渣可水淬处理成粒状矿渣，水淬的方式很多，如炉前水淬、倾翻渣罐等方法。水淬硅锰渣送水泥厂作掺和料，熟料为600号时，水渣掺入量达30%~50%，可得到500号的矿渣水泥。

我国利用铁合金渣做矿渣砖采用的配料是：铁合金水淬渣100%，石膏2%，石灰7%，配料经轮碾、混合、成形、养护即可使用。

（3）用炉渣生产铸石。铁合金渣直接浇铸生产铸石的工艺与一般生产铸石的工艺大体相同。所不同的是没有熔化过程，所以可以节约大量的焦炭。实际生产中，铸石的成本比传统的天然原料铸石低40%，其特点是耐火度高，耐磨性大，耐腐蚀性好，且有很高的机械强度。

（4）用铁合金渣制耐火材料。钛、铬铁采用铝热法冶炼，生产的炉渣中的氧化铝含量很高，可作为耐火混凝土骨料。

（5）利用铁合金渣作建筑和筑路材料以及农田肥料。1）作建筑材料及筑路材料。锰系铁合金炉渣水淬后可以作为水泥的掺和料。由于这些铁合金渣中含有较高的CaO成分，成为理想的水泥材料。日本中央电气工业公司用硅合金渣块经缓冷处理制得抗压强度大、致密的定型石块。利用它作土木建筑的基础材料，相当于 JIS 规格硬石。2）作特殊的水磨石砖。高碳铬铁及锰硅合金生产的干渣可作为铺路用的石块，用于制作矿渣棉原料，制成膨胀珠作轻质混凝土骨料以及作特殊用途的水磨石砖等。日本中央电气工业公司利用 Si-Mn 合金渣作骨料生产水磨石砖。渣中配入各种添加物（如高炉渣及 Cr、Co、Mn 等）、金属氧化物或硫化物，或改变冷却条件便可生产不同颜色、硬度及耐磨性骨料。3）作农田肥料。铁合金渣中含有农作物所需要的多种微量元素，如 Mn、Si、Ca、Cu、Fe 等，这些元素是农家肥和化肥的良好补充营养元素。特别是在制成化肥施用以后，可以改良土壤，提高土壤的生物活性，促进农作物的高产稳产。磷铁合金生产中产生的磷泥渣可回收工业磷，利用磷酸渣制造磷肥。磷肥渣含磷 5%~50%，与氧化合后生成五氧化二磷等磷氧化物，五氧化二磷通过吸收塔时被水吸收生成磷酸，加入石灰，在加热条件下，充分搅拌，生成重过磷酸钙，即得磷肥。利用锰硅合金渣做稻田肥料，证明锰硅合金渣中有一定可溶性硅、锰、镁、钙等植物生长的营养元素，对水稻生长有良好的作用。电解锰浸出渣中含有相当数量的硫酸铵，而且颗粒细、脱水困难，目前都以泥浆状运往农村作肥料使用。精炼铬渣可用于改良酸性土壤，作钙肥之用。

7.6.2.1 硅尘的综合利用

硅尘(也称硅粉)是在还原电炉内生产硅铁和工业硅时，产生的大量挥发性很强的 SiO 和 Si 气体与空气迅速氧化并冷凝而生成的，每吨硅铁(FeSi75)可产生硅尘 200~300 kg。

冶炼工业硅和硅铁时，用布袋除尘器净化冶炼烟气时收集的粉尘称作凝硅粉。工业硅的冷凝硅粉 SiO_2 含量达 90% 左右，75% 硅铁的冷凝硅粉 SiO_2 含量在 7% 左右，75% 硅铁冷凝硅粉经二级分离可以提高 SiO_2 含量。上海铁合金厂可以将 SiO_2 从 79% 提高到 87.16%。冷凝硅粉还可制作耐火浇注材料。上海宝钢耐火材料厂用硅粉生产耐火浇注材料，这种耐火材料已用于上海宝钢。

(1) 用作建筑材料。强凝土中掺用冷凝硅粉，能降低砂浆水灰比，提高其和易性；用冷凝硅粉生产水泥，具有较高的耐酸性和很好的耐热性能；冷凝硅粉作为水泥掺和料用于建筑行业，与适量的超塑化剂可以配制高强混凝土。

(2) 冷凝硅粉代替炭黑。掺入硅粉的橡胶，具有较大的相对延长性，较好的抗裂性和耐磨性，同时使橡胶的绝缘性提高，吸水率降低。

(3) 用于硅铁生产。把 15% 的石灰石粉和 5% 的水玻璃加入 85% 的硅粉中，经搅拌、加热压成 10 mm 左右的小块，常温放置 40 h，再将块料按 10% 配入硅铁生产的原料中，用通常的方法生产的硅铁，质量很理想。

(4) 生产液状冷凝硅粉。将冷凝硅粉、减水剂、水、稳定剂和填充剂混合，混合即可得到冷凝硅粉，其生产工艺流程见图 7-27。

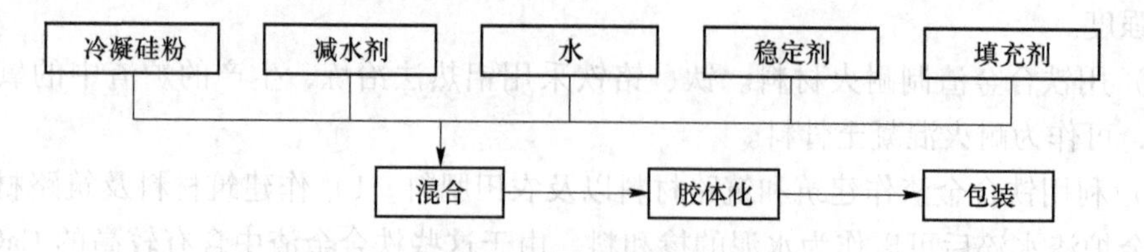

图 7-27 液状冷凝硅粉生产工艺流程

（5）生产粒状冷凝硅粉。先将冷凝硅粉和填充剂混合，喷雾处理过程中加入减水剂和水，然后干燥，制成粒状冷凝硅粉，生产工艺流程见图 7-28。

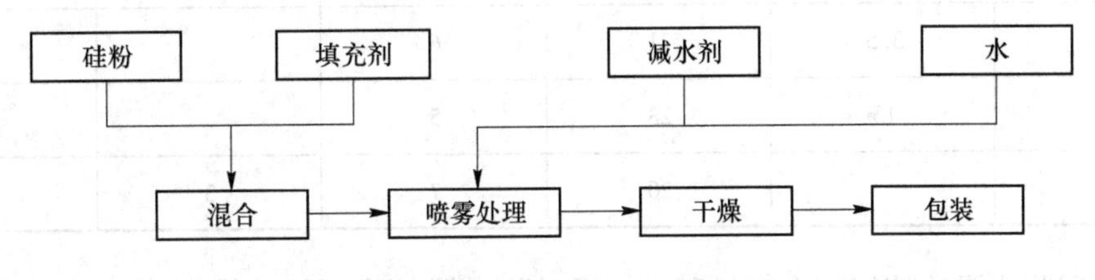

图 7-28 粒状冷凝硅粉生产工艺流程

冷凝硅粉的用途相当广泛，已引起国内外工业界的重视，如用冷凝硅粉配制的高强混凝土具有超常的物化性能，用冷凝硅粉生产的耐火材料物化性能有很大的提高；用冷凝硅粉生产水玻璃，可以简化工艺，提高产品质量；用冷凝硅粉代替炭黑掺入橡胶，较大地提高了橡胶的理化性能等。

7.6.2.2 硅铁渣的综合利用

硅铁渣含有大量的金属和碳化硅，其数量约达 30%。在锰硅合金或高碳铬铁电炉上，返回使用这些炉渣，可显著地降低冶炼电耗和提高元素回收率，同时还可用于铺路及混凝土骨料。铸造行业常用硅铁渣代替硅铁在化铁炉内和生铁块一起加热，获得了良好的效果。

7.6.2.3 硅锰渣的综合利用

炼铁厂用硅锰渣代替锰矿石，用于冶炼铸造生铁，其中的锰可降低生产成本。用于冶炼硅锰合金，能降低电耗，提高金属回收率。广州铁合金厂用中碳锰铁渣冶炼高碳锰铁，铁合金厂用粉化后的中碳锰铁渣配入原料中，生产烧结矿硅锰合金。

我国有的厂用含 SiO_2 35.76%，Al_2O_3 0.07%，FeO 0.52%，CaO 24.96%，MgO 4.87%，Mn 10.15% 的 Si-Mn 合金渣生产水泥。我国某厂陆续建成水淬硅锰渣和碳素铬铁渣，并建成中碳、微碳铬铁水淬工程。该工程可利用 40%～80% 的铁合金渣。水淬渣可供生产水泥的原料。

利用铁合金炉渣直接生产铸石，首先开始于硅锰合金炉渣。由矿热炉流出的热熔硅锰渣直接浇铸铸石制品，用于要求耐磨的设备和建筑工程，也可掺入附加料并加热熔化后浇铸耐酸铸石制品。直接浇铸的制品的生产过程包括热渣的承接与浇铸、结晶和退火等工序。热渣的承接与浇铸是用吊车将承接热熔渣的铁水包吊到浇铸台，直接进行浇铸，热渣不含任何附加料，出炉的温度为 1450～1500 ℃，浇铸铸石的温度需控制在 1300～1350 ℃。铸石的结晶在结晶炉中进行，结晶温度控制在 800～950 ℃，结晶时间 30～50 min。耐酸硅锰渣铸石的生产工艺流程为承接熔融炉渣→配料→电炉熔化→浇铸→结晶→退火。

耐酸硅锰渣铸石的配方如表 7-26 所示。

耐酸硅锰渣铸石浇铸温度一般在 1250～1300 ℃，结晶温度在 800～920 ℃，结晶时间 45～60 min。上述工艺均需要在退火窑或保温箱中退火，一般为 3 天。

表 7-26　耐酸硅锰渣铸石的配方　　(%)

硅锰渣	碳锰渣	硅石粉	铁鳞	铬矿	锰砂
69.5	3.5	21	6		
57	15	23	5		
67		20	7	3	3

锰硅回收尘是冶炼锰硅合金过程中，通过除尘器过滤烟气后排出的黑褐色粉末。硅、锰是锰硅尘的主要元素，而硅、锰又是作物生长所必需的重要元素。特别是水稻作物，据测定收获稻谷，要从土壤中带走 150 kg 硅。因此，我国土壤缺硅是普遍现象。作物及土壤施用锰硅微肥后，经西南农学院土化系对土壤和作物器官进行分析后认为：施用锰硅肥后，土壤及作物茎干、果实中（Pb、Cb）积累不明显，在高施用量时才有极小变化，且锰有营养正效益。

7.6.2.4　锰铁渣的综合利用

锰渣是锰铁合金在生产过程中排放高温炉渣经水淬而形成的一种高炉矿渣即锰铁合金渣。锰渣量为锰铁产量的 2～2.5 倍。在锰铁合金的生产过程中，尤其是在高炉吹氧熔炼时，会产生大量的炉灰，新出炉的灰粉很细，易随风飘散，严重影响城市的大气环境质量。炉灰中含锰 17%、铁 5%～6%、钙 20%，另外还含有 20 多种元素，具有极高的回收利用价值。

锰铁合金渣还可用作制备生态水泥，其制备方法是将锰铁合金渣烘干后单独粉磨，达到一定细度，以一定的比例掺入水泥中，混合均匀代替一定量的熟料。

7.6.2.5　钒铁贫渣的综合利用

铁合金工业中除了产生火法冶炼废渣之外，还产生一些浸出渣，如钒铁浸出渣。钒铁浸出渣中含有毒 V^{5+}，在堆砌过程中，由于长年雨水淋浸废渣，会使含 V^{5+} 废水进入地下水系，造成地下水的污染。

钒铁浸出渣中含有大量的铁，可以作为炼铁和水泥的原料，要想更好地利用这种浸出渣，最好是返回钒钛磁铁矿冶炼厂。但是这将增加不少运输和管理上的困难。目前将钒铁浸出渣和其他铁矿配在一起制成烧结矿供炼铁使用是可行的。

钒铁合金厂生产的最终产品为钒铁合金和贫渣两种，富渣(精渣)和碎铁返回电炉再用。一般情况下贫渣的排放量约占 75%。贫渣为灰白色，自然粉末状，其粒度小于 0.4 mm 部分占 96.56%，松装密度为 0.89 g/cm^3，pH 值为 13。贫渣的化学成分分析见表 7-27，其微量元素含量见表 7-28。

表 7-27　贫渣化学成分

成 分	CaO	SiO_2	MgO	Al_2O_3	V_2O_5	Fe_2O_3	K_2O	Na_2O
含量/%	52.56	26.35	8.36	5.46	0.64	0.084	0.077	0.87

表 7-28 贫渣微量元素 ($\times 10^{-4}\%$)

元素名称	Ba	Be	Cr	Co	Ce	Ca	La	Li	Mn
含量	74.7	8.1	22.4	20	26.5	17.3	16.6	14.8	67.1
元素名称	Na	P	Pb	Se	Sr	Ti	Y	Zn	
含量	23.7	32.8	3.7	31	589	735	9.2	426	

为了拓宽对钒铁合金的贫渣资源的综合利用，应保证冶炼钒铁合金的各项原辅材料的质量，加强对钒铁合金生产工艺过程的控制，使钒铁合金贫渣（废渣）的物理化学性质、矿物组成固定在一定值的范围内，使有用资源得到最大限度回收，有利于对贫渣的开发利用。

（1）研制特种水泥。根据贫渣的 CaO、SiO_2、Al_2O_3、MgO、V_2O_5 的化学含量，其矿物组成特性可以作水泥的原料，按水泥熟料标准，ADTM 波特兰水泥规范含量大于5%超标，可采用少掺稀释，或对冶炼工艺采取技术措施，使贫渣中控制在5%以内。由于贫渣呈自然粉末状，粒度微细，可以减少水泥磨矿费用，降低水泥的生产成本。

（2）肥料和改良土壤。贫渣作肥料，渣中的 Mg、P、V、K、Na 等成分，对江南丘陵地区的酸性土壤，贫渣的施用可以改善土壤结构，使土壤疏松，保持水分，增加土壤的养分。另外，渣中大量的微量元素 Cu、Cr、Li、Zn、Sr 等的存在，对农作物起着催化作用，可加快农作物的生长，提高农作物的产量。

（3）工程材料。钒铁合金的贫渣，经过较长时间的高温处理，成分比较稳定，用于筑路施工，随着时间的延长，可增加路基的承载力。贫渣可在路基施工、地面充填等工程方面进行应用。此外，贫渣的粒度细，呈粉末状，松装密度为 $0.89\ g/cm^3$，可用作塑料的填充料。

7.6.2.6 钨铁渣的综合利用

钨铁生产渣铁比约为0.5，渣成分为 WO_3 不大于0.35%，MnO_2 5%~32%，FeO 9%~21%，SiO_2 35%~50%，CaO 2%~5%，MgO 0.25%~0.50%，Se_2O_3 0.04%~0.06%，$Nb_2O_5+Ta_2O_5$ 0.5%~1.0%。

钨铁渣中含有 SiO_2、MgO 等，约占总量的70%，是冶炼锰硅冶金的有用材料，但锰铁比较低，只能搭配冶炼锰硅合金。

冶炼钨铁合金产生的炉渣中，除残留少量钨外，还含有贵金属元素，这些都有回收价值，钨铁渣中含有15%~20%的锰，可返回到硅锰电炉中使用。

7.6.2.7 钼铁渣的综合利用

钼铁冶炼时，粉尘通过熔炼炉烟罩后，进入布袋除尘器集尘箱，经由管道进入布袋内壁。当布袋内壁产生一定阻力后，开始反吹风，把粉尘吸落到灰仓。清灰之后，回转星形阀，螺旋输送机将灰送出，回炉作钼铁原料利用。钼铁渣中含有0.3%~0.85%的钼，国外采用磁选的方法可得到4%~6%的钼精矿，回收使用。

7.6.2.8 硼铁渣的综合利用

硼铁渣是铝热法冶炼硼铁合金时产生的废渣。将熔融的硼铁渣自流浇铸于砂模上，用蛭石保温，自然结晶，缓慢降温的方法，其工艺为硼铁渣放出→盛渣包→砂模→蛭石保温→缓慢降温→脱模→硼铁渣铸石砖。

硼铁渣铸石砖耐急冷急热性能差，但温度500 ℃以上变动则无裂纹、变形现象，耐碱度大于99.2%，不耐酸；可作为耐火材料、大型耐磨铸件等。

7.6.2.9 铬渣的综合利用

通常，铬铁合金厂中固体废弃物主要来源于高温生产工艺中产生的炉渣和尘泥。高碳铬铁渣黏度大、熔点高，渣铁无法完全分离。一般来说，每生产1 t高碳铬铁合金大约要产生1.1~1.2 t废渣；同时在铬铁合金埋弧炉冶炼过程中，由于元素的高温蒸发、电极孔飞溅出的渣铁和装料过程中炉料细小颗粒随尾气排出还会产生约25 kg的烟尘或污泥。

我国铬资源贫乏，有效回收铬铁合金厂固体废弃物可以产生良好的环境效益和经济效益。目前国内外处理铬铁合金废渣的技术主要有两类方法：采用重选、磁选等选矿方法回收金属或铬精矿，尾渣还可以用于生产水泥或铺路；采用循环回收用作其他工艺的原料，如用于生产微晶玻璃、耐火材料以及作水泥掺和料和铺路。对于铬铁合金粗烟尘在造球后可以直接返回到埋弧炉，而细烟尘不宜直接回收，可以采用湿法冶金工艺回收锌或采用固化/稳定化工艺来生产水泥或黏土砖。

（1）作炼铁熔剂。将铬渣作为熔剂配入铁矿粉中，经烧结制成自熔性烧结矿用于炼铁，这样渣中六价铬得到彻底还原，并做到无害治理。但所得生铁含有少量的铬（1%~2%），可作特种生铁利用。

（2）附烧铬渣。旋风炉热电联厂附烧铬渣的方法是20世纪80年代后期发展起来的新型铬渣还原解毒的治理新技术，鉴于旋风炉附烧铬渣具有热强度大、炉温高的特点，它能在较小的空气过剩系数下，形成一定的还原区和还原动力，有利于六价铬的还原解毒，使六价铬还原成三价铬。燃渣又以液态排渣方式排放出来，再经水淬固化为玻璃体，在沉渣池内沉降，这种铬渣可用作建筑材料。水淬水循环利用，不排水。尾渣经电除尘器除尘，消除二次污染，保护了环境。

旋风炉附烧铬渣技术的主要优点为：利用电站旋风炉附烧铬渣，治理渣量大、解毒比较彻底；此法可以实现发电、供热、铬渣解毒一炉三得的综合效益；尾灰经电除尘后捕集的尾灰全回熔，消除了二次污染，保护了大气环境；冲渣水循环利用，不排放，防止了周围水体环境及土壤环境的污染。

7.7 煤矸石资源的综合利用

7.7.1 煤矸石来源及分类

7.7.1.1 煤矸石的来源

煤矸石是煤炭开采和洗选加工过程中产生的固体废弃物，占当年煤炭产量的18%左右。煤矸石来源及产生主要有以下3个方面。

（1）原矿矸。指岩石巷道掘进时产生的煤矸石，通常称为原矿矸，占煤矸石的60%~70%。主要岩石有泥岩、页岩、粉砂岩、砾岩、石灰岩等。

（2）层夹矸。是采煤过程中从顶板、底板和夹在煤层中的岩石夹层里所产生的煤矸石，占煤矸石的10%~30%。煤层顶板常见的岩石包括泥岩、粉砂岩、砂岩及砂砾岩；煤层底板的岩石多为泥岩、页岩、黏土岩、粉砂岩；煤层夹矸的岩石有黏土岩、碳质泥岩、粉砂岩、砂岩等。

（3）洗矸。煤炭分选或洗煤过程中产生的煤矸石，又被称为洗矸石，约占煤矸石的5%~10%。其主要由煤层中的各种夹石如高岭石、黏土岩、黄铁矿等组成。

7.7.1.2 煤矸石的分类

从煤矸石的矿物学特征及组成、结构及其来源、性质等方面对煤矸石进行科学地分类，对于明确煤矸石开发利用方向，确定其加工和利用工艺技术，有着重要意义。由于各地煤矸石成分复杂，物理化学特性各异，加之不同的煤矸石加工利用方向对煤矸石的化学成分及物理化学特性要求不一样。常用的分类方法有以下几种。

A 按煤矸石的来源分类

根据我国煤矸石来源的实际情况，以矸石产出方式作为划分依据，并采用生产中一些习惯叫法命名，将煤矸石分为煤巷矸，岩巷矸、自燃矸、洗矸、手选矸和剥离矸六大类。

煤巷矸：煤矿在井巷掘进过程中，凡是沿煤层掘进工程所排出的矸石，统称煤巷矸。煤巷矸的特点是常有一定的含碳量及热值，且排量大。

岩巷矸：煤矿在井巷掘进过程中所排出的矸石，统称岩巷矸。这类矸石的特点是岩种杂，排量集中，含碳量低，有的根本不含碳。

自燃矸：凡是堆积在矸石山经过自燃的矸石统称为自燃矸。这类矸石一般呈红褐色、灰黄色及灰色，以粉砂质泥岩及泥岩居多，其烧失量低，且有一定的火山灰活性。因其性能特殊且用途与其他矸类不同，故单独划为一类，与其他四类并列。

洗矸：又称选煤厂尾矿，是从煤炭洗选过程中排出的矸石。洗矸的特点是排量集中，粒度较小，含碳量和含硫量均高于各类矸石，具有一定热值，可作为劣质燃料用。

手选矸：此类矸石是混在原煤中产出，在井口或选煤厂由人工拣出的矸石。手选矸具有一定的粒度，排量小，热值变化较大。此外，在手选矸石的同时，一些与煤共生、伴生的矿产资源往往亦同时选出。

剥离矸：煤矿在露天开采或基建初期，煤系上覆岩层因剥离而排出的矸石，称为剥离矸。其特点是岩种杂，一般无热值，目前多用来填沟造地，有些剥离矸石中还有大量共生矿产。

B 按煤矸石的岩石类型分类

按煤矸石的岩石类型一般可分为黏土岩矸石、砂岩矸石、钙质岩矸石和铝质岩矸石等。

黏土岩矸石：组成以黏土矿物为主的矸石为黏土岩矸石，主要有高岭石泥岩（高岭石含量>60%）、伊利石泥岩（伊利石含量>50%）、碳质页岩、泥质页岩及灰岩等。黏土岩矸石在煤矸石中占有相当大的比重。主要利用途径为：高岭石泥岩、伊利石泥岩多用于生产多孔烧结料、煤矸石砖、建筑陶瓷、含铝精矿、硅铝合金、道路建筑材料；砂质泥岩、砂岩多用于生产建筑工程用的碎石、混凝土密实集料；石灰岩多用于生产胶凝材料、建筑工程用的碎石、改良土壤用的石灰。碳质页岩和碳质泥岩中，一般均含有较多的炭粒。

砂岩矸石：砂岩矸石又称为粉砂岩矸石，一般在岩巷矸和剥离矸中较多。主要由碎屑矿物和胶结物两部分组成，以石英屑为主，其次是长石、云母矿物；胶结物一般为被碳质浸染的黏土矿物或含碳酸盐的黏土矿物以及其他化学沉积物。按颗粒大小又可分为粗砂岩、细砂岩、粉砂岩等。

钙质岩矸石：钙质岩矸石主要矿物以方解石、白云石为主的矸石。以方解石矿物为主的称为石灰岩，以白云石为主的称为白云岩。在钙质岩中常常含有菱铁矿，并混有较多的黏土矿物或少量石英、长石等碎屑矿物。

铝质岩矸石：铝质岩矸石是一种富含 Al_2O_3 较高的矸石，主要由黏土矿物和富铝矿物（如一水硬铝石）组成，往往混有石英、玉髓、方解石、白云石等矿物。

C　按煤矸石中碳含量分类

按煤矸石中碳含量可分为四类：一类煤矸石 <4%、二类煤矸石 4%~6%；三类煤矸石 6%~20%；四类煤矸石 >20%。一类、二类煤矸石（发热量 2090 kJ/kg 以下）可作为水泥的混合材、混凝土基料和其他建材制品的原料，也可用于复垦采煤塌陷区和回填矿井采空区；三类煤矸石（发热量 2090 ~6270 kJ/kg）可用于生产水泥、砖等建材制品；四类煤矸石发热量较高（发热量 6270 ~12550 kJ/kg），一般宜用作燃料。

D　按煤矸石中硫含量分类

按煤矸石中硫含量也可将煤矸石分为四类：一类煤矸石小于 0.5%；二类煤矸石 0.5%~3%；三类煤矸石 3%~6%；四类煤矸石大于 6%。当煤矸石中全硫含量达 6% 时应回收其中的硫精矿，这是硫资源回收的最低界线，也是煤矸石在利用过程中多数产品对煤矸石中硫含量的最高允许值。如用煤矸石作燃料时应采取相应除尘、脱硫措施，以减少烟尘和硫氧化物的污染，达到环保要求的标准。

E　按煤矸石中铁化合物含量分类

按煤矸石中铁化合物含量分为：少铁煤矸石 <0.1%；低铁煤矸石 0.1%~1.0%；中铁煤矸石 1.0%~3.5%；次高铁煤矸石 3.5%~8.0%；高铁煤矸石 8%~18%；特高铁煤矸石 >18%。铁含量也决定和影响了煤矸石的热加工工艺方式和工业利用范围。

F　按煤矸石中铝硅比分类

按煤矸石中铝硅比（Al_2O_3/SiO_2）可划分为 3 类。

（1）铝硅比大于 0.5，这类煤矸石主要特点是含铝量高，含硅量相对较低。煤矸石矿物成分以高岭石为主，有少量伊利石、石英。煤矸石质点粒径小，可塑性好，具有膨胀现象。此时，煤矸石可考虑作为制高级陶瓷、分子筛的原料。

（2）铝硅比在 0.5 ~0.3，其特点是铝、硅含量都适中。矿物成分以高岭石、伊利石为主，具有一定的石英、长石、方解石等。选择以 0.3 为下限，是因为在此分界线以上的煤矸石可作为生产聚合铝的原料。

（3）铝硅比小于 0.3，煤矸石特点是硅含量比铝含量相对高得多，其矿物成分主要是石英、长石、方解石、菱铁矿等，含少量黏土矿物。质点粒径大，可塑性差。

7.7.2 煤矸石的组成及性质

7.7.2.1 煤矸石的化学组成

煤矸石一般以 SiO_2、Al_2O_3 为主要成分，另外含有数量不等的 Fe_2O_3、CaO、MgO、K_2O、SO_3、Na_2O、P_2O_5 等，以及微量的稀有金属如钛、钒、钴等。

煤矸石的化学成分不稳定，随着不同产地、不同层位、不同的开采方式，煤矸石的化学成分组成变化很大。表 7-29 为煤矸石化学成分的大致范围。

表 7-29 煤矸石的化学组成范围 (%)

成分	SiO_2	Al_2O_3	Fe_2O_3	CaO	MgO	Na_2O	K_2O	TiO_2	P_2O_5	C
含量	30 ~ 65	15 ~ 40	2 ~ 10	1 ~ 4	1 ~ 3	1 ~ 2	1 ~ 2	0. 5 ~ 4. 0	0. 05 ~ 0. 3	20 ~ 30

煤矸石的化学组成随矿岩成分不同而不同，黏土岩类矸石、砂岩类矸石、钙质岩类矸石和铝质岩类矸石的化学组成大致范围如下：

黏土岩类矸石化学组成具有中硅、高铝特点。SiO_2 为 24% ~ 56%，Al_2O_3 为 14% ~ 34%，Fe_2O_3 为 1% ~ 7%，CaO 为 0. 5% ~ 9%，MgO 为 0. 5% ~ 6%，Na_2O 为 0. 2% ~ 2%，K_2O 为 0. 3% ~ 3%，TiO_2 为 0. 4% ~ 1%。

砂岩（粉砂岩）类矸石化学组成具有高硅特征，且 SiO_2 含量变化较大。一般为 53% ~ 88%，Al_2O_3 为 0. 4% ~ 20%，Fe_2O_3 为 0. 4% ~ 4%，CaO 为 0. 3% ~ 1%，MgO 为 0. 2% ~ 1. 2%，Na_2O 为 0. 1% ~ 1%，K_2O 为 0. 1% ~ 5%，TiO_2 为 0. 1% ~ 0. 6%。

钙质岩类矸石化学组成以中低硅、高钙为主要特点。SiO_2 为 10% ~ 40%，Al_2O_3 为 3% ~ 10%，Fe_2O_3 为 1% ~ 10%，CaO 为 40% ~ 80%，MgO 为 1% ~ 4%。

铝质岩类矸石化学组成具有高铝、中高硅、低铁、低钾、低钠、低钙、低镁特点。SiO_2 为 40% ~ 55%，Al_2O_3 为 35% ~ 45%，Fe_2O_3 为 0. 2% ~ 4%，CaO 为 0. 1% ~ 0. 7%，MgO 为 0. 1% ~ 1%，Na_2O 为 0. 1% ~ 0. 9%，K_2O 为 0. 1% ~ 1. 5%。

7.7.2.2 煤矸石矿物组成

煤矸石的矿物组成和煤田地质条件有关，也和采煤技术密切相关。煤矸石中主要矿物成分有高岭石、伊利石（水云母）、绿泥石、蒙脱石、多水高岭石、地开石、海泡石、白云母、黑云母、长石（钾长石、斜长石）、石英、蛋白石、方解石、白云石、菱铁矿、菱镁矿、黄铁矿、赤铁矿、磁铁矿、褐铁矿、铝土矿及微量元素等。

7.7.2.3 煤矸石的性质

煤矸石中具有一定的可燃物质，包括煤层顶底板、夹石中所含的碳质及采掘过程中混入的煤粒。煤矸石的热值一般为 4. 19 ~ 12. 6 MJ/kg。

煤矸石是由各种岩石组成的混合物，抗压强度在 30 ~ 470 kg/cm^2。煤矸石的强度和粒度有一定关系，粒度越大，其强度越大。

煤矸石的活性大小与其物相组成和煅烧温度有关。黏土类煤矸石经过焚烧（一般为 700 ~ 900 ℃），结晶相分解破坏，变成无定型的非晶体而具有活性。煤矸石在石灰、石膏等物料和水溶液中存在有显著的水化作用，且速度极快，表现为较强的胶凝性能，所以矸石具有潜在的活性。

7.7.3 煤矸石的影响及危害

我国是一个煤炭消费大国，每年的煤炭生产和消费总量均达十几亿吨，2006 年我国原煤产量已达 26.8 亿吨，因此煤炭是我国主要的一次能源。在煤炭开采和洗选加工过程中，排出大量的煤矸石。较长的一段时间内，煤矸石在采选过程中始终被丢弃，所以几乎所有矿区的煤矸石都堆积如山。这种堆贮的煤矸石已经带来诸多的社会和环境问题。

（1）占用大量耕地。堆贮煤矸石需要占用大量耕地，截至 2004 年底，全国有矸石山 2000 多座，占地 25 万多公顷。随着煤矸石排放量的增加，占地面积还将进一步扩大。

（2）破坏自然景观。矸石风化物的矿物组成和化学成分与土壤接近，故多年后也能生长少量的植物。植物以草本为主，也有极少量的木本植物。生物生长一般都正常，但植被覆盖率较低，一般植被覆盖率仅 10%～20%，黑色地面大部分暴露，酸性较强的矸石山上寸草不生。巨大且表面裸露的矸石山严重影响矿区的自然景观，矸石山已成为矿区的不良“标志”。

（3）形成扬尘。矸石堆积成山后，表面矸石半年或一年后会产生一层风化层，风化层约 10 cm，可十几年保持不变。随时间推移风化层颗粒逐渐变细，原矸石都是较大的石块，经风化后颗粒变小。颗粒由石块（5～10 mm）逐渐风化成粒砾（2～5 mm）、砂粒（0.5～2 mm），以及更细的颗粒。因此，矿区在有风的天气情况下，常形成扬尘，距矸石山越近扬尘越严重。距矸石山 5 m 比 200 m 扬尘大 5～10 倍。

（4）污染地表水和地下水。矸石的风化物无黏结性，矿物颗粒可随降水而移动，风化物中某些成分可随降水进入水域。矸石风化过程中可分解出部分可溶盐，据测定矸石中 Cl^-、HCO_3^-、Mg^{2+}、Ca^{2+}、K^+、Na^+，组成和含量与内陆盐渍土的盐分的组成和含量相似，且呈斑状分布，可随水移动。矸石中还含有多种痕量重金属元素，如铅、镉、汞、砷、铬等，可造成水污染，污染程度取决于这些元素的含量和淋溶量。风化和自燃使矸石风化物由中性变酸性，对周围环境和水域会造成污染和影响。

（5）污染土壤。大气和水携带的矸石风化物细粒可飘洒在周围土地上，污染土壤；矸石山的淋溶水进入潜流和水系也可影响土壤。

（6）污染大气。因煤矸石主要由炭质页岩组成，其中还混有少量的煤和黄铁矿等可燃物。而且矸石山上矸石大量堆积，体积大，着火点低，矸石堆置中产生的空隙为矸石自燃提供所需的氧气，这些内因与外因促进矸石的自燃。自燃时会弥散大量的 SO_2、CO 和 H_2S 以及 NO_x、苯芘等有害气体，大量的 SO_2 和 NO_x 进入大气是造成酸雨的源头之一。

综上所述，如何解决煤矸石的利用问题已经迫在眉睫。大力加强煤矸石的综合利用是保护环境，实施可持续发展战略的双重要求。

7.7.4 煤矸石的能源利用

煤矸石含碳量的高低是决定其能源利用的主要依据。以含碳量的高低，可将煤矸石能源利用途径划分为三类。其中，含碳量不大于10%不具有能源利用条件；含碳量在10%~20%可作为水泥、制砖部门的混合能源；当含碳量不小于20%（即热值在6270~12550 kJ/kg）时可作为能源利用，回收其中的煤炭制备煤气或作为发电、供热等代替能源。

7.7.4.1 回收煤炭

对混在煤矸石中的煤炭资源加以回收，是煤矸石能源利用和其他资源化再生利用必需的预处理工作。既节约能源又增加了经济效益，同时也对保证煤矸石建材、化工利用的产品质量，稳定生产工艺十分重要。

目前，回收煤炭的洗选工艺主要有两种工艺，即旋流器分选和重力介质分选。利用重介质分选工艺，可以高效地从矸石中分选出煤炭，其特点是所需费用少，分选粒度范围大，分选效率高，处理能力强。

7.7.4.2 煤矸石发电

对含碳量高的煤矸石，即含碳量不小于20%（热值在6270~12550 kJ/kg），可以直接用作流化床锅炉的燃料发电，实现热电联产。20世纪90年代以来，随着循环流化床（CFB）锅炉逐步取代鼓泡型流化床锅炉以及消烟除尘技术的发展，利用煤矸石发电的技术日臻成熟。近年来，我国煤矸石发电消耗量1400×10^4 t，约占煤矸石综合利用量的30%左右，成为煤矸石能源利用的一种重要方式。

7.7.5 煤矸石中有价组分的回收利用

7.7.5.1 提取镓

镓（Ga）是稀土元素，主要用于半导体工业。高纯镓和某些金属组成的化合物半导体材料是通信、大规模集成电路、宇航、能源等部门所需的新材料。对镓含量大于30 g/t的煤矸石，即具有回收镓的经济价值。

煤矸石中镓的浸出，可采用两种方法：一是高温煅烧浸出；二是低温酸性浸出。基本原理和工艺技术是利用湿法冶金或化学选矿法，使煤矸石中的晶格镓或固相镓转入溶液中，固液分离后，再用萃取法、离子交换法或膜法从浸出液中回收镓。

7.7.5.2 提取钛

富钛煤矸石也可以用来提取钛。当$TiO_2\geqslant1.5\%$时，即具有综合回收利用的价值。从煤矸石中提取Ti的方法与提取Ga的方法相似。煤矸石湿法浸出反应结束，固液分离后，向滤液中加入氟氢酸，Ti^{4+}与F^-形成氟化物沉淀，然后过滤分离，即达到综合回收Ti的目的。

7.7.5.3 制备铝盐

铝盐是十分重要的化工原料，一般由铝土矿制备。利用煤矸石制备铝盐，对其矿物质成分有着较为严格的技术要求，要求高岭石含量在80%以上（高岭石中Al_2O_3，理论含量39.5%），SiO_2含量在30%~50%，Al_2O_3含量在25%以上，铝硅比大于0.68，Al_2O_3浸出率大于75%，Fe_2O_3含量小于1.5%，CaO和MgO含量小于0.5%。

利用煤矸石制备铝盐，其主要产品有聚合氯化铝、硫酸铝、氢氧化铝及氧化铝等。聚合氯化铝是一种高效的无机凝聚剂，应用于饮用水的净化、工业废水处理等领域；硫酸铝主要用于水处理、造纸、印染、鞣革、石油除臭、油脂澄清等。利用煤矸石制备聚合氯化铝和硫酸铝的工艺大致相似（图7-29）。

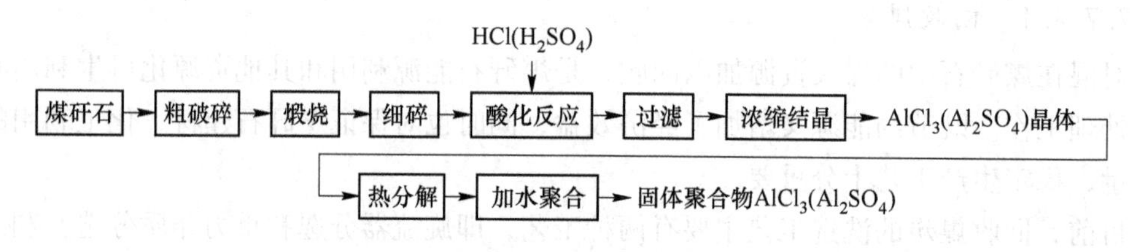

图7-29 煤矸石制取聚合氯化铝（硫酸铝）工艺流程

首先，煤矸石经过粉碎、焙烧和磨粉后，用盐酸（或硫酸）进行酸浸反应，生成氯化铝或硫酸铝；然后，再经过过滤分离渣液，滤液再经过浓缩、冷却、结晶后，即可得到结晶的氯化铝或硫酸铝产品；最后，对结晶氧化铝经过热分解，加水聚合就可得到固体聚合氯化铝。因此，聚合氯化铝只是结晶氯化铝工艺的再延伸。氢氧化铝及氧化铝的制取，是在上述工艺制备出硫酸铝的基础上，将其水溶液放在中和搅拌槽中，进行盐析反应得到氢氧化铝晶体，然后再经过滤、烘干后得到氢氧化铝。如果再将氢氧化铝焙烧，除去其中多余的水分后，又可得到含铝量更高的氧化铝。

7.7.5.4 制备硅化合物

在利用煤矸石制备铝盐的工艺中，过滤出大量的残渣，其主要成分是二氧化硅，可用来生产某些含硅的化工产品，如水玻璃、白炭黑等。其资源化再生利用的工艺方法是沉淀法制备水玻璃及白炭黑。

首先将这些酸渣与烧碱(NaOH)反应，即可制得水玻璃，再以水玻璃和硫酸为原料，在一定条件下进行化学反应，经过洗涤，干燥即可制得白炭黑（胶体二氧化硅$SiO_2 \cdot nH_2O$）。

白炭黑价格较高，沉淀法生产的白炭黑价格在4000~8000元/吨，是一种重要的工业填料，在橡胶中是必需的补强剂，也可作为塑料制品的填充材料，具有广泛的市场用途。

7.7.5.5 冶炼硅铝铁合金

在炼钢生产中，硅铝铁合金（$Al_{35}Si_{30}Fe$）作为一种主要脱氧剂已广泛应用。现在所用硅铝铁合金是以铝锭、硅铁和纯净废钢为原料，采用熔融后对掺法合成生产的，其成本高、能耗大、价格贵。采用矿热法直接用铝土矿冶炼硅铝铁合金，成本大幅度下降，并可降低钢的冶炼成本。

泉沟煤矿是衰老报废亟待转产的矿井。矿井下有2100万吨的煤矸石，Al_2O_3的含量高达41%，Fe_2O_3含量为28%~32%，SiO_2含量在25%~35%，经工业试验证明非常适合冶炼硅铝铁合金。经过探索，成功建成国内第一台先进的400 kW直流矿热炉。自1996年10月以来，一直正常生产，能稳定生产出含铝为30%～40%、硅25%～35%、钛1.5%～2.0%、铁20%～30%的硅铝铁合金，超过了预定目标，形成了一定的生产能力。生产的合格产品，曾先后在莱芜钢厂、济南钢厂中推广试用，均取得较好效果。

7.7.5.6　其他利用

煤矸石的化学组成和矿物结构为其化工利用提供了多种可能，从煤矸石中提取多种有益成分，开展多种化工利用具有广阔的前景。近年来，国外许多大型煤矿积极开发煤矸石化工利用的途径，如利用煤矸石生产岩棉，生产V_2O_5。除含铁的化工产品，也有企业利用煤矸石生产氨水和硫酸氢等化肥。国内某些大型联合体煤矿也在开发煤矸石化工利用的新途径，如利用煤矸石生产烧结料、密封材料和复合肥等。何恩广等人分别以硅质煤矸石、石英砂与弱黏煤、无烟煤作原料用Acheson工艺合成了SiC。实验表明：硅质煤矸石是Acheson法合成工业SiC理想的天然原料，用其代替石英砂和大部分价格较贵的石油焦炭或资源较匮乏的无烟煤，可实现废弃物资源化与控制污染的目的，并可降低能耗和生产成本。

为了迎接资源枯竭和环境污染的双重挑战，煤矸石资源化再生利用的产业化和规模化方向日渐形成，有些地区已经形成了煤矸石综合利用的产业链，创造了良好的经济效益和环境效益。

7.7.6　煤矸石中有用矿物富集分离

7.7.6.1　煤系高岭土回收利用

煤系高岭土分离富集通常采用干法分选技术，是利用空气流化和床面机械振动复合功能分选设备（ZM分选机）的特点，实现高岭土干法分选。该工艺主要包括以下几步：(1) 煤矸石物料首先进入双层分级筛分级，上层筛孔为80 mm，下层筛孔为13 mm，将煤矸石物料分级为三个粒度级，即小于13 mm粒级、13～80 mm粒级和大于80 mm粒级；(2) 筛上大于80 mm粒级采用机械分选工艺，实现大块高岭土和白砂岩的分离；(3) 13～80 mm粒级物料进入高密度干法重介质分选机分选，分选密度设定为2.4 g/cm^3，选出重产物和轻产物两种产品，重产物为白砂岩和高岭土的混合物，轻产物为部分高灰煤及其他低密度杂质；(4) 分级筛筛下小于13 mm的物料和干法重介质分选机轻产物进入ZM矿物高效分离机分选出煤炭和废弃矸石；(5) 高密度干法重介分选机分离出的重产物为高岭土和白砂岩的混合物，通过智能分选机排除白砂岩，得到纯净高岭土矿石。

神华准格尔能源公司黑岱沟和哈尔乌素煤矿选煤厂的矸石中存在大量优质高岭土。采用空气重介质高密度矿物分选机，ZM干法分选机和机械、智能分选机组成的高效干法高岭土分选系统，可以实现对高密度砂岩和优质高岭土的有效分离，获得较高产率的高岭土产品。

7.7.6.2　黄铁矿的回收利用

有的煤矸石含有较高的硫分，大多以黄铁矿（FeS_2）形态存在。黄铁矿，别名硫铁矿，密度为4300～4600 kg/m^3，硬度为6.0～6.5。煤矸石的密度较小，在2200～2600 kg/m^3，两者有着较大的密度差，因此利用重力选矿原理和设备可以从煤矸石中成功分选出硫铁矿，实现煤矸石中黄铁矿的回收利用。

南桐煤田的沉积相为海陆交替相，故原煤硫分偏高，属高硫煤；同时由于受沉积环境和地质条件的影响，煤质变化较为复杂。原煤中的硫以硫化铁中的硫为主，并集中在煤矸石中。根据观察，硫化铁主要以颗粒状、结核状分布于煤矸石中，说明通过破碎、磨矿容易使煤矸石中的硫化铁达到单体解离。南桐选煤厂在1979年，就自行进行了从洗矸中回收硫铁矿的可行性试验，并建成了规模为4×10^4 t/a的矸石选硫生产线，1983年8月增加配套设施达到6.5×10^4 t/a的规模，1990年又按21×10^4 t/a的规模扩建（实际生产能力仅达到12×10^4 t/a）；2008—2009年设计采用自生介质的重介质分选工艺，在原有厂房进行扩能，由12×10^4 t/a扩到21×10^4 t/a。

7.7.7　煤矸石用于建筑材料

煤矸石作建筑材料是目前煤矸石利用的主要方向和途径，其总利用量约占70%以上，是在提取了有益元素、化合物后，继续对煤矸石进行“大宗利用、无尾排放”的主要手段。从20世纪80年代开始，我国就开始了煤矸石的建筑材料利用研究，如生产水泥、制作矸石砖等，并取得了极大的成果。

7.7.7.1　煤矸石制砖

利用煤矸石制砖，主要包括生产烧结砖和做烧砖混合燃料，所用的煤矸石含碳较高，热值一般控制在2090～4180 kJ/kg范围内。如果矸石含煤量过高，可在原料中掺少量黏土，避免烧砖过火。除对热值有要求外，利用煤矸石制砖对其化学成分也有规定，一般要求SiO_2含量为55%～70%，Al_2O_3为15%～25%，Fe_2O_3为2%～8%，塑性指数为7～15。

生产煤矸石烧结砖的工艺与黏土制砖基本相似（见图7-30），只是增加了煤矸石的破碎工序，设备多选用颚式破碎机、锤式破碎机或球磨机，采用二段或三段破碎工艺，先制作烧砖用的粉料；然后，将矸石粉料与黏土等原料加水混合搅拌，在制砖机上成型制作码坯，再送入隧道窑中烧结。由矸石破碎制作粉料的过程中，要采用高效率的除尘设备，以控制生产过程中的粉尘污染。

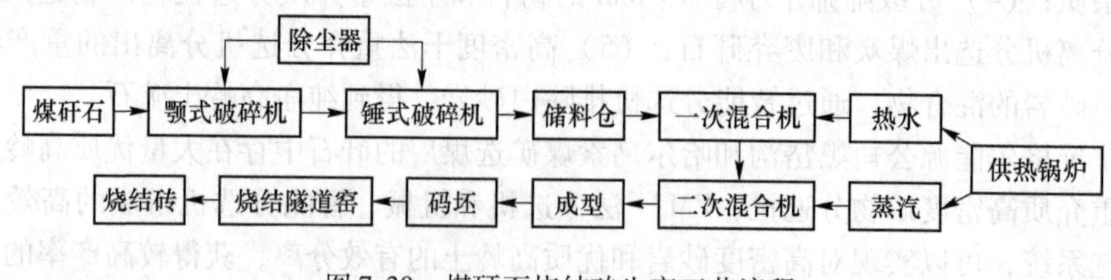

图7-30　煤矸石烧结砖生产工艺流程

由黑龙江双鸭山东方工业公司开发，黑龙江省生态环境厅推荐的煤矸石综合利用技术，适用于煤矿、选煤厂排放的煤矸石制作空心砖等新型墙体材料。该项技术适用于所有煤矿城市的煤矸石综合治理工作。其特点是：百分之百利用煤矸石作原料，生产出优质煤矸石空心砖等新型墙体材料，真正实现了“制砖不用土、烧砖不用煤”，是极佳利废、减少污染、节土、节能的环保实用技术。其工艺流程见图 7-31。

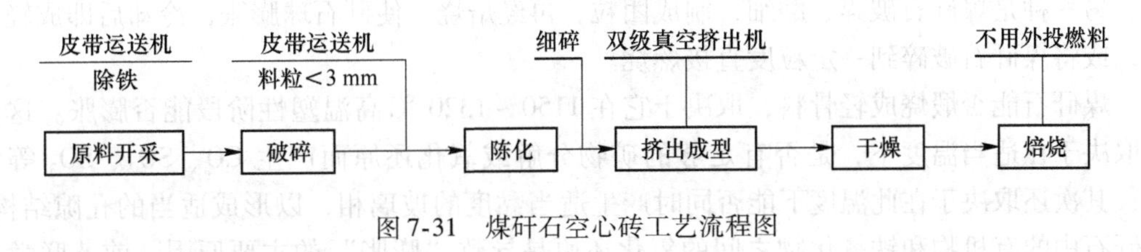

图 7-31 煤矸石空心砖工艺流程图

7.7.7.2 生产水泥

煤矸石在水泥行业的应用主要有两个方面：一是煤矸石的化学成分中 SiO_2、Al_2O_3 的含量高，且残存有部分的煤，因此利用煤矸石可以代替生产水泥的黏土类原料，和煤配制生料，达到提高熟料产量和降低熟料煤耗的效果；二是自燃和煅烧的煤矸石可以作为活性混合材使用。用煤矸石生产水泥，节约生产成本，节能降耗，变废为宝，符合国家环保要求，达到了环境效益、社会效益和经济效益的统一。

利用煤矸石作为原料生产水泥，是将煤矸石、石灰石等原料经过破碎磨洗后，混入一定量的铁粉（或铝粉），磨细、搅拌配制成生料；然后，在回转窑中煅烧生成水泥熟料。需要注意的是，要根据矸石中 Al_2O_3 的含量进行配料，所配生料的化学成分要满足生产高质量水泥的需要。一般来说，如果 Al_2O_3 含量小于 25%，则可用煤矸石 Al_2O_3 直接代替黏土；若 Al_2O_3 含量高于 25%，配料时需加入适量的石膏等高硅质配料，防止水泥过快凝结。配料中还可加入一定量的铁粉、萤石等，用来改善水泥的烧结性。利用煤矸石作为原料生产水泥工艺见图 7-32。

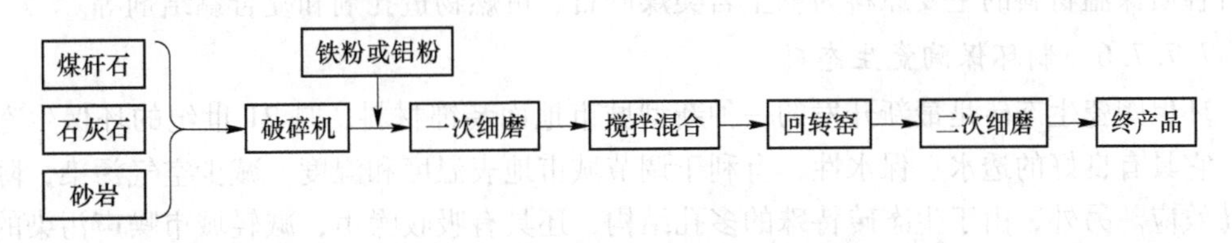

图 7-32 煤矸石生产水泥的工艺流程

利用煤矸石做混合料生产水泥，是将煤矸石、熟料和石膏按一定比例混合，破碎后进入水泥磨磨成产品。利用煤矸石做混合材料的工艺简单，不需要另外增加设备，可在原有设备的基础上进行加工。煤矸石不是火山灰质混合材料，未自燃的煤矸石自身几乎没有水硬性胶凝材料，因而需要在一定的物理化学激发下，改变煤矸石的化学组成和内部结构，从而改善其物理化学性能，使其转化为活性混合材。活性煤矸石按照 10%~50% 比例掺入混合料中，生产不同种类和标号的水泥产品，这是水泥厂进行水泥降标、增加产量的一种重要方法，现已被广泛采用。

7.7.7.3 生产轻骨料

轻骨料是为了减少混凝土的密度而选用的一类多孔骨料，密度小于一般卵石和碎石，有些轻骨料甚至可以浮在水上。

煤矸石生产轻骨料有两种方法：一种是煤矸石自燃后，体积膨胀，为原体积的 1~3

倍，而且密度小、强度高、吸水性小，有一定的活性，经破碎筛分后成为混凝土的轻骨料。另一种是煤矸石破碎、磨细，制成团粒，再经焙烧，使矸石球膨胀，冷却后即成轻骨料，或将煤矸石破碎到一定粒度直接燃烧。

煤矸石能否煅烧成轻骨料，取决于它在1150～1320 ℃高温塑性阶段能否膨胀。这首先取决于在适当温度下，是否有足够的矿物分解或氧化还原而产生 CO、SO_2、SO_3 等气体；其次还取决于在此温度下能否同时产生适当黏度的玻璃相，以形成适当的孔隙结构。煤矸石中的有机物和铁氧化物之间的氧化还原是导致“膨胀”的主要原因。前苏联学者认为煤矸石的岩石组成和矿物组成是决定能否生产轻骨料的条件，含泥板岩和黏土质物质多的煤矸石比较适合生产轻骨料，而含砂岩、含碳杂质多的煤矸石就不适合生产轻骨料。

用煤矸石生产的轻骨料具有容重轻、强度高、吸水率低等特点，可代替砂、石配制轻混凝土。用它作墙体材料，保温、吸声效果好。煤矸石生产轻骨料不仅为处理煤炭工业废料、减少环境污染找到了新途径，还为发展优质、轻质建筑材料提供了新资源。

7.7.7.4　生产岩棉

煤矸石岩棉是利用煤矸石60%、石灰30%～40%，萤石0～10%等为原料，经高温熔化（1200～1400 ℃），喷吹而成的一种建筑材料，采用以焦炭为燃料的冲天炉，焦炭与原料的配比为1：（2.3～5.0）。该制品具有质量轻，热导率低，吸音效果好，耐热、耐磨、耐蛀、化学稳定性好等特点。可大量应用于工业装备、交通运输、建筑等部门作为保温材料。

7.7.7.5　制轻质保温材料

以煤矸石为主要原料制成的轻质保温材料，具有耐压强度高、热导率低等特点。制煤矸石轻质保温材料的主要原料为黏土岩类煤矸石、可燃物造孔剂和复合黏结剂等。

7.7.7.6　制环保陶瓷生态砖

环保陶瓷生态砖是最新开发的一种新型城市地面装饰材料，是21世纪的环保生态建材。它具有良好的透水、保水性，有利于调节城市地表温度和湿度，减少空气污染，降低热岛效应。另外，由于生态砖特殊的多孔结构，还具有吸收噪声，减轻城市噪声污染的功能；其表面硬度高，抗压强度大，颜色多样，造型各异，用于人行道、绿荫道、公园、广场地面的铺设，对美化、保护整个城市的生态环境具有重要意义。

7.7.8 煤矸石用于烧制结晶釉

硅锌矿结晶釉是一种名贵的陶瓷艺术釉，是巨晶结晶釉的典型品种。釉中晶花系呈不同集合体形态的纤维状硅锌矿从釉熔体中自发析晶而成，花发自然典雅，花形千姿百态，显示出别具一格的艺术效果，自从19世纪中叶问世以来，备受人们珍视。国内外学者对它进行了大量的研究，在制备工艺等方面取得了不少进展。尤其是20世纪70年代后期以来，我国科技工作者对釉熔体中硅锌矿的析晶过程及影响因素进行了大量的研究，使硅锌矿结晶釉烧成范围窄、晶花生长难以控制和流釉黏底严重这长期以来一直困扰科技工作者的三大技术难题不复存在，且于80年代中期在我国建成了国际上第一条硅锌矿结晶釉的工业化生产线。

硅锌矿结晶釉中用量最大的组分是 SiO_2 传统的配方中使用人工石英粉或二氧化硅玻

璃粉，成本相对较高；以硅质煤矸石烧制硅酸锌结晶釉，既降低其成本，又为此煤矸石的综合利用开拓了一条高科技附加值、高经济效益的应用方向。

牟国栋等研究了硅质煤矸石的物质成分和微观结构，揭示了其纳米结构的特点。用硅质煤矸石配料烧成了硅酸锌结晶釉，并发现其烧成温度较传统配料烧成者低。煤矸石中所含的少量铁质对烧成及制品性能无不利影响。釉料由硅质煤矸石、白云石、钠长石等天然矿物原料和化学纯的 Na_2CO_3、K_2CO_3、ZnO 和 MgO 配制。其中煤矸石及天然矿物原料全部破碎磨细过 320 目（0.045 mm）筛，化工料由于本身为细粉制品不作处理。

在硅酸锌结晶釉中，ZnO 的用量范围很宽，从 w(ZnO) 为 8%~60% 都有析晶的可能性。但 ZnO 与碱的比例为（0.3~0.6）ZnO：(0.4~0.7) KNaO 时对硅锌矿的析晶最有利，而且在金属氧化物中，Na_2O 比 K_2O 更有利于硅锌矿的析晶。

试验使用的瓷坯选用素烧锦砖。具体是：烧成温度，1240~1275 ℃；晶核形成温度，950~1125 ℃；晶体生长温度，1100~1140 ℃；釉层厚度，0.5~1 mm。

7.7.9　利用煤矸石制备微米级多孔陶瓷

微米级多孔陶瓷是担载型微孔陶瓷膜的支体，同时也是各种催化剂的载体。合适孔径的多孔陶瓷可直接用于高温气体分离和流体的过滤。因而可控制的微米级多孔陶瓷的研制一直为人们所重视。

煤矸石中碳在烧失过程中能造微孔，因此选择煤矸石为原料能制备出不同孔径和力学强度的多孔陶瓷。

吴兴才等将煤矸石粉碎、预烧、骨料分级后，以 5% 的聚乙烯醇溶液为黏合剂，将熟料塑化成型，经高温烧制出显气孔率在 5.5%~51.0%、平均孔径在 2.0~41.5 μm、抗弯强度为 3.0~23.2 MPa、孔径分布狭窄的多孔陶瓷材料。

7.7.10　煤矸石生产肥料

国内外都有用煤矸石、浮选尾煤和粉煤灰作肥料的，英、捷、俄、波、德和我国均研究过它们在农业中作肥料的机理。多数人认为：煤矸石、浮选尾煤和粉煤灰含有对农作物有营养价值的微量元素：如钼、锌、锰、铜等，有的含硼较高，这些元素都可作为农作物生长的刺激剂；有的矸石、粉煤灰具有较高的碱性，可以中和酸性土壤，改善土壤结构，助长土壤微生物的繁殖等。

重庆煤研所和四川农业研究院研究了四川广旺矿务局唐家河选煤厂浮选尾矿中的微量元素含量（$\times 10^{-6}$）：Fe 2.63，Zn 844，Mn 340，Cu 59.6，B 45，Mo 3.57。尾矿投入量与作物增产量的关系如表 7-30 所示。

表 7-30　尾矿投入量与作物增产量关系

尾矿投入/kg·亩$^{-1}$	300	600	900	1000	2000	4000
水稻增产/kg	31.7	63.3	73.3	80.0	77.7	32.7
小麦增产/kg	17.8	31.7	46.1	64.0	18.5	30.5

经过三年田间试验结果：水稻平均增产 59.8 kg/亩，平均增产 12%；小麦平均增产 34.8 kg/亩，平均增产 17%；花生、马铃薯、玉米增产都在 12% 以上。

缓释/控释肥料

19世纪以来，世界化学肥料的生产与使用规模空前，为解决人类的粮食、食品问题作出了巨大贡献，但是，化肥用量逐年增加所引起的严重问题日益突出，肥料报酬递减、资源浪费、环境污染、食品污染等当今社会热点问题无不与化学肥料使用不当及过量使用有着直接或间接的关系，而如何合理解决化肥满足农业生产需求与消除其负面影响间的矛盾，既是化肥学家，也是土壤学家、植物营养学家所普遍关心和重视的课题。由此，缓释/控释肥料在解决上述矛盾的基础上应运而生、逐步深化开来。

用煤矸石及其他共伴生矿物资源、工业废弃物等生产肥料，是生产缓释/控释肥料、综合利用各种矿物资源的最佳途径之一。根据国民经济需求，遵从肥料科学理论原则，按照“绿色农业”“生态农业”和“有机农业”的要求，充分发挥煤矸石的优势，生产绿色肥料、生态肥料、缓释/控释肥料、改良土壤等，将会取得较好的经济效益、社会效益和环境效益。

其实，早在20世纪70—80年代，国内科研单位和矿山企业就开始了利用煤矸石等生产矿物肥料的探索与实际生产。与此同时，国外开始研究缓释/控释肥料，经过大量研究，已推出了数十种缓释/控释肥料。这种肥料可以较好地控制肥料养分释放速度，氮素利用率高达60%~70%，而且不受土壤类型等复杂因素的影响，被称为是“21世纪的肥料”。

缓释肥料是指能减缓或控制养分释放速度的新型肥料。广义上的缓释肥料包括了缓释肥与控释肥两大类型。“缓释”是指化学物质养分释放速率远小于速溶性肥料，施入土壤后转变为植物有效态养分的释放速率；“控释”是指以各种调控机制使养分释放按照设定的释放模式（释放率和释放时间）与作物吸收养分的规律相一致。因此，生物或化学作用下可分解的有机氮化合物（如脲甲醛UF）肥料通常被称为缓释肥（SRF），而对生物和化学作用等因素不敏感的薄膜肥料通常被称为控释肥（CRF）。

根据欧洲标准委员会的说明，若在25 ℃下营养释放能满足下列3个条件，则该肥料可称为缓释肥料：其一，24 h释放不大于15%；其二，28天释放不超过75%；其三，在规定的时间内，至少有75%被释放。通常以肥料在水中的溶出率来评价肥料的缓释性。

缓释肥料能改变传统的施肥方式，在多种作物上可实现一次性施肥，不用追肥，简化施肥程序，使播种与施肥同步进行，从而大大降低了农业劳动强度，提高劳动生产率。它具有缓释长效作用，可大幅度提高肥料利用率，在同种作物同等产量水平上可节约资源，减少肥料施用量，降低成本，增加农民收益。

使用缓释肥的平均成本和综合成本比普通肥料要低，缓释肥使用1次之后，肥效至少持续3个月以上。如果使用普通肥料，每年6次左右，而使用缓释肥只要两次就可以。这样在节省肥料的同时，还省去了大量人工和时间。使用缓释肥，比使用普通肥料，在相同的营养供应条件下，根据每个行业的不同，可以节约成本8%~10%。

缓释肥料是世界肥料的发展方向，它具有高利用率、低污染的特点。但由于生产成本高，主要用在草坪、花卉以及高附加值的经济作物，尚未大规模用于农业生产，利用矿物资源及其具有吸附性的矿物，如膨润土、沸石、珍珠岩（膨胀）、硅藻土等，可以极大地降低成本，其市场前景十分广阔。

以下以缓释硅酸钾肥和缓释（长效）磷肥为例，说明有关矿物及工业废弃物等缓释/控释肥料的生产原理和产品，以资借鉴和启发。

A 缓释硅酸钾肥

20世纪80年代，日本Tokunaga（1991年）最早研制成功一种能缓慢释放的硅酸钾，灰白色颗粒（1～3 mm），含有酸溶性$SiO_2$30%，枸溶性MgO 3.0%，还有0.05%的枸溶性B_2O_3，它由电厂粉煤灰加入KOH/Mg（$OH)_2$或白云石及碎煤经煅烧而成。

1994年，菲律宾研制出缓释硅酸钾肥（Yamada，1994年），其工艺为：利用稻壳作为SiO_2、CaO和MgO源，与含镁石灰和K_2CO_3，混合，用糖蜜作胶黏剂制粒，用锯末作为热源，将粒状物放在内热型流化床内煅烧。CaO/SiO_2、煅烧温度和反应时间影响产品可溶性。当煅烧温度为800 ℃，反应时间为20 min，CaO和SiO_2为等分子此时，生产出的缓释硅酸钾肥含24.4%，0.5 mol/L HCl溶性K_2O和3.1%水溶性K_2O。

1995年，华北电力学院（现华北电力大学）的周永学研制了一种缓释硅钾肥，其工艺为：将电厂的粉煤灰（60%～70%）与硫酸钾（30%～40%）混合，送入焙烧窑，通入水蒸气，在水蒸气与空气混合气体存在的条件下，焙烧30 min。焙烧温度为850～900 ℃，然后自然冷却。

最近几年，我国开展了用钾长石生产缓释硅钾肥的研究（闫福林，1999年；赵风兰等，2000年；陈廷臻，1994年）。以钾长石为原料生产缓释硅钾肥，是将含钾矿石（钾长石类、绿豆岩类、云母类）配以石灰石或白云石等，通过对矿物岩石结构的转化控制，经过加热，配入配料和结构转化控制剂，使非可溶性钾矿石的结构转化为无序状态。

在无序状态下，钾元素是可以被植物吸收利用的。同样，硅也转化成了有效硅，而且这种状态下硅、钾均是缓效的。因此，把利用该工艺生产的肥料定名为缓释硅钾肥，它是一种以硅酸钾为主的枸溶性肥料。产品中的钾、硅、镁、铁等营养元素以氧化物的形式存在于肥料中，这些元素不直接溶于水，是一种缓释肥料。

根据促使钾长石矿物由晶体结构转变成非晶体物质，制成硅钾肥的原理，河南省硅肥工程技术中心设计出硅钾肥的研制方法和生产工艺。其生产工艺流程可简化为：钾长石十控制剂十配料经粉碎、燃后、骤冷得半成品，然后再经粉磨、包装即为缓释硅钾肥。这种方法被称为结构转换法（赵风兰等，2000年）。

采用结构转换法生产缓释硅钾肥，所用设备与现行的水泥厂、钢铁厂或磷肥厂相似，如立窑或高炉、烘干机、球磨机、风机、输送提升设备及其他附属设备。平顶山市硅钾肥厂就是由水泥厂改造转产的，生产用的原料为该市鲁山县仓头乡红石崖的钾长石，催化剂由硅肥中心加工，产品执行标准为Q/HG—021999，有效成分为：K_2O 8%～10%、SiO_2 35%～40%、MgO + Fe_2O_3 10%～15%。

B 缓释（长效）磷肥

通过化学方法制得的缓释磷肥有：热法磷肥（钙镁磷肥、脱氟磷肥、钙钠磷肥和偏磷酸盐）、节酸磷肥（部分酸化磷肥）和聚磷酸盐等。

热法磷肥是利用电热或燃料燃烧热所形成的高温（1250～1600 ℃），使氟磷酸钙晶体结构破坏或与其他配料反应形成的磷酸盐，如钙镁磷肥、钙钠磷肥、脱氟磷肥和钢渣磷肥等，一般不溶于水，属枸溶性磷肥。

7.7.11 煤矸石的其他应用

煤矸石可用于煤矿塌陷区的充填、复土造田和矿井下采空区的充填。作充填材料时，粗细颗粒级配要适当，以提高其密实性，同时含碳量应该低些。自燃矸石也可代替河砂、碎石作井巷喷射混凝土的骨料。

自燃矸石、粉煤灰加入少量水泥和速凝剂或少量高铝水泥可用作井巷工程的防护材料。

煤矸石或沸腾炉渣可作为路基、房地基和堤坝的建筑基础材料。用作基础材料的矸石必须是砂岩、粉砂岩类矸石，不能用碳酸盐类矸石或黏土类矸石。

自燃矸石、沸腾炉渣加入5%的水泥作路基具有很高的稳定性。成渝高速公路的路基就采用大量的沸腾炉渣。另外，用85%的矸石，13%~14%粉煤灰，再加1%~2%石灰的混合料也是很好的筑路材料。

近十年来，我国塑料、橡胶工业一直持续快速发展，塑胶制品广泛应用于工业、农业、交通运输、人民生活等各个领域。塑胶行业常常使用各种填料，不仅可以部分替代昂贵的有机材料以降低生产成本，而且往往显示一些改性作用，如滑石粉对波长7~25 μm的红外线具有阻隔作用，从而提高聚乙烯薄膜的夜间保温性。据估计，我国目前仅塑料工业中非金属矿物填料年用量就达约200万吨。

塑胶行业使用的填料品种主要有碳酸钙、滑石，还有云母、高岭土、炭黑、白炭黑、硅灰石、氢氧化镁、氢氧化铝、重晶石、粉煤灰、赤泥、石英等，近年来对煤矸石作塑胶填料的研究发现，煤矸石代替轻质碳酸钙、炭黑生产出的黑色PVC塑料薄膜性能优于原轻工部的标准；经表面活性剂处理后的煤矸石粉可完全取代陶土，或部分取代炭黑作天然橡胶的补强填充剂。

7.8 粉煤灰资源的综合利用

燃煤电厂排出大量由煤的灰分形成的各种煤灰渣——粉煤灰、炉渣和熔渣。其中，从烟道排出，经除尘设备收集的细灰称为粉煤灰，简称灰或飞灰；由炉底排出的废渣称为炉渣或熔渣。电厂煤粉锅炉中排出的粉煤灰占煤灰渣量的绝大部分。

近年来，随着我国燃煤电厂快速发展，粉煤灰产生量逐年增加，2010年产生量达到4.8亿吨，利用量达到3.26亿吨，综合利用率约68%，主要利用方式有生产水泥、混凝土及其他建材产品和筑路回填、提取矿物高值化利用等，高铝粉煤灰提取氧化铝技术研发成功并逐步产业化，涌现出一批专业化粉煤灰综合利用企业，粉煤灰“以用为主”的格局基本形成。但从整体看，东西部发展不平衡的问题较为突出，中西部电力输出省份受市场和技术经济条件等因素限制，粉煤灰综合利用水平偏低。

7.8.1 粉煤灰的组成及性质

7.8.1.1 化学组成

粉煤灰的化学组成类似于黏土，主要成分为SiO_2、Al_2O_3、CaO和未燃碳，另含有少量K、P、S、Mg等化合物和As、Cu、Zn等微量元素。粉煤灰的化学组成与原煤的矿物成分和燃烧程度有关，由于煤的品种和燃烧条件不同，各地粉煤灰的化学成分波动范围比较大。表7-31为我国粉煤灰化学成分一般变化范围。

表7-31 我国粉煤灰化学成分一般变化范围 (%)

成分	SiO_2	Al_2O_3	Fe_2O_3	CaO	MgO	Na_2O 和 K_2O	SO_3	烧失量
变化范围	40~60	17~35	2~15	1~10	0.5~2	0.5~2.5	0.1~2	1~26

粉煤灰按铝含量不同可分为高铝灰（铝含量≥40%）和一般粉煤灰。按CaO含量的高低，粉煤灰分为高钙灰、中钙灰和低钙灰两类。一般，将CaO含量在20%以上者称为高钙灰，10%~20%者称为中钙灰，低于10%者称为低钙灰。我国燃煤电厂大多燃用烟煤，粉煤灰中CaO含量偏低，属于低钙灰，但 Al_2O_3 含量一般较高，烧失量也较高。但我国也有少数电厂为脱硫而喷有石灰石、白云石，其灰的CaO含量都在30%以上。在美国标准中，低钙粉煤灰叫作F级粉煤灰，其原煤主要是烟煤和无烟煤；高钙粉煤灰叫作C级粉煤灰，其原煤主要是褐煤和次烟煤。高钙粉煤灰中大部分钙结合与玻璃相之中，因此这种粉煤灰具有一定程度的自硬性，性能接近于粒化高炉渣。

一般认为粉煤灰化学成分与其性质密切相关。电厂通常将烧失量作为燃烧是否完全的标志。商品粉煤灰厂及工程应用部门则将有关化学成分作为粉煤灰品质分类、分级的依据之一。国外现行用于混凝土中的粉煤灰标准中，较多地将粉煤灰化学成分作为一项重要的质量指标。例如美国ASTM C-618标准对F级粉煤灰要求 SiO_2、Al_2O_3、Fe_2O_3 之和必须占70%以上，而对C级粉煤灰则要求 SiO_2、Al_2O_3、Fe_2O_3 之和不得小于50%。

7.8.1.2 矿物组成

粉煤灰的矿物组成与母煤组成相关。由于原煤化学性质并不完全一致，因此燃烧过程中形成的粉煤灰在排出的冷却过程中，形成了不同的物相。粉煤灰的矿物组成由无定形相和结晶相两大类组成。结晶相主要为石英、莫来石、β-硅酸二钙、钙长石、云母、长石、磁铁矿、赤铁矿和少量生石灰、无水石膏、黄长石，以及残留煤矸石、黄铁矿等，其中莫来石占比最多；无定形相主要为玻璃体，占粉煤灰总量的50%~80%，大多是 SiO_2 和 Al_2O_3 形成的固熔体，且大多数形成空心微珠。此外，未燃尽的细小炭粒也属于无定形相。表7-32为我国粉煤灰矿物组成一般变化范围。

表7-32 我国粉煤灰的矿物组成范围

矿物名称	平均值/%	含量范围/%	矿物名称	平均值/%	含量范围/%
低温型石英	6.4	1.1~15.9	含碳量	8.2	1.0~23.5
莫来石	20.4	11.3~29.2	玻璃态 SiO_2	38.5	26.3~45.7
高铁玻璃体	5.2	0~21.1	玻璃态 Al_2O_3	12.4	4.8~21.5
低铁玻璃体	59.8	42.2~70.1			

7.8.1.3 颗粒组成

一般的看法，粉煤灰是不同微粒的集合体，这些微粒具有不同的组成、结构和形态，可以将其分为三类六种，如图 7-33 所示。

也有研究者将粉煤灰颗粒按其形状分为珠状颗粒和渣状颗粒两大类。其中珠状颗粒包括漂珠、空心沉珠、密实沉珠和富铁玻璃微珠等；渣状颗粒包括海绵状玻璃碴粒、炭粒、钝角颗粒、碎屑和黏聚颗粒等。其中 90% 的颗粒粒度为 −40 μm 或 −60 μm。

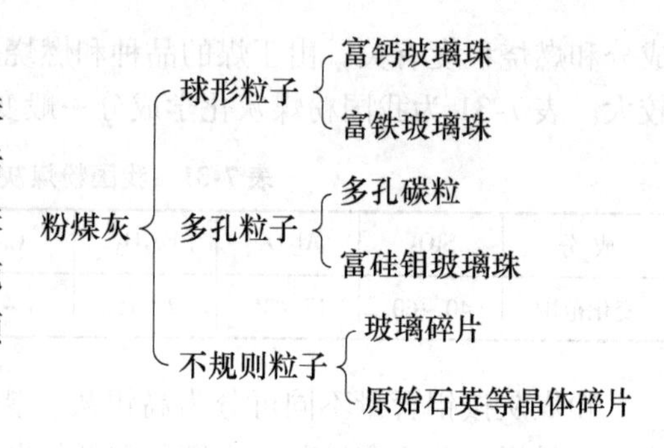

图 7-33　粉煤灰组成分类

7.8.1.4　粉煤灰的活性

粉煤灰是一种较典型的硅铝质火山灰材料，其活性包括物理活性和化学活性两个方面。物理活性是粉煤灰颗粒效应、微集料效应等的总和。化学活性指粉煤灰在和石灰、水混合后所显示出来的凝结硬化性能。粉煤灰的活性不仅决定于它的化学组成，而且与它的物相组成和结构特征有着密切的关系。高温熔融并经过骤冷的粉煤灰含大量表面光滑的玻璃微珠。这些玻璃微珠含有较高的化学内能，是粉煤灰具有活性的主要矿物相。玻璃体中的活性 SiO_2 和活性 Al_2O_3 含量愈多，活性愈高。粉煤灰的活性是潜在的，需要激发剂的激发才能发挥出来。常用的激活方法有机械磨细法、水热合成法和碱性激发法。

7.8.2　粉煤灰的影响及危害

粉煤灰为一种工业固体废弃物，如果不及时处理或处理不当，就会对环境甚至人类的生存造成严重危害。

(1) 占用土地，浪费资源。储存或者堆放粉煤灰需要占据大量的土地或农田，并浪费大量的人力、物力和财力进行管理。据统计，每掩埋或储存一吨粉煤灰，处理费在 15~20 元不等。

(2) 污染空气。储存于灰场的干燥粉煤灰，只要有四级以上风力，便可将表层灰粒剥层扬起，扬灰高度可达 50 m。悬浮于大气中的粉煤灰不仅影响能见度，而且会造成空气质量严重恶化，在潮湿环境中还会腐蚀建筑物、工程设施等的表面。

(3) 污染水体。对水体的污染主要是电厂湿法排灰将大量粉煤灰直接排入江、河、湖、海而造成的。粉煤灰进入水体，让水体浊度增加，形成的沉积物会堵塞河床，使湖泊变浅，悬浮物和可溶物会恶化水质。此外，一般湿排 1 t 粉煤灰需要消耗水 20 m^3，造成水资源的极大浪费，而粉煤灰中的 Pb、Hg、Cr、Cd、Cs 等有毒有害元素的淋滤液也会造成地下水污染。

(4) 污染土壤。储存于灰场及飘浮于大气中的粉煤灰降落到地面都会造成土壤污染，造成土质碱化等，影响农作物、植物生长及养殖业、畜牧业生产。

(5) 放射性污染。部分粉煤灰中含有一定量的 U、Th 等放射性元素，这些放射性元素会造成粉煤灰储存地及附近发生明显的放射性污染。

火力发电厂粉煤灰产生量约占电厂废渣量的 80%~95%，粉煤灰的日积月累已明显成为公害。不仅如此，电厂还要支付昂贵的占地费和管理费。随着电力工业的发展，这种矛盾还会更加突出。如果把粉煤灰作为一种资源，开展综合利用，使之资源化，就可以变废为宝，有利于环境、经济、社会的协调发展。近年来，粉煤灰及其他工业废料的资源化，已成为我国可持续发展战略决策的重要部分。

7.8.3　粉煤灰中有价组分的提取

粉煤灰中含有铁、铝、空心微珠以及未燃尽炭等有用组分，并且含有多种稀有金属元素，因此，从粉煤灰中提取这些有用组分具有重要经济价值。

7.8.3.1　提取铁

煤中含有黄铁矿（FeS_2）、赤铁矿（Fe_2O_3）、褐铁矿（$2Fe_2O_3 \cdot 3H_2O$）、菱铁矿（$FeCO_3$）等矿物。当煤粉燃烧时，其中的氧化铁经高温焚烧后，部分被还原为尖晶石结构的Fe_3O_4（即磁铁矿）和铁粒。因此，可直接使用磁选机分离提取这种磁性氧化铁。粉煤灰中含铁量（以Fe_2O_3表示）一般为8%~29%，最高可达43%，可采用干式磁选和湿式磁选两种工艺，可获得TFe品位50%~56%的铁精矿。

7.8.3.2　提取Al_2O_3

粉煤灰中一般含Al_2O_3 17%~35%，最高可达50%左右，可代替铝成为一种很好的氧化铝资源。目前提取铝有石灰石烧结法、热酸淋洗法、氯化法、直接熔解法等多种工艺。以石灰石烧结法为例，粉煤灰加石灰石经粉磨后在1320～1400 ℃温度下进行烧结，使粉煤灰中的Al_2O_3和SiO_2分别与石灰石中CaO生成易溶于碳酸钠溶液的$5CaO \cdot 3Al_2O_3$和不溶性的$2CaO \cdot SiO_2$，铝酸钙与碱反应生成铝酸钠进入溶液，而生成的碳酸钙和硅酸二钙留在渣中，便达到铝和硅、钙的分离。在进一步除去溶出粗液中的SiO_2的$NaAlO_2$精液中通入烧结产生的CO_2，与铝酸钠反应生成氢氧化铝，氢氧化铝经煅烧转变为氧化铝。

7.8.3.3　提取玻璃微珠

粉煤灰中的“微珠”，按理化特征分为漂珠、沉珠和磁珠。粉煤灰中含有50%~80%的玻璃微珠，其细度为0.3~200 μm，其中小于5 μm的占粉煤灰总重的20%，容重一般只有粉煤灰的1/3。密度为0.40~0.75 g/cm^3，小于水的密度，因而可利用漂珠与其他颗粒间密度的差异，以水为介质用浮选将漂珠与其他颗粒分离。采用此法可得到纯度95%左右的漂珠。

7.8.3.4　提取炭

粉煤灰中含碳量一般波动于8%~20%。为了降低粉煤灰中的含碳量和充分利用煤炭资源，常对粉煤灰进行提炭处理。提炭一般用浮选法和电选法。通过浮选，粉煤灰中煤炭的回收率可达90%以上，选出的精煤发热量可达2093 kJ/kg以上，处理成本约为1 t精煤10元。如株洲、湘潭等电厂选用柴油作捕收剂，用松油为起泡剂，回收煤炭资源，回收率达85%~94%，灰渣含碳量小于5%，回收精煤热值>20950 kJ/kg，每吨精煤成本约10元。电选后的精煤含碳86%，回收率一般在85%~90%，发热量在2093 kJ/kg以上，灰渣含碳量在5.5%左右，吨回收成本约为1.65元。

7.8.4　粉煤灰用于建筑材料

由于粉煤灰的化学成分同黏土类似，因此粉煤灰在建筑材料中的应用主要是制水泥、制砖、配制普通混凝土、轻质混凝土和加气混凝土、骨料等。质量较差的灰渣可用来铺路，作基础以及作填充料等。

粉煤灰用作建筑工程的基本材料是为了节约水泥，降低生产成本和工程造价；提高混凝土的后期强度及抗渗性和抗化学侵蚀的能力；改善混凝土的和易性，便于泵送、浇筑和振捣；抑制碱骨料反应的不良影响；降低水泥水化热，抑制温度裂缝的发生与发展；与水泥中的游离氧化钙相化合提高水泥的安定性等。

7.8.4.1 粉煤灰水泥及混合材

利用粉煤灰作水泥混合材生产粉煤灰硅酸盐水泥时对粉煤灰掺量的选择，应根据粉煤灰细度质量情况，以控制在20%～40%为宜。一般，超过40%时，水泥的标准稠度需水量显著增大，凝结时间较长，早期强度过低，不利于粉煤灰水泥的质量与使用效果。用粉煤灰做混合材时，其粉煤灰与水泥熟料的混合方法有两种类型：将粗粉煤灰预先磨细，再与水泥混合或将粗粉煤灰与熟料、石膏一起粉磨。

水泥工业采用粉煤灰配料的另一优点是还可以利用其中的未燃尽碳。经验表明，采用粉煤灰代替黏土做原料可以增加水泥窑的产量，燃料消耗量也可降低16%～17%。此外，粉煤灰水泥具有如下特性：（1）干缩率比掺其他类型火山质混合材料的水泥要小；（2）有较好的抗裂性能；（3）有较好的抗淡水和硫酸盐的腐蚀能力。

7.8.4.2 粉煤灰砌块

粉煤灰砌块，是以粉煤灰、石灰、石膏为胶凝材料，煤渣、高炉渣为骨料，加水搅拌、振动成型、蒸汽养护而成的墙体材料。为了加速制品中胶凝材料的水热合成反应，使制品在较短时间内凝结硬化达到预期的强度要求，需要对成型后制品进行蒸汽养护。蒸汽养护可用常压蒸汽养护或高压蒸汽养护。粉煤灰砌块的密度为1300～1550 kg/m^3，抗压强度为9.80～19.60 MPa，其他物理力学性能也均能满足一般墙体材料的要求。

7.8.4.3 粉煤灰混凝土

粉煤灰混凝土泛指掺加粉煤灰的混凝土。粉煤灰混凝土有“内掺”和“外掺”粉煤灰两种工艺。“内掺”是水泥内已掺有粉煤灰，优点是粉煤灰和水泥混合均匀质量控制好，但现场施工由于二者配比固定，不能进行调整。“外掺”是混凝土中直接掺加粉煤灰，优点是施工配比灵活，缺点是施工时需增加混合设施。粉煤灰混凝土可节约水泥，提高混凝土质量，降低成本。

7.8.4.4 粉煤灰陶粒

粉煤灰陶粒是人造轻质料的俗称，包括粉煤灰烧结陶粒、蒸养陶粒和活性粉煤灰陶粒三种。

粉煤灰烧结陶粒是以粉煤灰为主要原料，掺加少量黏结剂和燃料，经混合成球，高温焙烧而制成的一种人造轻质料。其特点是容重轻、强度高；保温、隔热、隔音、耐火；易施工，可预制、可浇复杂构件；吸水率小、抗冻性好。可用于生产粉煤灰陶粒砌块、保温轻质混凝土、结构轻质混凝土等。粉煤灰陶粒性能优于天然轻骨料，用其配制的混凝土不仅容重轻，而且具有保温、隔热、抗冲击等优良性能，在高层建筑、大跨度构件和耐热混凝土中得到应用。

粉煤灰蒸养陶粒主要原料为粉煤灰、水泥、石灰，掺加石膏、氯化钙、沥青乳浊液、细砂等成球后采用水热处理或常压蒸汽养护和自然保护而成。这种轻骨料容重轻，强度与烧结粉煤灰陶粒相近。

活性粉煤灰陶粒是分别对粉煤灰-黏土和粉煤灰-石灰石配料进行称量、混合，然后用阶梯式成球盘成球而成。陶粒粒芯含有莫来石矿物，强度较高，而陶粒表面层形成水泥熟料矿物具有活性。

7.8.4.5 其他应用

粉煤灰发泡保温材料是近几年研究开发比较成功的一种新型无机发泡材料，可以在常温常压下发泡成为轻质保温材料，应用前景十分广阔。直接利用粉煤灰生产隔热耐火砖是一种有益的探索，这种隔热耐火砖可作为中高温隔热耐火材料使用。矿棉吸音板是以粉煤灰为主要原料，通过高温熔化、离心吹制、抄取成型所生产的优质防火吸音板，也是粉煤灰资源化利用的一种有益尝试。

7.8.5 粉煤灰用于化工产品

由于粉煤灰中 SiO_2 和 Al_2O_3 含量较高，可用于生产化工产品，如絮凝剂、分子筛、白炭黑、水玻璃、无水氯化铝、硫酸铝等。

7.8.5.1 粉煤灰絮凝剂

粉煤灰加助溶剂具有打开 Si-Al 键溶出铝的作用。目前，研究过的助溶剂包括牙膏皮、NH_4F 和 Na_2CO_3 等。如以 NH_4F 为助溶剂制备粉煤灰絮凝剂，研究发现，在粉煤灰中加入氟化物可有效提高铝、铁的溶出率，用 $HCl(H_2SO_4)$-NH_4F 浸提粉煤灰，氟离子与复盐铝玻璃体红柱石中的二氧化硅反应，生成氟硅化合物，使玻璃体破坏，加强 Al_2O_3 的溶出效果。溶出的铝盐溶液经净化处理后，用 $NaHCO_3$ 中和生成 $Al(OH)_3$ 沉淀。在温热条件下与 $AlCl_3$ 溶液反应 2 ~ 3 h，即得到盐基度达 85.3% 的聚合氯化铝。

7.8.5.2 粉煤灰制取白炭黑

白炭黑是一种化学式为 $SiO_2 \cdot nH_2O$ 的无机球形填料，密度为 2.05 g/cm^3，粒径为 0.001 ~ 2 μm，白色，莫氏硬度 5 ~ 6，耐酸性好，耐碱性差，pH = 6 ~ 8，介电常数 9。粉煤灰制取白炭黑的工艺分酸浸制取水玻璃和水玻璃盐析制备白炭黑两步进行。

(1) 酸浸制取水玻璃。由于粉煤灰中 Al_2O_3 和 SiO_2 主要以富铝玻璃体 $3Al_2O_3 \cdot SiO_2$（红柱石）形式存在，不是以活性 Al_2O_3 形式存在。因此，为了加快铝的酸浸效果，加入 NH_4F 助溶剂。当 Al_2O_3 被酸浸出后，残渣中残留的主要是没有酸溶的 SiO_2。残渣经过滤、水洗后用 NaOH 溶液加热碱溶，使残渣中 SiO_2 与 NaOH 反应生成水玻璃。(2) 活性白炭黑制备。将水玻璃进行酸化处理即能得到白炭黑。水玻璃加盐酸后，在 NaCl 溶液中沉析，得到活性白炭黑。盐析时，各种原料的配比(质量分数)为：水玻璃(模数 2.1 ~ 2.4)：工业盐酸(30%)：食盐(精盐) = (40 ~ 50)：(10 ~ 20)：(1.5 ~ 2.0)。

7.8.5.3 粉煤灰制备吸附材料

利用粉煤灰作为吸附材料，如合成沸石和分子筛，可用于废水的处理，如造纸、电镀等各行各业工业废水和有害废气的净化、脱色、吸附重金属离子以及航天航空火箭燃料剂的废水处理等。

为提高粉煤灰的吸附性能，通常需要对粉煤灰进行改性。目前，粉煤灰改性方法主要包括火法和湿法两种。火法改性是将粉煤灰与碱性熔剂（Na_2CO_3）按一定比例混合，在

800～900 ℃下熔融，使粉煤灰生成新的多孔物质。在熔融物中加无机酸（HCl），一方面可使骨架中的铝溶出，另一方面可使硅变成几乎具有原晶格骨架的多孔性、易反应性的活性 SiO_2。粉煤灰湿法改性，根据浸出剂的不同，可分为酸法和碱法。碱法处理时，为得到较高的硅浸出率，也要对粉煤灰进行高温处理。酸法处理时，一般不需经高温处理，其硅、铝、铁都有较高的浸出率。

7.8.6　粉煤灰用于农业生产

粉煤灰在农业生产上的应用前景广阔，目前的研究主要集中在改良土壤和生产各种粉煤灰复合肥方面。

7.8.6.1　改良土壤作用

粉煤灰含有大量的砂及粉砂级颗粒，孔隙度高，容重较低，持水量大（50%以上）。粉煤灰加入黏质土壤中，可以有效地改善土壤质地，并可以松动土壤，增加透气性，强化土壤的保水供水功能，促进土壤中水、气、热、肥的平衡，促进微生物的生长繁殖，加速有机质的分解和养分的释放。再者，粉煤灰含有较多的多孔颗粒，因而它的比表面积较大，具有良好的吸附性能，所以它也是很好的养分存储库，能进一步改善土壤的毛细血管作用和溶液在土壤内的扩散情况，从而调节土壤的湿度，有利于植物根部加速对营养物质的吸收和分泌物的排出，促进植物生长。另外，粉煤灰加入盐碱沼泽地，可以增加土壤的渗透性，减小土壤的亲水性，促使地下水流畅，达到压盐抑碱的作用。

合理施用符合农用标准的粉煤灰对不同土壤都有增产作用，但不同土质增产效果不同，黏土最为明显，砂质土壤增产则不显著。作物不同，增产效果也不同，蔬菜效果最好，粮食作物次之，其他作物效果不稳定。

7.8.6.2　生产多元素复合肥

粉煤灰中含有多种植物所需的营养成分，如磷、钾、硅、钙、镁、硫、铁、锰、铝等。尤其是磷、硅、铝等能够有效地补充土壤的养分，达到平衡养分的平衡供给。实践证明，粉煤灰复合肥比普通氮、磷、钾肥更具优势，开发的粉煤灰复合肥主要有粉煤灰硅钙肥、粉煤灰硅钾肥、粉煤灰磁化肥、与腐植酸混合的堆积肥等。

粉煤灰湿排渣经烘干后，按比例加入 MgO 含量大于50%的镁石灰、尿素、磷酸二胺、氯化钾和其他稀有元素，一起送入球磨机研磨成粉状，再经拌和、造粒、烘干、筛选，即成硅钙镁三元素复合肥。多元素复合肥含易被植物吸收的可溶性多元素，具有无毒、无味、无腐蚀、不易潮解、不易流失、施用方便、肥效长、价格低、见效快等特点，能改良土壤，促使植物生长，增强抗干旱、病虫和倒伏能力，达到增产和提高产品质量的效果，并广泛适用于各种农作物、蔬菜和果木等。

粉煤灰在农业上的应用不仅可以改善土壤结构、优化耕作资源、节约土地，而且可以降低农业生产成本。

7.8.7　粉煤灰用于道路工程

在路用混凝土工程中，加入粉煤灰和专用减水剂，配制成粉煤灰水泥混凝土，不但可以节约水泥，而且可以提高混凝土的强度和耐磨性。对软弱地基和膨胀土，可将粉煤灰和石灰等加入路基土中，可有效地改善路基的工程性质。

在道路工程中的应用主要有粉煤灰、石灰石稳定路面基层，粉煤灰沥青混凝土，粉煤灰还用于护坡、护堤工程和修筑水库大坝等。路基整体强度高，水稳性好，压缩性小，分散荷载能力强，且早期出现的干缩和湿缩裂缝有一定的自愈合能力。上海的沪嘉、莘松高速公路及河北省石安高速公路等也都大量地使用了粉煤灰修筑路堤。

7.8.8 粉煤灰用于环境领域

目前，粉煤灰在环保领域的应用研究已成为环境科学的一个热点。

7.8.8.1 在废气处理方面的应用

当前常见的废气主要分为5类：(1) 以二氧化硫、三氧化硫为代表的硫氧化合物；(2) 以一氧化氮、二氧化氮为代表的氮氧化合物；(3) 以一氧化碳、二氧化碳为代表的碳氧化合物；(4) 以多环芳烃类物质（PAH）为代表的碳氢化合物；(5) 以氯化氢、溴化氢为代表的卤素化合物。

粉煤灰主要用来处理第一、二类废气。由于燃煤的产地不同，煤燃烧产生粉煤灰中的成分也不同，有些粉煤灰中含有较多的碱性物质，可作为排烟脱硫剂。为了提高其对二氧化硫的吸收容量和脱硫率，必须对粉煤灰进行改性处理。此外，粉煤灰中的氧化铁与其他的一些常量、微量元素对脱硫过程也有催化作用，能加速反应的进程，提高脱硫的效率。

7.8.8.2 在废水处理方面的应用

粉煤灰具有比表面积大、孔隙多、吸附性能好等特点，因此利用粉煤灰可以处理各种工业污染。利用粉煤灰吸附法可以处理造纸废水、印染废水、焦化废水、电镀废水、煤矿矿井水，它可以有效降低废水中COD含量、挥发酚含量及废水中重金属离子含量。

7.8.8.3 在噪声防治中的应用

粉煤灰中的漂珠是一种很好的多孔吸附材料，利用浮选回收漂珠制得隔声材料来防治噪声。

7.9 磷石膏资源的综合利用

由磷矿石与硫酸反应制造磷酸所得到的硫酸钙称为磷石膏。据统计，每生产1 t磷酸，要用2.5 t硫酸处理4 t磷酸盐，在这个生产过程中会排出5 t磷石膏。在许多国家，磷石膏排放量已超过天然石膏的开采量，我国磷石膏的年排放量达3000万吨以上。

7.9.1 磷石膏的组成及性质

磷石膏呈粉末状，自由水含量为20%~30%，呈灰白、灰、灰黄、浅黄、浅绿、棕黑等多种颜色；相对密度为2.22~2.37；容重为0.733~0.880 g/cm^3；颗粒直径为5~150 μm；成分以$CaSO_4 \cdot 2H_2O$为主，含量在85%以上；磷石膏中含有一定量杂质，主要有洗涤时未清除出去的P_2O_5、K^+、Na^+、可溶F等可溶杂质，未反应完的磷矿石，以磷酸盐络合物形式存在的不溶P_2O_5、不溶氟化物、金属等。

磷石膏中的多种杂质组分对其性质影响很大，具体表现为磷石膏凝结时间延长，硬化体强度降低。磷石膏中的磷主要有可溶磷、共晶磷和难溶磷三种形态。可溶磷主要以

H_3PO_4、$H_2PO_4^-$ 及 HPO_4^{2-} 三种形态存在；共晶磷是同属单斜晶系的 $CaHPO_4 \cdot 2H_2O$ 进入 $CaSO_4 \cdot 2H_2O$ 晶格形成的固溶体；还含有一些 $Ca_3(PO_4)_2$、$FePO_4$ 等难溶磷分布在粗颗粒的磷石膏中。在三种形态的磷中，以可溶磷对磷石膏的性能影响最大，可溶磷会使建筑石膏凝结时间显著延长，强度大幅降低，其中，H_3PO_4 影响最大，其次是 $H_2PO_4^-$、HPO_4^{2-}。另外，可溶磷还会使磷石膏呈酸性，可造成使用设备的腐蚀，在石膏制品干燥后，它会使制品表面发生粉化、泛霜。共晶磷存在于半水石膏晶格中，水化时会从晶格中溶出，阻碍半水石膏的水化，还会降低二水石膏析晶的过饱和，使二水石膏晶体粗化、强度降低。难溶磷在磷石膏中为惰性，对性能影响甚微。

磷石膏中氟以可溶氟（NaF）和 CaF_2、Na_2SiF_6 等难溶氟形态存在，对磷石膏性能影响最大的是可溶氟，而 CaF_2、Na_2SiF_6 等难溶氟对磷石膏性能基本不产生影响。可溶氟会使建筑石膏促凝，使水化产物二水石膏晶体粗，晶体间的接合点减少，接合力削弱，致使其强度降低。

磷矿石带入的有机物和磷酸生产时加入的有机絮凝剂使磷石膏中含有少量的有机物。有机物会使磷石膏胶结需水量增加，凝结硬化减慢，延缓建筑石膏的凝结时间，削弱二水石膏晶体间的接合，使硬化体结构疏松，强度降低。此外，有机物还将影响石膏制品的颜色。

7.9.2 磷石膏在工业上的应用

7.9.2.1 制硫酸联产水泥

该工艺主要是将磷酸装置排出的二水石膏经脱水转化为无水石膏或半水石膏，再加入焦炭、辅助材料按配比制成生料，在回转窑内经高温煅烧，使之分解为 SO_2 和氧化钙，SO_2 被氧化为 SO_3 而制成硫酸。

7.9.2.2 制硫酸铵和碳酸钙

用磷石膏制硫酸铵和碳酸钙，是利用碳酸钙在氨溶液中的溶解度比硫酸钙小，硫酸钙很容易转化为碳酸钙沉淀，而溶液则转化为硫酸铵的原理。一般是先将氨水与二氧化碳制成碳酸铵溶液，然后与先经洗涤、真空过滤且去掉杂质的磷石膏反应，反应式为：

$$2NH_3 + CO_2 + H_2O \longrightarrow (NH_4)_2CO_3$$

$$CaSO_4 + (NH_4)_2CO_3 \longrightarrow CaCO_3 + (NH_4)_2SO_4$$

制得的硫酸铵与碳酸钙的料浆，过滤出的碳酸钙是制造水泥的原料，过滤出的溶液蒸发浓缩后冷却结晶，离心分离，得到的硫酸铵晶体是肥效较好的化肥。

7.9.2.3 生产硫酸钾

用磷石膏生产硫酸钾有一步法和二步法。一步法是在氨水存在的条件下，高浓度的氯化钾溶液直接与磷石膏反应制取硫酸钾。反应式如下：

$$CaSO_4 \cdot 2H_2O + 2KCl \longrightarrow K_2SO_4 + CaCl_2 + 2H_2O$$

由于一步法的副产物氯化钙难以处理，所以应用前景不被看好。二步法第一阶段为经处理后的洁净磷石膏与碳酸氢铵和水一起送进结晶反应器，在一定温度下，加入促进剂进行反应和结晶。控制反应条件，得到含量为38%左右的硫酸铵母液和副产品碳酸钙，母液经蒸发结晶及分离干燥可得硫酸铵，反应式如下：

$$CaSO_4 \cdot 2H_2O + 2NH_4HCO_3 \longrightarrow CaCO_3 + (NH_4)_2SO_4 + CO_2 + 3H_2O$$

第二阶段为过滤出碳酸钙，将硫酸铵母液与氯化钾反应，反应在结晶反应器中进行，控制反应条件，得硫酸钾和氯化铵。经洗涤和干燥后，硫酸钾产品可以达到农用优级品标准，反应式如下：

$$(NH_4)_2SO_4 + 2KCl \longrightarrow K_2SO_4 + 2NH_4Cl$$

副产品氯化铵也是肥料，并且碳酸钙可作橡胶、塑料的填充剂，也可用于涂料、造纸等行业。因此该工艺利用前景较好。

7.9.2.4 生产硫脲和碳酸钙

该项技术由巨化集团技术中心开发成功，可使磷石膏中的钙、硫资源得到充分回收，回收率达95%以上。工艺过程分为四步：（1）将煤和磷石膏一起在高温炉中焙烧生成硫化钙；（2）用水和硫化氢与硫化钙进行浸取，浸得20%的硫氢化钙溶液；（3）将二氧化碳通入一部分的硫氢化钙溶液中，反应得到硫化氢和碳酸钙，过滤可得碳酸钙，滤液和产生的硫化氢导回浸取工序中；（4）加入石灰氨于另一部分硫氢化钙溶液中，反应后过滤冷却结晶可得硫脲。

7.9.2.5 在过磷酸钙生产中的应用

庐江化学工业集团有限公司用磷石膏取代低品位磷矿石与高品位磷矿石搭配，在60 kt/a 湿法过磷酸钙装置上使用时，过磷酸钙产量可增长20%以上，生产的成品肥钙达到部颁过磷酸钙合格级标准。在采用湿法生产过磷酸钙中，当矿浆水分过高时可用磷石膏的加入进行调整，使鲜肥水分稳定；另外，磷石膏中少量 P_2O_5 会使过磷酸钙产品的原料消耗下降，而且磷石膏能使过磷酸钙改性，使其疏松，熟化期缩短。

7.9.3 磷石膏在建筑上的应用

7.9.3.1 作水泥掺和料

石膏在水泥生产中是一个重要的组分，将它加入熟料中的目的是调节水泥的凝固时间。磷石膏可以作为水泥生产时的缓凝剂，保证在施工的过程中水泥不固化。但因磷石膏一般都呈酸性，还含有水溶性五氧化二磷和氟，一般不能直接利用，需要经过处理去除杂质，或经过改性处理后使用。

根据水泥的品种不同，加入石膏量一般在1.5%~4.5%，每年用于生产水泥的石膏消耗量达到几百万吨。用磷石膏代替天然石膏作水泥缓凝固剂，国内外进行了大量的研究。日本对磷肥工业的副产品磷石膏利用较早，其先将磷石膏净化（石灰中和），把磷石膏中的可溶性 P_2O_5 转化为难溶的磷酸盐，然后煅烧，再水化成小球造粒，从而有效降低可溶性 P_2O_5 对水泥性能所造成的危害，处理后的磷石膏就可以代替天然石膏使用。国内用磷石膏作水泥缓凝剂也做了大量的工作。上海水泥厂用磷石膏与水泥生产中过剩的窑灰或石灰与电石渣按2∶1的比例搅拌中和，使含游离水25%的磷石膏的含水量降低至9%左右，pH值由4上升至10左右，再经成型成为改性磷石膏，用作水泥缓凝剂，水泥的后期强度不仅比用天然石膏的要高，而且每年均节省几百万元的费用。用磷石膏作水泥缓凝剂有利于降低水泥生产成本，受到水泥生产企业的普遍青睐，2004 年登电集团水泥有限公司进行了试生产，1999 年铜陵化工集团有限公司年产10 万吨的水泥缓凝剂的装置建成投产，

2005 年贵州天峰新型建筑材料公司年产 10 万吨的水泥缓凝剂的生产线装置建成投产。陕西华山化工集团已建成磷石膏生产水泥添加剂生产线，每天可消耗磷石膏 700 t，年产水泥添加剂约 25 万吨，按目前市场二水石膏每吨 60 元计，年创产值 1500 万元。

由于磷石膏中含有硫、氟、磷等成分，在水泥生产中，可以用作矿化剂使用。在水泥生料中加入磷石膏，可促使生料中 $CaCO_3$ 分解，使熟料形成过程中液相提前出现，降低烧成温度和液相黏度，促进液相结晶，有利于液相与固相反应，特别是磷石膏中的磷对熟料整个煅烧过程中的反应有很大的加速作用，它使固相中石灰的结合变得容易，在液相存在下具有利于熟料矿物快速结晶的条件。水泥厂利用磷石膏作矿化剂，不仅可以提高窑的生产效率，而且可以生产出优质的水泥熟料，节约成本。

7.9.3.2 作石膏建筑材料

先将磷石膏进行净化处理，除去磷石膏中的各种磷酸盐、氟化物、有机物和可溶性盐后，再将磷石膏中的二水硫酸钙转变为半水硫酸钙才能用于作石膏建筑材料。半水石膏分为 α 和 β 两种晶型。α 型结晶粗大、整齐、致密，有一定的结晶形状；β 型晶体细小、体积松大。两者相比，α 型的水化速度慢，水化热低，需水量小，硬化体的强度高，单位产量的能源消耗也较低，具有更好的机械性能，它们的粉料加水调和造成各种形状，不久就硬化成二水石膏。利用这一性质可将磷石膏加工成粉刷石膏、抹灰石膏、天花板、外墙的内部隔热板、石膏覆面板及花饰等各种轻质建筑材料。以 β-半水石膏粉为原料，可生产石膏板等石膏制品。

7.9.4 磷石膏在农业上的应用

磷石膏呈酸性，pH 值一般在 2 ~ 6，且含有作物生长所需要的磷、钙、硫、硅、锌、镁等养分，不仅可以作为硫、钙为主的肥料，而且可以代替天然石膏改良盐碱地。磷石膏中 Ca^{2+} 与土壤中的 Na^+ 交换，生成碳酸钙和碳酸氢钠，Na^+ 变成 Na_2SO_4 随着灌溉排出，从而降低土壤的碱性，减少碳酸钠对作物的危害，同时改善了土壤的透气性；另外土壤酸化后可释放存在于土壤中的微量元素，供作物吸收利用。因此，磷石膏能提高土壤理化性状和微生物活化条件，提高土壤的肥力。

在印度，磷石膏直接作为盐碱地的土壤改良剂很有效，美国应用磷石膏改良土壤，增强土壤的肥力。我国农科院与内蒙古自治区农科院协作对向日葵种植的轻、重盐碱地施用不同量的磷石膏后，增产幅度达 9% ~ 50%，江苏盐城市的磷石膏土壤改良实验也取得明显的效果。

利用磷石膏作为硫肥和钙肥及土壤改良剂时应注意，磷石膏中具有放射性核素和沥液成分对环境的二次污染。此外，磷石膏的质量也不稳定，对土壤及作物的影响也不稳定，这些是磷石膏在农业上应用时应考虑的问题。

7.10 赤泥资源的综合利用

赤泥（Red Mud）是铝土矿生产过程中提炼氧化铝后的残渣，因其常含有大量氧化铁、颜色偏红、外观与赤色泥土相似而得名。但有的赤泥含氧化铁较少而呈棕色，甚至灰白色。由于矿石品位和生产方法的不同，生产单位产品氧化铝产生的赤泥量变化很大。我国生产1 t氧化铝的干赤泥产生量在0.72～1.76 t，全国平均值为0.98 t。

7.10.1 赤泥的组成与性质

7.10.1.1 化学组成

赤泥的化学成分取决于铝土矿的成分、生产氧化铝的方法和生产过程中添加剂的物质成分，以及新生成的化合物成分等，其组成复杂、成分变化很大。表7-33为不同生产工艺产生的赤泥的主要化学组成。

表7-33 不同生产工艺产生的赤泥的化学组成 （%）

名称	Al_2O_3	SiO_2	CaO	Fe_2O_3	Na_2O	TiO_2	K_2O
烧结法	5～7	19～22	44～48	8～12	2～2.5	2～2.5	
联合法	5.4～7.5	20～20.5	44～47	6.1～7.5	2.8～3	6～7.7	0.5～0.73
拜耳法	13～25	5～10	15～31	21～37	0.5～3.7		

我国铝土矿资源属于高铝、高硅、低铁、一水硬铝石型，溶出性较差，其类型特殊。因此，除广西平果铝采用纯拜耳法外，大多采用烧结或联合法冶炼氧化铝。赤泥中氧化铝残存量不高、碱含量低、氧化硅和氧化钙含量较高，氧化铁含量除中铝公司广西分公司外均很低。国外铝土矿主要是三水铝石和一水软铝石，生产工艺以拜耳法为主，其赤泥成分的特点是氧化铝残存量和氧化铁含量很高，钙含量较低。此外，赤泥中还含有丰富的稀土元素和微量放射性元素，如铼、镓、钇、钪、钽、铌、铀、钍和镧系元素等。

赤泥的主要成分不属于对环境有特别危害的物质，其环境污染以碱污染为主，环境危害因素主要是含Na_2O的附液，附液含碱2～3 g/L，pH值可达13～14，附液主要成分是K^+、Na^+、Ca^{2+}、Mg^{2+}、Al^{3+}、OH^-、Cl^-、SO_4^{2-}等。

7.10.1.2 矿物组成

赤泥矿物组成随铝土矿产地和氧化铝生产方法的不同而有所差异。烧结法赤泥的主要成分是：β-$2CaO \cdot SiO_2$、$Na_2O \cdot Al_2O_3 \cdot 2SiO_2 \cdot nH_2O$、$3CaO \cdot Al_2O_3 \cdot 2SiO_2$和赤泥附液（含$Na_2CO_3$的水）。拜耳法赤泥的主要成分是：$Na_2O \cdot Al_2O_3 \cdot 2SiO_2 \cdot nH_2O$、$3CaO \cdot Al_2O_3 \cdot 2SiO_2$和$3CaO \cdot Al_2O_3 \cdot 2SiO_2 \cdot nH_2O$和赤泥附液。烧结法和联合法赤泥的主要矿物成分是硅酸二钙，在激发剂的激发下，具有水硬胶凝性能，且水化热不高。这一点对赤泥的综合利用具有重要意义。

7.10.1.3 赤泥的性质

赤泥浆呈红色，具有触变性，液固比一般为3～4，所含液相称为附液，有较高的碱性。粉状赤泥相对密度为2.3～2.7，容重为0.73～1.0 g/cm³，熔点为1200～1250 ℃，比表面积0.55 m²/g左右。赤泥粒度较细，一般颗粒直径为0.08～0.25 mm。粒间孔隙小，黏塑性强，易板结。

赤泥中含有较高的CaO、SiO_2，可用来生产硅酸盐水泥及其他建材；利用其SiO_2、Al_2O_3、CaO、MgO的含量特征及少量的TiO_2、MnO、Cr_2O_3，可以生产特种玻璃；同时，赤泥中含有丰富的铁、钪、钛等有用金属；赤泥具有铁矿物含量较高、颗粒分散性好、比表面积大、在溶液中稳定性好等特点，在环境修复领域具有广阔的应用前景。概括说，对赤泥的综合处理，一是提取其中有用组分，回收有价金属；二是将赤泥作为矿物原料，整体利用。

7.10.2 赤泥中有价组分的回收利用

赤泥含有有价金属和非金属元素如 Fe、Si、Al、Ca，还含有 Ti、Sc、Nb、Ta、Zr、Th 和 U 等稀有金属元素，是一种宝贵而丰富的二次资源。赤泥提取有价金属元素的研究一直在进行，实践证明从赤泥中提取回收有价金属在技术上是可行的，但如何经济有效地富集提取，并且不产生二次污染，是赤泥提取有价金属的关键，具有重要的现实意义。值得注意的是，有价产品的去除顺序在成功提取金属中是非常重要的。

7.10.2.1 铁的回收

Fe_2O_3 是赤泥的主要化学成分，大量的赤泥物相表明，铁主要是赤铁矿和针铁矿，前者占到90%以上。同时各矿物多以 Fe、Al、Si 矿物胶结体形式存在，晶粒微细，结晶极不完整。

目前赤泥中 Fe 的回收方法主要有还原焙烧法、冶金法、硫酸亚铁法和直接磁选法等，其中磁选法是回收 Fe 的重点方法。近几年，Mishra B、Staley A 等对赤泥还原炼铁-炉渣浸出工艺作了进一步研究：赤泥中的铁采用碳热还原，铁的金属化率超过 94%，进一步熔化可制得生铁。但此法要求赤泥中铁含量高，即只能处理拜耳法赤泥，烧结法赤泥难以适用。据统计，国外赤泥的化学成分中，Fe_2O_3 含量一般都在 30%～52.6%，国内的在 7.54%～39.7%，因含铁量低而不能直接利用，因此绝大部分专利都是先将赤泥预焙烧，然后用沸腾炉在 700～800 ℃下还原，使赤泥中的 Fe_2O_3 变成 Fe_3O_4，再冷却、粉碎、磁选，最后获得含铁63%～81%的铁精矿作炼铁原料。

对含 Fe_2O_3 约13%的平果铝土矿，干磨后先低温焙烧，再拜耳法溶出，所得赤泥经磁选得到含 Fe 54%～56%（最高可达59%）的铁精矿，可用作高炉铁精矿。而不焙烧的铝土矿拜耳法赤泥磁选所得铁精矿含铁仅40%（最高49%），不能用作高炉铁精矿。同时，当焙烧矿和原矿赤泥的铁精矿品位相同时，焙烧矿赤泥的精矿产率和金属回收率均比原矿提高 10%～20%。

采用煤基直接还原焙烧-渣铁磁选分离-冷固成型的工艺流程，也能生产出优质的直接还原铁团矿，所得产品金属化率为92.1%、铁品位为92.7%、铁回收率为94.2%。

7.10.2.2 钪的回收

赤泥中含有微量稀有金属，尤其是钪。目前自然界中发现的独立钪矿物资源很少，世界钪资源储量中，75%～80%伴生在铝土矿中，在生产氧化铝时，铝土矿中98%以上的钪富集于赤泥里，赤泥中氧化钪占0.025%。回收处理铝土矿等的尾矿或废渣中的伴生钪成为工业上获得钪的主要途径。

目前，赤泥提钪的方法主要有还原熔炼法和酸浸提取法，前者是将赤泥先行还原除铁、炉渣提氧化铝后，再用酸浸-萃取（或离子交换法）或其他方法回收钪；后者是将赤泥进行酸浸处理，使钪转入溶液，然后酸浸液再萃取（或离子交换）回收钪。目前取得理想的试验结果是：赤泥中钪回收率达到80%，氧化钪纯度达到95%，确定了赤泥中提取钪的适宜技术工艺条件。

7.10.2.3　钛的回收

对赤泥中 TiO_2 的回收一般采用酸（盐酸、硫酸、磷酸）处理法。Kasliwal 等将赤泥于60～90 ℃，在1～1.5 mol/L浓度的盐酸溶液中浸出其中的Ca、Na、Al等成分，然后残渣与 Na_2CO_3 一起于850～1150 ℃焙烧，水洗得到 TiO_2，富集率达到76%。

7.10.2.4　镓的回收

镓在自然界除了一种很稀有的矿物——硫镓铜矿以外，均以类质同象的状态存在于铝、锌、镉的矿物中。铝土矿、明矾石和霞石等铝矿中都含有镓。铝土矿中一般含0.004%～0.1% Ga。目前世界上90%以上的镓是在生产氧化铝的过程中提取的。

在氧化铝生产中，镓以 $NaGa(OH)_4$ 的形态进入铝酸钠溶液，并通常在溶液的循环过程中积累到一定浓度。铝酸钠溶液中的镓含量与原矿中的镓含量、生产方法及分解过程的作业条件有关。镓与铝同属周期表第三族元素，其原子半径（分别为0.067 nm和0.057 nm）和电离势等很相近，所以氧化镓与氧化铝的物理化学性质很相似，但是氧化镓的酸性稍强于氧化铝，利用这个差别可以将铝酸钠溶液中的镓和铝分离开来。

从氧化铝生产中回收镓的方法，因氧化铝生产方法及母液中镓含量不同而异。已在工业上获得应用或应用前景良好的有化学法（石灰法、碳酸法）、电化学法（汞齐电解法和置换法）、萃取法和离子交换法。

7.10.2.5　钒的回收

铝土矿和明矾石中均含有少量钒。从氧化铝生产中回收钒，早已在工业上实现。在匈牙利，从氧化铝厂回收 V_2O_5 成为其钒的主要来源。

在烧结法生产中，由于炉料中配入了大量石灰，使绝大部分钒成为不溶性钒酸钙而进入赤泥。在拜耳法中，石灰也使 V_2O_5 的溶出率降低。钒在种分母液中可循环积累并达到一定浓度。实践证明，钒化合物对氧化铝生产有着不良影响，因此回收钒有一箭双雕的效果。

从氧化铝生产中回收钒的方法和工艺流程很多，按其原理可分为结晶法、萃取法和离子交换法三种，后两种方法的优点是钒的回收率高，成本较低，但投资较高，目前尚未见到在生产上应用的报道。结晶法是当前工业上广泛采用的方法，工艺成熟，设备也较简单。结晶法是以钒、磷、氟等的钠盐的溶解度随温度降低和碱浓度升高而降低为依据的。将溶液（种分母液或蒸发母液）冷却到20～30 ℃后，便结晶出化学成分复杂的氟磷钒渣，其中既有单体相，又有碱金属的二元复盐和三元复盐。结晶法提取 V_2O_5 的工艺，因工厂各自的特点而有不同，其原则工艺流程如图7-34所示。

将分离和洗涤过的钒渣溶解，除去某些杂质后，添加 NH_4Cl 便可得工业纯 NH_4VO_3。钒酸铵结晶温度20～22 ℃，时间4～6 h，溶液pH值为6，原液中 P_2O_5 不应超过0.5 g/L。将工业钒酸铵溶于热水中，分离残渣后的溶液进行再结晶，其适宜条件为：原液 V_2O_5 浓度约50 g/L，pH值约为6.5，结晶温度不宜超过20 ℃，以提高 V_2O_5 的结晶率。钒酸铵经过滤洗涤后，500～550 ℃煅烧，即可获得纯 V_2O_5。

以明矾石为原料的氧化铝厂蒸发母液中含有大量 SO_3 和 K_2O，P/V比也高。因此在回收 V_2O_5 时，首先要通过冷却结晶的方法进一步从母液中排除碱金属磷酸盐。然后将分离磷酸盐以后的溶液与氢氧化铝洗液混合并冷却到20 ℃，得到钒精矿，将后者溶于洗涤磷

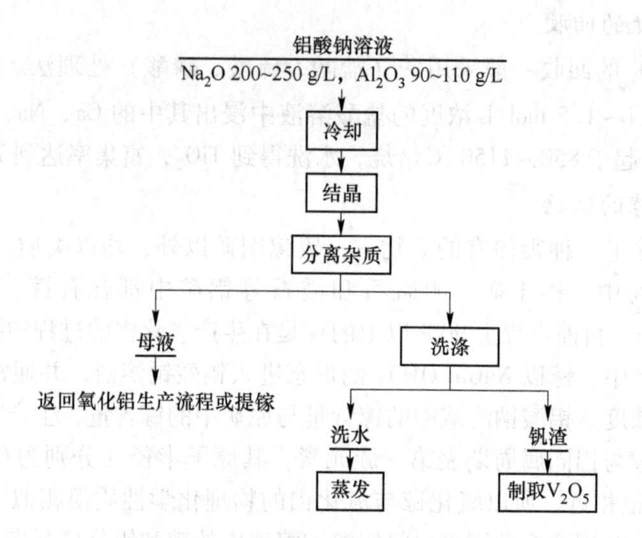

图 7-34 结晶法制取 V_2O_5 的工艺流程

渣的洗液中并加入硫酸：

$$Na_3VO_4 + H_2SO_4 = NaVO_3 + Na_2SO_4 + H_2O$$

往 $NaVO_3$ 溶液中加 $CaSO_4$，以除去其中的 P、F 及 As 等杂质，再往净化后的溶液中加入 NH_4^+（硫酸铵），得到钒酸铵，而后经过煅烧，即可制得 V_2O_5。

7.10.2.6 硅的回收

SiO_2 是赤泥的主要化学成分之一，烧结法赤泥中 SiO_2 占 70%~95%，因此具有较好的开发利用价值。用 CO_2 气体与赤泥中的硅酸钙反应，再用 NaOH 溶液浸出，形成 Na_2SiO_3 溶液。或者直接用 Na_2CO_3 处理赤泥也可获得 Na_2SiO_3 溶液。在 Na_2SiO_3 溶液中加入石灰乳可得到含水硅酸钙；在 Na_2SiO_3 中加入铝酸钠溶液，可以制取钠沸石分子筛；Na_2SiO_3 与 CO_2 反应可制取白炭黑硅胶。拜耳法赤泥中的 SiO_2 含量较低且分配较分散，开发价值不大。

7.10.3 赤泥用于建筑材料

7.10.3.1 生产水泥

我国以一水硬铝石型铝土矿为主生产氧化铝的烧结法和联合法赤泥，含有较多的 CaO 和 TiO_2，较少的 Al_2O_3 和 Fe_2O_3 等，其主要矿物是硅酸二钙，类似于水泥中的矿物组成，是生产水泥和其他建筑材料的良好原料。我国赤泥作为原料生产硅酸盐水泥有 40 余年的历史，近年来，烧结法赤泥的利用在 45 万吨/年左右，水泥厂累计利用赤泥 2000 多万吨，是目前赤泥利用量最大的方式。

用赤泥代替黏土生产普通硅酸盐水泥，其生产流程和技术条件基本相同。每生产 1 t 水泥可利用赤泥 400 kg，且水泥具有早强、抗硫酸盐腐蚀、抗冻等特点，在高速公路、机场、桥梁等处的使用效果良好，完全符合国家规定的 525 普通硅酸盐水泥标准。赤泥配比受水泥含碱指标制约，以高碱含量的赤泥为原料生产水泥，碱成为熟料中的有害组分，碱的高低直接关系到赤泥配比、熟料烧成、水泥质量、设备产能等，并制约着赤泥利用率

（目前为40%左右）的进一步提高。

降低赤泥含碱量，提高制造水泥时赤泥的利用率，技术上是加入石灰脱除赤泥中的结合碱，脱碱效率可达70%，脱碱赤泥的含碱量可降至1.0%以下。保持过量氧化钙，可使赤泥脱碱效率稳定，适应性强。但加氧化钙脱碱，赤泥浆体由流体发展至凝聚胶结塑性化，结硬的速度大大增强，因此，脱碱后需在机械搅拌条件下加入表面活性物质，提高浆液流动性，保持浆体稳定。

7.10.3.2 制备建筑用砖

赤泥可使混合物料或原料具有黏性和呈棕红色，可用赤泥作原料制成红棕色墙面砖，大量用于建筑物的正面覆盖；由于原料粒度细小，有利于赤泥在陶瓷领域的应用，制成具有高机械性能和良好耐磨性能的瓷砖；利用赤泥为主要原料，添加石膏、矿渣等活性物质，可生产免蒸烧砖、空心砖、绝热蜂窝砖、琉璃瓦、保温板材、陶瓷釉面砖等多种墙体材料。它们不仅性能优越，生产工艺简单，且符合新型建材的发展方向。

将赤泥、煤灰、石渣等原材料以适当比例混合，通过添加固化剂加水搅拌，碾压后用挤砖机压制成型，养护后成为赤泥免烧砖，其抗压和抗折强度均大于7.5级砖标准。平果铝公司利用赤泥、粉煤灰、黏土、石灰石四组分配料，经成型、烧成试制的多孔砖，性能指标达到GB 13544—1992多孔砖标准；烧结砖颜色呈淡黄色，外观质量很好，强度比普通砖高1~2个档次，可替代清水砖使用。

7.10.3.3 生产混凝土

上世纪50年代以来，国内外相继开展了赤泥用于混凝土的研究。赤泥代替水泥，用量小于1/3时，水泥赤泥混凝土的强度尤其是抗折强度与普通水泥混凝土相当。日本和美国用赤泥制造人工轻骨料混凝土，比天然卵石混凝土强度高；前东德用赤泥生产混凝土轻型构件；德国掺赤泥于沥青混凝土中，改善了路面的使用性能。

7.10.4 赤泥用于筑路材料

利用排弃的赤泥和工业废渣如粉煤灰修筑公路，既可缓解赤泥库区的压力，减少库区的基建投入，还可避免游离碱渗漏对周边环境的影响，将环保经济与基础建设有机地结合，为企业的可持续发展奠定基础。平果铝业公司和北京矿冶研究总院采用碱稳定、离子交换、赤泥活化、压力成型等综合固化技术，研制了我国第一条赤泥基层道路和新型赤泥混凝土道路面层，完成了800 m赤泥道路基层与300 m赤泥混凝土面层的工业试验以及5 km的扩大工业试验，经过近1年的太阳暴晒、雨水冲刷、大吨位车辆不均衡行车考验，路面运行状况良好，满足了高等级公路工程设计的要求。

7.10.5 赤泥用于塑料填料

赤泥具有与多种塑料共混改性的性能，可作为塑料的一种良好的改性填充剂、补强剂和热稳定剂。在与其他常用的稳定剂并用时，具有协调效应，可使填充后的塑料制品具有优良的抗老化性能，可延长寿命2~3倍，并可生产赤泥/塑料阻燃膜和新型塑料建材。

随着塑料加工和表面处理剂的不断改进，对赤泥性质与应用性能认识的深化，赤泥在塑料行业的应用再次成为热点。赤泥聚氯乙烯材料（简称赤泥PVC）是近年来发展起来的一种高分子材料，它是利用氧化铝厂的赤泥废渣填充 PVC 树脂而成。以再生的废 PVC、预处理的赤泥和经过滤的废机油为主要原料，生产赤泥塑料制品，既保护了环境，又节省了资源，且性能优于一般 PVC 材料。

7.10.6　赤泥用于农业肥料

硅肥是继氮、磷、钾肥之后的第四类元素肥料。烧结法赤泥含有多种农作物需要的常量元素（硅、钙、镁、铁、钾、硫、磷）和微量元素（铝、锌、钒、硼、铜），具有较好的微弱酸溶性，可配制硅钙肥和微量元素复合肥料，使植物形成硅化细胞，增强作物生理效能和抗逆性能，有效提高作物产量，改善粮食品质，降低土壤酸性和重金属的生物有效性含量，还可作为基肥改良土壤。利用赤泥生产的硅钙复合肥已经在我国六省市进行了大面积施肥实验，取为得了较好效果。河南省批准成立了省级硅肥工程中心，以郑州铝厂的赤泥为主要原料，添加一定成分的添加剂，经混合、干燥、球磨后制成硅肥，用作黄淮平原花生种植的肥料，花生产量获得较大的提高，大大节约了生产成本。

山东铝厂生产填充料和肥料已达到小规模生产能力，工艺流程如图 7-35 所示。将赤泥浆先脱水至含水 35% 以下，再经烘干机烘干至含水小于 0.5% 后，研磨至 0.12 ~ 0.25 mm，包装即得到赤泥硅钙肥料；若将研磨的赤泥风选分级，选出粒度小于 44 μm 的细粉可作塑料填料。

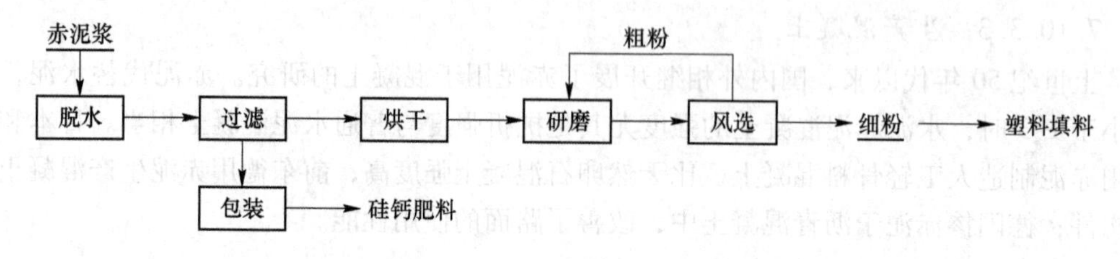

图 7-35　利用烧结法赤泥生产硅钙肥料和塑料填料工艺流程

利用同一流程生产两种产品，粗粒级作为硅钙肥，也可用作自硬砂和活性混合材料等。细粒级可作为塑料、PVC 防水片材和油膏的填料使用。赤泥微粉是一种优良的复合矿物质填充剂，可取代塑料工业常用的重钙、轻钙、滑石粉和部分添加剂，所得塑料产品的质量符合材料技术规范，且具有优良的耐候性和抗老化性能。

7.10.7　赤泥用于其他材料

微晶玻璃曾被规划为国家综合利用行动的战略发展重点和环保治理重点。以赤泥为主要原料，在不外加晶核剂的情况下，可制得抗折和抗压强度高、化学稳定性好的微晶玻璃，它不仅是建筑装饰材料，还用作化工、冶金行业的耐磨耐蚀材料。

微孔硅酸钙绝热制品是日本最早研究的新一代保温材料，节能明显，对热力输送管网具有施工方便、费用低、保温良好的综合效果。山东铝业利用 30% 赤泥，自主研发替代硅藻土的产品。该产品具有高强、优质、成本低的特点，达到了降耗、增效与综合利用的目的，该产品市场需求良好。

我国利用赤泥、粉煤灰、煤矸石等固体废物生产新型环保滤料已完成了中试生产线的研究，中试生产的新型环保陶瓷滤料的过滤周期和去污效率优于国内现有滤料，替代石英砂，可大大节省冲洗水用量，现已小批量生产，具有很好的工业化应用潜力。

赤泥还可用于制造炼钢用保护渣、炼铁球团矿的黏结剂、红色颜料、工业催化剂、流态自硬砂硬化剂、防渗材料、杀虫剂载体等新型材料。

习　题

1. 什么是二次资源？
2. 简述二次资源综合利用的意义。
3. 简述矿山尾矿有哪些特点。
4. 简述矿山尾矿有哪些危害。
5. 简述尾矿综合利用包括那些方面。
6. 按冷却方式不同，高炉渣可分为哪几类？
7. 简述高炉渣、炼钢渣的综合利用包括哪些方面。
8. 简述冶金尘泥、铁合金炉渣的综合利用包括哪些方面。
9. 煤矸石的危害有哪些，其综合利用包括哪些方面？
10. 粉煤灰的危害有哪些，其综合利用包括哪些方面？
11. 简述磷石膏、赤泥的综合利用包括哪些方面。

参考文献

[1] 赵乃成，张启轩．铁合金生产实用技术手册［M］．北京：冶金工业出版社，2006.
[2] 张佶．矿产资源综合利用［M］．北京：冶金工业出版社，2013.
[3] 张锦瑞，王伟文，李富平，等．金属矿山尾矿资源化［M］．北京：冶金工业出版社，2014.
[4] 张蕾．固体废弃物处理与资源化利用［M］．徐州：中国矿业大学出版社，2017.
[5] 张长森．煤矸石资源再生利用技术［M］．北京：化学工业出版社，2017.
[6] 张一敏．二次资源利用［M］．长沙：中南大学出版社，2010.
[7] 张朝晖，李林波，韦武强．冶金资源综合利用［M］．北京：冶金工业出版社，2011.
[8] 安艳玲．磷石膏、脱硫石膏资源化与循环经济［M］．贵阳：贵州大学出版社，2010.
[9] 郭泰民．工业副产石膏应用技术［M］．北京：中国建材工业出版社，2010.
[10] 滕朝辉，王文战，赵云龙．工业副产石膏应用研究及问题解析［M］．北京：中国建材工业出版社，2020.

8 矿产资源综合利用技术经济评价

❖ 本章提要

本章引入了矿产资源综合利用的主要技术指标，重点介绍了矿产资源综合利用的技术经济评价和经济效果评价。

8.1 矿产资源综合利用技术指标

8.1.1 术语与定义

矿产资源综合利用技术经济评价涉及以下一些术语和定义。

(1) 主要有用组分。主要有用组分（Main Useful Component），指矿石中具有经济价值、在当前技术经济和环境许可条件下可单独提取利用的主要组分。它是矿产勘查、开采的主要对象，也是评价矿石品质的一项主要内容。

主要有用组分对应的矿产是主矿产，是矿山勘查、开采和选矿的主要对象。一般来说，主要有用组分的精矿是矿山的主要经济来源，主矿产的利用程度（开采回采率、选矿回采率）是评价矿山资源利用的主要指标。

(2) 共生有用组分。共生有用组分（Coexisting Useful Component），指同一矿区（矿床）内，存在两种或多种有用组分（矿物、元素）分别达到工业品位，或虽未达到工业品位，但已达到边界品位以上，经论证后可以制定综合工业指标的一组矿产，称为共生矿产，与主要有用组分共生的其他有用组分即为共生有用组分。它既包括在开采或加工利用过程中可以综合回收的有用组分，又包括加工利用时虽不能单独回收，但进入产品并对产品品质有利的成分。

共生有用组分对应的矿产是共生矿产，一般指达到综合工业指标且与主矿产存在于一个矿床的矿产，是综合回收的对象。一般分为同体共生（与主要有用组分共生于同一矿体中，如铁矿体共生的铜钴矿）和异体共生（与主要有用组分矿体分离，如煤层上面的铝土矿、黏土矿等）。

对共生矿产的评价要视矿种、预测储量规模和经济价值等进行综合评价，以确定勘查、开采方案。

(3) 伴生有用组分。伴生有用组分（Associated Useful Component），指在主要有用组分矿体中赋存、未达到工业品位但已达到综合评价参考指标，或虽未达到综合评价参考指标，但可在选冶过程中单独产出产品或可在主矿产的精矿及某一产品中富集且达到计价标准，通过开采主要有用组分可综合回收利用的其他有用组分。

伴生有用组分对应的是伴生矿产，指在主要有用组分矿体中赋存的、有回收利用价值，但品位未达到工业品位的矿产。伴生矿产一般不具备单独开采价值，需与主矿产一同开采回收。一般在选矿流程中以副产品回收或主矿产精矿中混合回收。如铜矿伴生铅锌、钼矿伴生萤石和钨矿等。

(4) 当量品位。当量品位（Grade Equivalent），指共伴生组分的品位按照价格比法折算成的相对于主要组分的品位。

当量品位是按价格比法折算出的共伴生组分的品位，主要是解决不同数量级含量的组分在核酸回收率时的合理性。如有色金属矿伴生有金，有色金属矿品位单位一般是质量百分比（%），而金矿品位单位是克每吨（g/t），但金的单价较高，每克 200 ~ 300 元，而铜等有色金属每千克仅几十元。

(5) 精矿品位。精矿品位（Concentrate Grade），指选矿精矿产品中，某有用组分的质量占该精矿质量的百分比。

精矿品位一般指选矿目标组分的含量，其高低直接反映了精矿的品级和利用方向。

8.1.2 “三率”指标

矿山企业“三率”指的是开采回收率、采矿贫化率、选矿回收率，是矿产资源合理开发利用的约束性指标。

(1) 开采回收率（K,%）。矿山开采回收率（Mining Recovery），指当期采出的纯矿石量（资源储量）占当期消耗的矿产资源储量的百分比。

开采回收率反映资源采出程度，其高低在一定程度上反映采矿的水平。计算公式见式（8-1）。

$$K = \frac{Q_C}{Q} \times 100\% = \frac{Q - Q_S}{Q} \times 100\% \qquad (8\text{-}1)$$

式中，K 为开采回收率,%；Q_C 为当期采出矿石量（资源储量），万吨；Q_S 为损失资源储量，万吨；Q 为当期消耗的矿产资源储量，万吨。

(2) 选矿回收率（ε,%）。选矿回收率（Mineral Processing Recovery），指精矿中某有用组分的质量占入选原矿中该有用组分质量的百分比。

选矿回收率反映矿石中的有用组分通过矿物加工回收的程度，其高低在一定程度上反映选矿的水平。计算公式见式（8-2）。

$$\varepsilon = \frac{Q_1 \cdot \beta}{Q_0 \cdot \alpha} \times 100\% \qquad (8\text{-}2)$$

式中，ε 为选矿回收率,%；Q_1 为精矿质量，万吨；Q_0 为选矿入选原矿质量，万吨；α 为入选原矿品位,%；β 为精矿品位,%。

在矿物加工过程中，个别有用组分被回收进入多个选矿产品时，可根据式（8-2）分别计算其在各个产品中的选矿回收率，然后将在各个产品中的回收率累加即为该组分在矿物加工过程中的选矿回收率。

(3) 采矿贫化率。采出的矿石是混入了废石的。因此，它的品位必然要比未采下矿石的品位有所降低，这就叫作贫化。贫化的大小用贫化率表示。

贫化率有实际贫化率和视在贫化率之分。实际贫化率也叫作废石混入率，就是混采下来的废石量与采出矿石量（包括混入的废石在内）的百分比。视在贫化率，就是原生矿石的地质平均品位和采出矿石品位之差与原生矿石地质平均品位的百分比。当混入矿石中的废石无品位时，视在贫化率也等于废石混入率。

矿山“三率”指标中，开采回收率、选矿回收率不一定都是最高值，采矿贫化率也不一定是最低值，而应是符合生产实际、矿产资源利用效益和经济效益好的最佳值，也就是采选工艺-回收率曲线与采选回收率-经济效益曲线的交叉点数值。贫化率的最佳值是采选工艺-贫化率曲线与贫化率-经济效益曲线的交叉点数值。

除上述“三率”外，矿山企业还有采矿损失率（S,%），(Mining Loss Ratio)。

采矿损失率指采矿过程中，损失资源储量占当期消耗矿产资源储量的百分比。

采矿损失率反映采矿过程中，由于地质条件、采矿工艺等损失的资源程度。采矿损失率与开采回收率间存在如下关系：

采矿损失率＋开采回收率＝1。

8.1.3 共（伴）生矿产综合利用率

共（伴）生矿产综合利用率(T,%)，(Total Recovery of Associated and Coexisting Minerals)，采选作业中，各最终精矿产品中共伴生有用组分的质量之和与当期消耗矿产资源储量中共（伴）生有用组分质量和的百分比。

共（伴）生矿产综合利用率反映共（伴）生矿产的采选综合回收率，其反映了共（伴）生组分的回收利用程度。分为质量法矿山共（伴）生矿产综合利用率和价值法矿山共（伴）生矿产综合利用率。

(1) 质量法矿山共（伴）生矿产综合利用率。以 m 表示矿产资源储量中共（伴）生有用组分个数，u 表示精矿产品个数，n 表示各最终精矿产品中回收利用的共（伴）生有用组分个数，共（伴）生矿产综合利用率计算见式（8-3）。

$$T_m^n = \frac{\sum_{j=1}^{u}\sum_{i=1}^{n} Q_{1j}\cdot\beta_i}{Q\cdot\sum_{k=1}^{m}\alpha_k}\times 100\% \tag{8-3}$$

(2) 价值法矿山共（伴）生矿产综合利用率。引入当量品位，按照价格比法将共（伴）生组分的品位折算成主要组分的品位。若第 i 种组分品位为 α_i，单位该组分价格为 P_i，单位主要组分价格为 P，第 i 种组分相当于主要组分的品位α_i'，计算见式（8-4）。

$$\alpha_i' = \alpha_i\cdot\frac{P_i}{P}\times 100\% \tag{8-4}$$

以 m 表示矿产资源储量中共（伴）生有用组分个数；n 表示各最终精矿产品中回收利用的共（伴）生有用组分个数。价值法计算共（伴）生矿产综合利用率计算见式（8-5）。

$$T_{P_m}^n = \frac{K\cdot\sum_{i=1}^{n}\varepsilon_i\cdot\alpha_i'}{\sum_{i=1}^{m}\alpha_i'}\times 100\% \tag{8-5}$$

8.1.4 矿产资源综合利用率

矿产资源综合利用率（R,%），(Total Recovery of Minerals)，指采选作业中，各最终

精矿产品汇总有用组分（包括主要有用组分、共生有用组分、伴生有用组分）的质量和占当期消耗矿产资源储量中所有有用组分质量之和的百分比，用符号 R 表示。

矿产资源综合利用率反映所有组分（主要有用组分、共生有用组分、伴生有用组分）采选综合回收的程度，其指标的高低直接反映了一座矿山资源整体利用程度。同样分为质量法矿山共伴生矿产综合利用率和价值法矿山共伴生矿产综合利用率。

（1）质量法矿山矿产资源综合利用率。以 u 表示矿产资源储量中主、共（伴）生有用组分个数，m 表示精矿产品个数，v 表示各最终精矿产品中回收利用的主、共（伴）生有用组分个数。矿产资源综合利用率计算式为（8-6）。

$$R_u^v = \frac{\sum_{j=1}^{m}\sum_{i=1}^{v} Q_{1j}\cdot\beta_i}{Q\cdot\sum_{k=1}^{u}\alpha_k}\times 100\% \tag{8-6}$$

（2）价值法矿山矿产资源综合利用率。以 u 表示矿产资源储量中主、共（伴）生有用组分个数，v 表示各最终精矿产品中回收利用的主、共（伴）生有用组分个数。价值法矿产资源综合利用率计算式为（8-7）。

$$R_{P_m}^n = \frac{K\cdot\sum_{i=1}^{v}\varepsilon_i\cdot\alpha_i'}{\sum_{i=1}^{u}\alpha_i'}\times 100\% \tag{8-7}$$

8.2 矿产资源综合利用技术经济评价

8.2.1 综合开发利用系数评价

8.2.1.1 按实物量表示的综合利用系数

（1）产率法。即以矿石中有用组分的最大程度的综合利用为原则，即在选冶过程中有价产品的产率之和。

数学表达式为：

$$K_c = \sum_{i=1}^{n}\gamma_i \tag{8-8}$$

式中，K_c 为有价产品最大程度回收时的产率之和表示的综合利用系数；γ_i 为 i 种有益产品的产率；n 为有益产品数目；i 为第 i 种有益产品。

例如，磷金红石矿经选矿产出四种精矿。磷精矿、金红石精矿、钾长石精矿和黑云母精矿的产率依次为 10.29%、1.05%、43.85%、27.06%，用式（8-8）计算的综合利用系数为：

$$K_c = \sum_{i=1}^{n}\gamma_i = 10.29\% + 1.05\% + 43.85\% + 27.06\% = 82.25\%。$$

对于工业生产或连续性试验可采用如式（8-9）计算。

$$K_c = \sum_{i=1}^{n}\frac{\alpha_i\cdot\varepsilon_i}{\beta_i}\text{t} \tag{8-9}$$

式中，α_i 为原矿品位,%；β_i 为产品品位,%；ε_i 为产品回收率,%。

应用产率法计算的综合利用系数方法简单，数学表达式易懂。当 $K_c = 100\%$ 时表示矿石中经选矿所有的重量全部变成矿产品，亦即无尾矿工艺。此种方法只能从产品数量上说明综合利用程度，而在贵金属及稀有金属矿产中随主元素回收而伴生的稀有及稀散元素的价值表示不出来。故此方法只能说明的是在选矿环节上的选矿回收程度，不能代表资源的回收利用程度。因此该方法仅适合于产品产率较大的非金属矿石。

（2）回收率法。该法是以选矿或冶炼过程中，有用元素回收率的算术平均值表示其综合利用系数的。表达式（8-10）为：

$$K_n = \frac{1}{n}\sum_{i=1}^{n}\varepsilon_i \tag{8-10}$$

式中，K_n 为以产品评价回收率表示的综合利用系数,%；n 为产品数目；ε_i 为 i 产品回收率,%。

例如，某铜铁矿石经选矿产出三种精矿分别为：铁精矿、铜精矿、钴精矿，其回收率分别为 ε_{TFe}：93.69%，ε_{Cu}：77.36%，ε_{Co}：54.17%。则综合利用系数为：

$$K_n = \frac{1}{n}\sum_{i=1}^{n}\varepsilon_i = \frac{1}{3}\times(93.69\% + 77.36\% + 54.17\%) = 75.07\%$$

该法的特点是计算简单、迅速。但往往会出现回收的组分少，且单个组分回收越高时求出的 K_n 系数愈大的假象。另外，还会出现有的单元数回收率低，但与回收率高的算术平均后反而综合利用系数高的现象，反之亦然，不能真正揭示单元数的回收利用程度。

（3）金属量法。该法是以产品的金属量与原材料的金属量之比值表示综合利用系数的方法。数学式为：

$$K_n = \frac{\sum_{i=1}^{n} q_i \cdot \beta_i}{\sum_{i=1}^{n} Q \cdot \alpha_i} \tag{8-11}$$

因为

$$\gamma = \frac{q}{Q}, \gamma = \frac{\alpha \cdot \varepsilon}{Q}$$

故上式可写成

$$K_j = \frac{\sum_{i=1}^{n} \gamma_i \beta_i}{\sum_{i=1}^{n} \alpha_i} \tag{8-12}$$

式中，K_j 为以金属量回收程度表示的综合利用系数,%；Q 为原矿处理量，t；α 为原矿品位,%；q 为产品质量，t；γ 为产品产率,%；β 为产品品位,%；ε 为产品回收率,%。

我国有色冶炼厂广泛采用该法计算综合利用系数，该式能反映原料的综合利用程度。某冶炼厂回收铅、锌、铋、银各回收指标见表 8-1。

表 8-1　某冶炼厂回收铅、锌、铋、银各回收指标　（%）

元　素	α	ε	$\alpha \cdot \varepsilon$
铅	70.00	59.10	41.30
锌	4.09	75.30	3.07
铋	0.12	66.83	0.08
银	0.09	72.74	0.07

该法的特点是计算方法简单，能明显反映出矿石中有用金属利用程度。缺点是不能揭示单个元素的回收利用情况，也不能反映回收率很低、价值很高的稀有（散）、贵金属的回收利用情况。

（4）元素种类法。该法以矿石中实际回收的有用组分的数目与全部有用数目之比作为综合利用系数。例如，铜矿矿石中有 17 种有用组分已能回收 14 种。该矿石的综合利用系数为：

$$K = \frac{14}{17} = 82.35\% \tag{8-13}$$

该法可以定性说明矿石综合利用与回收组分的程度。但尚不能反映出每个组分能经济合理地回收。

（5）综合利用系数法。该法以选矿或冶炼过程中所得到的有用组分重量与原料中对应有用组分重量和之比来衡量矿产资源综合利用的程度。数学表达式为：

$$K = \sum_{i=1}^{n} q_i \bigg/ \sum_{i=1}^{n} Q_i \tag{8-14}$$

式中，K 为综合利用系数；q_i 为回收 i 组分的产品质量；Q_i 为原料中 i 种有用组分的含量；n 为回收有用组分数目。

该法简便易行，可以反映已回收利用的有用组分的利用程度。而对那些可经济回收，但生产中却未能利用的有用组分则无法反映。

8.2.1.2　考虑经济因素的综合利用系数表示法

（1）盈利法。该法是矿石经选矿加工后所得到的净产值与入选矿石的理论产值比值，用以表示矿石的综合利用系数，用 K 表示。数学式为：

$$K = \frac{\sum_{i=1}^{m} \gamma_i \cdot Z_i - S}{\sum_{i=1}^{n} \frac{\alpha_i}{\beta_i} \cdot Z_i - S} \tag{8-15}$$

式中，γ_i 为已回收的 i 组分的精矿产率，%；Z_i 为已回收的 i 组分的精矿价格；α_i 为入选矿石中可经济回收的 i 组分含量，%；β_i 为回收到精矿中的 i 组分含量，%；S 为单位矿石的采选总成本；m、n 为已回收精矿个数及可经济回收组分数。$\sum_{i=1}^{m} \gamma_i \cdot Z_i$ 为由单位矿石中回收的全精矿的总产值，其中 Z_i 按 i 精矿实物计价（i 精矿能计价的所有组分均计价），$\sum_{i=1}^{n} \frac{\alpha_i}{\beta_i} \cdot Z_i$ 则为可经济回收组分的潜在总产值。

（2）价值法。价值法是由产品的金属量（或有用组分）价值与矿石中金属（或有用组分）的潜在价值之比表示综合利用系数的方法。数学式为：

$$K_a = \frac{\sum_{i=1}^{n} q_i \cdot \beta_i \cdot Z_i}{\sum_{i=1}^{n} Q \cdot \alpha_i \cdot Z_i} \tag{8-16}$$

式中，K_a 为以价值法表示的综合利用系数,%；Q 为原矿量（以重量单位计）；q_i 为 i 种组分产品产量（以重量单位计）；α_i 为原矿中 i 种组分品位,%；β_i 为产品品位,%；Z_i 为产品价格，元/吨；n 为回收有用组分个数，个；i 为第 i 组分。

因为 $q = Q \cdot \gamma$

故式（8-15）可写成

$$K_a = \frac{\sum_{i=1}^{n} \gamma_i \cdot \beta_i \cdot Z_i}{\sum_{i=1}^{n} \alpha_i \cdot Z_i} \tag{8-17}$$

又因为 $\gamma = \dfrac{\alpha \cdot \varepsilon}{\beta}$

故式（8-15）还可写成

$$K_a = \frac{\sum_{i=1}^{n} \alpha_i \cdot \varepsilon_i \cdot Z_i}{\sum_{i=1}^{n} \alpha_i \cdot Z_i} \tag{8-18}$$

式（8-17）中，γ_i 为产品产率,%；式（8-18）中，ε_i 为元素（组分）回收率,%。

8.2.2 分阶段的综合利用系数评价

矿产资源开发利用是一个包括采矿、选矿、冶炼的系统过程。有人将以上三个过程的综合利用程度分解为采矿综合利用系数、选矿综合利用系数和冶炼综合利用系数。

（1）采矿综合利用系数：可以用采矿回收率表示。

$$K_1 = \gamma = 100 - \lambda \tag{8-19}$$

式中，K_1 为采矿综合利用系数,%；γ 为采矿回收率,%；λ 为采矿损失率,%。

（2）选矿综合利用系数：在计算选矿的综合利用系数时，一般是按选矿产品的种类或按销售价格计算。

$$K_2 = \frac{A - B}{A} = \frac{\sum_{i=1}^{m} \alpha_i \cdot Z_i - \gamma_x \cdot \sum_{i=1}^{m} Q_i \cdot Z_i}{\sum_{i=1}^{m} \alpha_i \cdot Z_i} \tag{8-20}$$

式中，K_2 为选矿综合利用系数,%；A 为单位原矿的潜在价值；B 为单位尾矿的潜在价值；α_i 为原矿中 i 元素品位,%；Q_i 为尾矿中 i 元素品位,%。γ_x 为尾矿产率,%；Z_i 为选矿产品 i 元素价格，元/吨。

（3）冶炼综合利用系数：冶炼是将选矿产品进一步分离富集的过程，其综合利用程度的考查可按下式计算：

$$K_3 = \frac{\sum_{i=1}^{n} P_i \cdot Z_i}{\sum_{i=1}^{n} P \cdot Q_i \cdot Z_i} \tag{8-21}$$

式中，K_3 为冶炼综合利用系数,%；P_i 为冶炼产品 i 元素的金属量，t；$P \cdot Q_i$ 为冶炼原料 i 元素的金属量，t；Z_i 为冶炼产品 i 元素的价格，元/吨。

（4）采选冶炼综合利用系数：

$$K = K_1 \cdot K_2 \cdot K_3 \tag{8-22}$$

8.3 矿产资源综合利用经济效果评价

对综合开发共生矿产及矿石中伴生有益组分的综合利用经济效果进行评价，是提高矿床经济价值和增加矿山企业盈利的一个重要方面，也是广开矿源，特别是获得稀有金属和分散元素的重要途径。同时，综合利用是改善环境，减少“三废”的基本途径之一。矿石中伴生的有价组分能否在选冶加工过程中综合回收，主要取决于矿石性质和选冶技术水平，而值不值得回收则主要取决于经济效果。

8.3.1 共生矿产综合开发经济效果评价

在评价共生矿产开发的经济效果时，可采用总利润法计算其在全采期获得的期望总利润。

$$I_{共} = K\sum_{j=1}^{n} Q_j \cdot \varepsilon_j(P_j - G_j) - R_{共} \tag{8-23}$$

式中，$I_{共}$ 为全采期共生矿产开发利用的期望总利润，万元；K 为可采储量系数；n 为共生矿产种类；Q_j 为探明的各种共生矿产的储量，万吨；ε_j 为不同共生矿产的采矿回收率,%；P_j 为不同共生矿产单位售价，元/单位；G_j 为不同共生矿产综合单位成本，元/单位；$R_{共}$ 为开发共生矿产的投资，万元。

8.3.2 伴生有用组分综合利用效果评价

（1）期望总利润法。若矿石中伴生的有价组分含量达到工业利用要求，加工技术方法可行，应计算其在全采期获得的期望总利润。

$$I_{伴} = K \cdot Q \cdot \varepsilon_{采} \cdot \sum_{i=1}^{n} \beta_i \cdot \varepsilon_i(P_i - G_i) - R_{伴} \tag{8-24}$$

式中，$I_{伴}$ 为全采期综合利用获得的期望总利润，万元；K 为可采储量系数；Q 为地质探明主元素储量，10^4 t；$\varepsilon_{采}$ 为采矿回收率,%；n 为伴生元素个数；β_i 为伴生元素地质品位,%；ε_i 为伴生元素选（冶）精矿回收率,%；P_i 为伴生元素售价，元/吨；G_i 为伴生元素加工成本，元/吨；$R_{伴}$ 为回收伴生元素增加的投资，万元。

（2）每吨矿石的盈利指标评价综合利用的经济效果。当 $I_i \geq I$ 时，综合利用是可取的。式中，I_i 为计算综合利用时每吨原矿的盈利；I 为只生产单一产品时每吨原矿的盈利。

利润指标可以算到精矿，也可以算到金属。

(3) 用选矿（或冶炼）加工费指标评价综合利用的经济效果。当 $I_i - I \geqslant C_i - C$ 时，综合利用是可取的。式中，C_i 为综合利用某种元素 1 t 的原矿加工费；C 为只生产一种精矿（主要元素）时，1 t 原矿的加工费。

(4) 用投资收益率指标评价综合利用的经济效果。

$$L_{综} = I_{综}/R_{综}$$
$$L_i = I/R \tag{8-25}$$

式中，$L_{综}$ 为综合利用某种元素后矿山投资收益率,%；L_i 为不计算综合利用时矿山投资收益率,%。当 $L_{综} > L_i$ 时，综合利用是可取的。

习　题

1. 什么是矿山企业的“三率”指标？
2. 什么是共伴生矿产综合利用率？
3. 什么是矿产资源综合利用率？
4. 简述矿产资源分阶段的综合利用系数评价分为哪几个阶段。
5. 简述伴生有用组分综合利用效果评价有哪些方法。

参 考 文 献

[1] 张佶．矿产资源综合利用［M］．北京：冶金工业出版社，2013.
[2] 冯安生，鞠建华．矿产资源综合利用技术指标及其计算方法［M］．北京：冶金工业出版社，2018.
[3]《矿产资源综合利用手册》编辑委员会．矿产资源综合利用手册［M］．北京：科学出版社，2000.